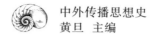

中外传播思想史
黄旦 主编

美国传播思想史

胡翼青 张军芳 著

A History *of* American
Communication Thoughts

复旦大学出版社

总　序

我所主持的教育部人文社科重点研究基地重大项目"中外传播思想史"终告完成，各卷书稿将陆续出版。

从项目申报到今天出版，经历了一个很是漫长的过程。当然，这主要是我这个项目负责人没有当好。现在想来，集体合作项目，需要抓住时机一气呵成，如果时松时紧，每个人手头事情又多，就很难再凝聚气势和力量。时间一长，自然就有各种各样的变化。就拿这个课题来说，期间参与人员就换了好几拨。好在经过同道们的坚持努力，总算圆满结项。于我而言，真是如释重负。在此，首先对项目组的所有成员表示由衷感谢。

项目启动时，曾就其基本构架有过几番讨论。当时主要有两种选择：一是以时间为线索，按照传播思想的重要变化划分其阶段，由此推究展示其演变轨迹；二是以专题形式，辅之以一定的时间线索，也就是大致是按先后出现的相关传播思想的一些主要论题而展开。经过大家再三讨论，最后达成共识采纳后者。之所以如此，主要是考虑整个项目跨度大，涉及面广，试图在全面把握中理出其内在的历史变化逻辑线索，并且做到每一个变化的节点都拿捏准确，且不说学识和能力，就材料的阅读整理分析归并，工作量也是太大。现在来看，这个选择还是明智的。专题形式比较灵活：有话则长，无话则短；或深或浅，或断或续，可以依据问题相应处理。专题形式的关键，在于论题的选择以及阐释。论题不仅要选得合适，而且还要涵盖和体现传播思想变化中的重要问题，这很见功力和学识。当然，专题式的短处也是一目了然，比如各个论题之间的逻辑关系可能显得不够紧密，思想变化的历史环节也不易得到一一展现。学术研究总是量力而行，难以面面兼顾，我们目前所取之写法，其遗漏和遮蔽在所难免，更谈不上完美，不过是两害相权取其轻罢了。

记得马特拉在《传播学简史》中说过这样的话："传播学概念提出的问题和传播现象本身一样多，各种概念还引发了大量的讨论。传播学的每个学派或理论与其他理论定义之间存在着强烈的对立。每个学派还包含很多不同的流派，远不像'学派'这个词所表示的那样统一。"① 克瑞格的《作为一个领域的传播理论》一文，

---

① [法]阿芒·马特拉、米歇尔·马特拉：《传播学简史》，孙五三译，中国人民大学出版社2008年版，导言第2页。

也正是从这样的面向,比较分析了传播研究各种路径及其对传播的认定,并对之作了进一步展示和说明。所以有学者曾提出,传播与其说有一个统一的概念,不如说是一个概念的家族。这,也成为我们在研究中面临的一个很大困扰,即如何界定传播并贯穿在所有子课题之中。大家为此翻来覆去讨论了好几次,最后感觉难以归于一统,比如欧洲各国与美国差别很大,无论是传播思想的来源、知识基础和文化背景,都是如此。就大众传播研究的发源地美国而言,即便是按照詹姆斯·凯瑞从文化角度的最简约化划分,也有"传递观"和"仪式观"之别。凡此种种,要在"中外传播思想史"这样的项目中,圈定一个"传播"并以此为准,一方面很难,另一方面也给研究者造成诸多约束,更不必说可能会因名失义,反而模糊了不同地域、不同阶段的传播思想的各自特点。于此,最终决定由各子课题负责人根据自己研究的具体语境处理,不再坚持一个统一的标准概念。此种颇有后现代意味的多元化,解放了各个子课题的手脚,以便更加贴近历史实际,但显而易见,也会带来各自的差异性:框架体例,突出的重点,叙述线索,甚至行文风格,均不统一。好在各卷本来就是合可一体,分则独立,倒也不会带来什么太大的影响。现在想来,当时其实还可以有另外一种做法,即不是去找一个原点式的概念,而是把"传播"重新概念化,赋予其不同层面的含义,这样既可以保持各自的独特性,同时又不至散漫。现在说这话当然是马后炮了,当时根本就没有想到这一层。事后聪明虽然留有遗憾,或许可以为后来者做"亡羊补牢"之助。

  我现在越来越感到,思想史的研究是难度很高的一个领域。抛开研究者必需的综合知识学养、锐利的历史辨析眼光、纵横交错的总体把握能力等不谈,"思想"本身的理解及其呈现和如何呈现,就具有很大的挑战性。这里不是展开充分讨论这些问题的合适场合,挑最简单的,"思想"的厘定及其与观念、学术研究、知识等关系的处理,就是首要的难题。其次,传播"思想"与传播实践密不可分,没有离开实践的光秃秃的"思想","思想"一定以实践为依托,是实践问题在"思想"层面的呈现,但实践毕竟不是思想也不能取代思想。恰如有学者所言,"以问题为导向进行思想史研究,这是当代史学的主流思潮。不过,我们始终不应忘记的是,那是谁的问题?问题在现实情境中产生,人们需要通过重构历史来为现实中该问题可能的解决方案进行合理化论证。思想史研究同样如此。只有思想史家意识到他的研究并不只是呈现纯粹的观念层面或思想层面的精神交往现象,同时还应该依据不同的现实情境赋予观念或思想不同的意义,以便回答研究者认为出现在该情境中的问题,那么,理想的思想史研究就必定应该是内在与外在相融、内容与情境统一的研究。"①总而言之,传

---

  ① 陈新:《历史学的归途:全球化情境下的思想史写作》,引自丁耘、陈新主编:《思想史研究(第一卷)·思想史的元问题》,广西师范大学出版社 2005 年版,第 165 页。

播思想总是在具体传播实践及其场景之中,没有也不可能有自然形成的思想史,因此,如何切割出"思想",其依据是什么,能解决什么问题,是传播思想研究者无法回避且又不能不时时自我警醒的问题。我在《传播思想/思想史的尺度》那个讲演①中,试图表达的就是这个意思,这既含有对同道们的期望,更多则是针对自己的反省和诘问。我们这个项目的研究,自一开始就贯彻这样的要求,并且大家也是为此而认真探索和努力,至于做得如何,则需要读者来评定。坦率说,由于各自的理解和把握不一,在这方面出现这样那样不尽如人意的地方,肯定在所难免,非常迫切期待大家的批评。

项目设计申报时的状况与今天相比,无论在哪个方面都不能相提并论。别的不说,类似的研究及其成果,就远比过去多。我们是启动研究在前,成果形成在后,像一句俗语说的,"早开的航船晚靠岸"。我们在研究中已经关注这种变化,并且也十分注意根据新的情况,作出各种调整,在展示研究最新进展的同时保持自己的独特性,这无形中也增加了研究的难度。有一点可以肯定,我们的成果不是要为已有的书作补充,相反,在研究的思路、框架的设置、材料文献的征用、分析概括的见解,都要追求显示自己的新意和特色,相信读者对此是有判断的。在此,我要再次向项目组的各位同仁表示深深谢意,是大家的辛勤和坚持,才有我们和读者一起分享成果的今天。

黄 旦

2016 年 8 月

---

① 2016 年 3 月 27 日,在南京大学新闻传播学院主办的"问题域与关键词:传播革命时代的新闻传播思想史研究"学术会议上的主题演讲。

目 录

- 绪　论 ………………………………………………………………… 001

- 第一章　自由主义报刊理念 ……………………………………… 008
  - 第一节　出版自由理念的思想渊源 …………………………… 008
  - 第二节　新闻自由的历程 ……………………………………… 018
  - 第三节　新闻自由的实践 ……………………………………… 024

- 第二章　独立报刊理念 …………………………………………… 030
  - 第一节　独立新闻业的兴起 …………………………………… 030
  - 第二节　报纸成为公共服务机构 ……………………………… 036
  - 第三节　客观报道理念与新闻专业主义 ……………………… 040

- 第三章　电报对传播观念的冲击 ………………………………… 051
  - 第一节　"闪电线路"——电报技术与美国人的传播时空观
    ………………………………………………………… 051
  - 第二节　电报与新闻业——新闻时效性、"电报体新闻"与
    通讯社 ………………………………………………… 061
  - 第三节　妖魔化：关于电报的质疑声浪 ……………………… 071

- 第四章　芝加哥学派的传播思想 ………………………………… 076
  - 第一节　作为共同体的公众 …………………………………… 076
  - 第二节　芝加哥学派的传播观 ………………………………… 080
  - 第三节　重塑共同体：芝加哥学派传播观的民主意涵 ……… 083

第五章　电影的兴起与影响 …… 095
第一节　电影：美国大众文化的重要推动者 …… 096
第二节　美国电影院的受众 …… 102
第三节　电影的效果 …… 109

第六章　广播：天空中传来的声音 …… 122
第一节　从社交媒体到大众传播 …… 123
第二节　舆论共识制造者 …… 130
第三节　广播受众研究与大众传播学的开端 …… 139

第七章　现代性视野中的电视 …… 148
第一节　从沉默的羔羊到沙发上的土豆 …… 150
第二节　新自由主义与电视业的商业扩张 …… 157
第三节　不同学术话语中的电视研究 …… 161

第八章　公共新闻理念 …… 172
第一节　公共新闻的兴起 …… 172
第二节　公共新闻理念及论争 …… 175

结语：以媒介为中心的传播思想史研究 …… 185

参考文献 …… 192

后记 …… 201

绪　论

　　20世纪90年代中期,当笔者开始学习外国新闻史的时候,便有一种困惑始终萦绕在心头,那就是外国新闻史研究的目的是什么。我们了解那么多媒体的所作所为(或者尖刻地说是一些关于媒体的空洞档案),并且将其尘封于自己的记忆中,其意义何在。"把编年史清除杂质、分成断简、重新加以组合、重新加经安排以后,它们永远还是编年史,就是说,还是空洞的叙述;把文献恢复过来、重现出来,加以描绘、加以排比,它们仍旧是文献,就是说,仍旧是无言的事物。"①更何况,这些空洞的历史档案在今天对于多数人而言,是无法被正确理解的。于是,这种困惑便自然而然地形成两个需要回答的问题:

　　其一是建立在史学方法论之上的问题。传媒史是想堆砌和整理我们在各国新闻媒体发展的历史上那些确定发生的事实,还是想探索那些未知的历史事实。或者换句话说,外国新闻史上确定发生的事实和那些需要进一步发现的事实在重要性程度上到底是什么关系? 是前者为后者服务呢,还是前者是这一学科唯一重要的信息,需要加以整理与陈列?

　　其二是关于史学研究题材与对象的问题。新闻媒体是社会的组成部分,它与社会结构、社会文化与社会心理之间存在着相互建构和形塑的关系。只是将研究视角放在新闻媒体的从业者与相关新闻事件上,是否就能呈现历史事件的意义。如果传媒历史的写作不能呈现或推测与当时传媒有关的个体的所思所想以及与传媒有关的社会心理与日常生活,那么这种史料的堆砌到底对新闻传播学科有什么意义?

　　对于第一个问题,柯林武德很早就给出了自己的答案。他很显然倾向于探索未知的历史事实:"我认为,每一个历史学家都会同意:历史学是一种研究或探讨。……总的说来,它属于我们所称的科学,也就是我们提出问题并试图作出答案所依靠的那种思想形式。重要之点在于认识,一般地说,科学并不在于把我们

---

① ［意］贝奈戴托·克罗齐:《历史学的理论与实际》,傅仁敢译,商务印书馆1982年版,第13页。

已经知道的东西收集起来并把它用这种或那种方式加以整理,而在于把握我们所不知道的某些东西,并努力去发现它。耐心地对待我们已经知道的事物,对于这一目的可能是一种有用的手段,但它并不是目的本身。它充其量也只不过是手段。它仅仅在新的整理对我们已经决定提出的问题能给我们以答案的限度内,才在科学上是有价值的。"①柯林武德对于什么是科学的历史观有着与前人完全不同的观念。当他将客观、科学地整理史料作为史学的手段时,就与兰克的史学观产生了根本的分歧。柯林武德眼中的历史学,只有一点与科学相通,那就是不断探索未知世界的科学精神。至于自然科学的那一套研究手段,在柯林武德看来并不适用于史学的研究。

从这一点来看,以往的新闻史研究尤其是编年史和国别史的研究,把研究目的与手段完全给颠倒了。新闻史上那些我们可以观察到的事件,只是为进一步探索和诠释那些还没有被发现的历史事实与历史关联,并不是研究的终点与目的。"历史学……其任务乃是要研究为我们的观察所不能及的那些事件,而且要从推理上研究这些事件;它根据的是另外某种为我们的观察所及的事物来论证它们。"②这说明,知道达纳是什么时候办《纽约太阳报》,《纽约太阳报》的文本是什么样的,有过哪些著名事件,这些只是我们的起点而不是我们的目的,我们需要探索的是在这之外的还没有被我们发现和观察的史实或者是被这些已知事件遮蔽了的历史事件。

对于第二个问题,柯林武德的想法同样也有借鉴意义。他认为,我们根本无法真正说清楚历史上发生的事件的所有真相,历史学只是历史学家在思想中对历史人物的推测和重演。所以,对于历史的研究只能是对于思想和观念的研究。"除了思想之外,任何事物都不可能有历史。"③写到这里,柯林武德便自然而然地宣布:一切历史都是思想史。

柯林武德"一切历史都是思想史"的伟大断言也许与本研究所说的传播思想史不是一回事。但他的思想毫无疑问地提醒了我们,除非我们能够重行和展示当时媒介及其从业者的观念与社会的观念,以及其微妙和复杂的互动,否则我们的历史书写就是档案整理而并非真正的历史学。还是以《纽约太阳报》为例,我们更需要知道《纽约太阳报》是如何影响当时的社会以及当时的社会又是如何影响《纽约太阳报》的,它塑造了美国人什么样的文化与心灵,又是如何适应和强化这

---

① [英] R. G.柯林武德:《历史的观念》,何兆武、张文杰译,中国社会科学出版社1986年版,第9页。
② 同上书,第285页。
③ 同上书,第344页。

种文化与心灵的。如果没有这些,《纽约太阳报》的编年史呈现是没有任何意义的。

所以我们需要的是一种研究范式的变革:从新闻史走向思想史,这便是我们书写美国传播思想史的首要原因。这里所说的思想史,指的是与媒介相关的社会观念的发展史,这些观念绝不仅仅是新闻专业的观念,也不仅仅是关于媒体的学术观念,它还包括人们日常生活的行为与观念。因此,用思想史而不是学术史、社会史来概括本研究的历史观是最为贴切的。

然而,一旦当我们决定这样来书写历史,便意味着巨大的不确定性。这注定了它是一个开放和不完善的文本。做思想史是一个重行思想的过程,其方法如柯林武德所说,是一个对历史观念重演的过程。

> 假设他正在阅读一位古代哲学家的一段文章。他再一次必须在一种语言学的意义上懂得那些词句,而且必须能够进行语法分析;但是这样做,他还是不曾像一位哲学史家理解那段文字那样理解它。为了做到那一点,他就必须明了它的作者在这里陈述了他解答的那个哲学问题是什么。他必须为他自己思想出那个问题来,必须明了对它可能提供的各种可能解答都是什么,而且必须明了这位个别的哲学家为什么选择了那种解答而不是另一种。这就意味着要为他自己重行思想他的作者的思想,而缺少了这一点,就没有任何东西能使他成为有关那位作者的哲学史家。①

然而这种重演必然意味着写作者本人的主观推测和挂一漏万,它也必然不是历史真相的还原。因此,对历史上曾经有过的文化、观念和思想的重新推演注定只是一种理论的想象,尽管这种想象已经最大限度地遵循可以观察到和收集到的史料。然而,我们没有其他更好的办法来完成这一重要任务。因此,我们只能这样来看待本研究,它是本研究作者们的一种尝试,它提供了关于这一段思想史的"我们"的视角,希望能够达成的结果是在其他研究者与我们自身的批判、反思与修正中,获得更多关于这一段历史的阐释、思考和启发。

写传播思想史当然没法绕开美国。美国是一个没有悠久历史的国家,但这并不影响它在传播思想史研究领域的重要地位。美国与所有自然生长的文明最大的不同在于,其开创者在其生态环境仍然是一片荒凉的状态下已经具备了启蒙时代的人类思想。因此,它在人类现代性的进程中成为一个独特个案。美国人的实用主义精神以及由此而生成的民主观念、市场观念和对科学的崇拜,为传播在美

---

① [英] R.G.柯林武德:《历史的观念》,何兆武、张文杰译,中国社会科学出版社1986年版,第320页。

国的茁壮成长营造了良好的氛围。而本研究要考察的也恰恰就是在国家、市场(或曰资本)与技术三种话语的作用下,美国的传播观念发生着何种变迁。

按照托克维尔的说法,美国的民主是天然形成的。这是因为美国人在财富上的差距不大,受教育程度也相差不多。"在新英格兰落户的移民,在祖国时都是一些无拘无束的人。他们在美洲的土地上联合起来以后,立即使社会呈现出一种独特的景象。在这个社会里,既没有大领主,又没有属民;而且可以说,既没有穷人,又没有富人。""美国人的起源,或我称之为他们的出发点,对美国目前的繁荣作出过最重要和最有力的贡献。美国人生而有幸和生得其所。他们的祖先昔日把身份平等和资源平等带到他们现在居住的土地上,所以民主共和制度必然在有利的自然环境下应运而生。"① 而且美国人的制度尤其是相关法律制度又为这种平等作了相应的保障,比如其遗产继承制度。这些制度推行的结果,使得各种平等成为一种自然的形态,而贵族制度在美国几乎完全没有市场。在托克维尔看来,这在历史上有记录的任何时代都是不可想象的。

> 在美国,人们不仅在财富上平等,甚至他们本身的学识,在一定程度上也是平等的。
>
> 我认为,世界上再没有一个人口与美国大致相等的国家会像美国这样,无知识的人竟如此之少,而有学识的人又如此不多。
>
> ……
>
> 在美国,人的知识处于一种中等水平。所有的人都接近这个水平:有的人比它高一点,有的人比它低一点。
>
> ……
>
> 由此可见,在美国自始就一向薄弱的贵族因素,今天即使没有被完全摧毁,至少也一筹莫展,以致已经难于对事态的进程发生影响。
>
> 与此相反,时间、事件和法律却使民主因素不仅发展为占有支配地位的因素,而且变成独一无二的因素。②

不仅是平等,联邦制所带来的自由也是美国早期政治环境的重要组成部分。早年近乎形同虚设的中央政府几乎指挥不动任何州的军队;而涉及各州利益时,旷日持久的争吵与社会契约的艰难达成是一切美国国内政治的典型特征,甚至连美国宪法也是在这种争吵中诞生的。查尔斯·A.比尔德是这么总结制宪会议的结局的:

---

① [法]托克维尔:《论美国的民主》,董果良译,商务印书馆1988年版,第35、322页。
② 同上书,第58—59页。

经过了将近4个月的辩论,会议在9月17日结束了它的工作。宪法起草完成了,要求批准的方案制定了。有些代表对同僚们的决议愤愤不平,已经气冲冲地回家;有些留下来的代表拒绝在文件上签名,公开指责并反对交给人民通过。另一方面,在55名曾出席一次或几次会议的代表中,有39名在羊皮纸文件上签了名,连同他们的祝福送了出去,尽管他们对这一共同作品的热情在程度上是大相悬殊的。①

看上去,联邦体制根本就没有秩序感,中央政府根本就没有领导地方的能力。"(联邦体制)异常忠实地符合那些曾经发动革命的激进派的思想。在他们的几个殖民地,他们曾经反抗过英政府在财政、商业和政治上实行的控制;通过战争,他们已经审慎地摧毁了那种支配权;他们不愿代之以一个表现为中央政府形式的强大而有效的政府。"②然而这种看上去缺乏效率的体制不但能够保障民主,而且更重要的是能够保障自由。"没有人比我更赏识联邦制的优点。我认为,联邦制度是最有利于人类繁荣和自由的强大组织形式之一。"③这些特征在南北战争之后才渐渐有所变迁。

在这样一种民主和自由的国家氛围中,新闻传播的发展几乎天然会与民主自由紧密地联系在一起。"政党为了取胜而使用的两大武器,是办报和结社。"④在政党报刊的时代,尽管各种谣言和人身攻击充斥于当时的出版物,但这也在一定程度上显示出当时美国的出版自由。本书的第二章、第三章和第四章阐述的就是,在这样一个民主自由的国家语境中,美国报业的自由主义观念和专业主义观念是如何一步步发展起来的。当然,随着20世纪以后中央政府的权威性不断地强化,民族国家与社会控制不断被强调,美国民主与其初始目标渐行渐远。所以,在第八章中,我们将展现的是在公众对公共事务越来越冷漠的今天,公共新闻的实践是多么举步维艰。

当然,国家从来不是影响美国传播观念和传播思想史最重要的话语和力量。纯粹的市场化运作极大地形塑着美国的媒体文化与媒介形态,并且极大地影响着国家与技术的话语。自《纽约太阳报》成为一种独立的产业以来,媒体的经营者总是首先将传播看作一种可以为自己带来利润的商品交换。这种对于财富与市场的迷恋几乎可以被回溯到"五月花号"登上美洲大陆的那一天,因为只有追求财富

---

① [美]查尔斯·A.比尔德、玛丽·R.比尔德:《美国文明的兴起(上卷)》,许亚芬等译,商务印书馆2010年版,第354页。
② 同上书,第317页。
③ [法]托克维尔:《论美国的民主》,董果良译,商务印书馆1988年版,第191—192页。
④ 同上书,第202页。

的巨大动力才能支撑开拓殖民地这样的冒险行动。追求利润一直被看作美国人价值实现的最高境界。

市场取向极大地引领着媒体领域科学技术的开发,关于这一点,马克思有着极其经典的论述。在马克思看来,市场之所以要召唤技术(机器),是因为"机器是要使商品便宜,是要缩短工人为自己花费的工作日部分,以便延长他无偿地给予资本家的工作日部分"①。也就是说,技术之所以被市场所青睐,是因为它有加速资本自我复制的潜能,因此,推动技术革新,利用新技术,成为市场取向的重要特征。几乎文章中涉及的每一种媒体,都率先出现在美国,比如完全没有争议的电报、电话、广播、互联网,甚至是手机。尽管卢米埃尔兄弟最终完善了现代电影,但镍币影院源自爱迪生是不争的事实。尽管BBC是世界上第一个开播的电视台,但该技术却同样成熟于贝尔实验室。这导致我们在讨论第三章、第五章、第六章和第七章时,无法不把技术的话语作为我们的隐线。

然而市场取向造成的后果绝不仅仅如此,它所推行的利润最大化原则不仅将传媒的产品转化为机械复制的大众文化,而且也将技术手段渗透到了每个家庭的起居室中,成为一张现代性的大网,将现代人裹挟其中。于是,它立刻将大众传媒尤其是广播电视转化为国家意识形态和商业意识形态控制的重要手段。市场话语便因此不再仅仅是市场话语:舆论一律的统治方式成为可能,而消费社会的神话也不可避免。在战争期间,对大众传播市场的控制成为统治者最为关心的话题。传播学因此而诞生。于是,在通过新闻自由进行社会分权的社会运动中,通过大众传播进行社会控制的运动也在同时进行。不同的是,前者因被标榜为美国梦而颇受重视与好评,而后者总是悄无声息却渐渐左右了社会的进程。因此在讨论电报、电影、广播和电视传播时,其叙事线条就与报刊新闻有明显的差异。而我们分工之初就有意将这两条线与美国从农业社区国家走向工业社会国家、从地区性国家走向世界霸权国家的时间线索紧密缠绕在一起,以期形成本研究独特的张力。

基于上述分析,完全可以理解为什么凯瑞认为,在美国的语境中,新闻学天然是与民主联系在一起的,而传播学却总是与市场联系在一起,这是两个完全不同的学科。然而,它们在本书中却是一体两面,它们在传播思想史的语境里是两种完全不同的动力,并因而呈现出无比复杂的传媒文化。

最后需要说说在规划中曾经有过的第 10 章——互联网与新媒体。我们遗憾

---

① [德] 马克思:《资本论》(第一卷),中共中央马克思恩格斯列宁斯大林著作编译局译,山东人民出版社 1975 年版,第 408 页。

的是，无法在本研究中让其问世，因为它好像还不能成为历史研究的对象——我们正身处其中，感知它的日新月异，因而无法将其作为研究对象。柯林武德曾经指出："与历史思想有关的某种东西……绝不是一种此时、此地。它的对象乃是已经结束其出现的事件和已经不复存在的条件。只有在它们不再是可知觉的时候，它们才真正变成了历史思想的对象。"[①]新媒体来到这个世界不过几十年的历史，但它立即绑架了这个世界，使之处于永不停息且很难预测的状态中。在这短短几十年里，许多被搁置的创造性设想被重新激活，如人工智能和虚拟现实，从而蕴育着无限的可能性。关于这个脑洞大开的领域的历史探讨，不是本书所能胜任的。确实，要说清楚赛博空间的问题，对于我们而言是个未来学的话题。

---

① ［英］R.G.柯林武德：《历史的观念》，何兆武、张文杰译，中国社会科学出版社 1986 年版，第 265 页。

第一章 自由主义报刊理念

波考克认为,19世纪60年代一系列重要的研究极大改变了我们对于美国革命一代思想的认知,这些研究体现出:第一,美国革命的精神历程包括对英国反对派思想语汇和观点的诸多重新阐述;第二,通过这一重新阐述,美国革命思想吸纳了亚里士多德和马基雅维利的公民人文主义传统;第三,独立战争及其后的宪法制定使得对公民人文主义古典传统的进一步修订与一定程度上的背离具有了必要性①。

波考克所论至少传递出两点重要信息:其一,美国革命思想的源流多元;其二,公民人文主义传统在美国建立现代国家的过程中遭遇转型危机,美国政治体现出原则的转换。伍德将这一转型危机称为"古典政治的结束",在古典政治的终结中,伍德发现了美国从共和主义到自由主义的部分转变②。

革命年代,美国人反复在讲自由,自由融入美国人的日常语汇中。方纳认为,无论是作为个人还是民族,在美国人的自我感觉和意识中,没有任何一个其他的概念比自由更至关重要,它深深嵌入美国人的历史文献和日常用语中③。而如果从传播思想史的角度来看,对美国人而言,最重要的,在某种意义上甚至可以成为所有其他与传播相关的思想观念之基础的,是出版言论自由,以及由此延伸而来的新闻自由。

第一节 出版自由理念的思想渊源

自由是如此至关重要的概念,方纳却认为,在美国其实并没有一成不变的自由,相反,自由观念本身就是一部充满冲突和纠葛的演进史,自由的定义

---

① Pocock, J. G. A., *The Machiavellian Moment: Florentine Political Thought and the Atlantic Republican Tradition*, Princeton, NJ: Princeton University Press, 2016, p.506.
② Wood, G. S., *The Creation of the American Republic, 1776–1787*, Chapel Hill: University of North Carolina Press, 1969, pp.606–618.
③ [美]埃里克·方纳:《美国自由的故事》,王希译,商务印书馆2002年版,第8页。

与再定义是借助假定存在的自由的对立面来实现的①。由这一视角看过去，美国新闻自由的思想也就是在那些围绕新闻自由的不同认识和争辩中渐趋明晰的。

帕灵顿认为任何关于美国思想的批评研究都必然要在环绕马萨诸塞海湾的新英格兰地区寻找端倪，这一地区在传统上被视为美国人的那些理想和制度的发祥地。来自英国的清教徒聚居于新英格兰地区，清教究竟从英国带来了何种思想传统？帕灵顿认为，一言以蔽之，就是自由主义，他因此将英国独立和辉格党的贡献视为美国自由主义的源头之一②。

17世纪英国的自由主义理念有着明确的指向性，自由主义者坚决反对神权的钳制："自由的主要方面，即宗教自由。"③而与君权达成的暂时妥协，"是为了保存真正的宗教和人民的自由"，而不是为了要他竭力给我们的信仰带来天主教，给我们的自由带来枷锁，给我们的生命带来毁灭，并不是要他引起（如果不是参与策划，像我们后来发现的那样）爱尔兰的大屠杀④。弥尔顿号召应给予新教徒以宗教自由，英国17世纪另外两位重要的自由主义者罗杰·威廉姆斯（Roger Williams）与约翰·洛克也均提倡宗教自由。作为1620年乘坐"五月花号"抵达美洲垦殖的朝圣者中的一员，威廉·布莱福特明确指出清教徒离开英国正是为了寻求宗教自由：清教徒眼见自己如此受到骚扰，又看不到继续在英国生存下去的希望，在全体一致同意的情况之下，才决心前往低地国家，因为他们听说那里人人享有宗教自由。但是，出于许多严肃而实在的理由，十多年后他们决定离开荷兰。而在这之前，尽管国王没有根据他们的愿望在他们的请愿书上盖上他的大印，但最后通过周旋还是取得了如下进展：国王陛下准许他们宗教自由并保证不骚扰他们，条件是他们必须和平处事⑤。

虽然神权是自由主义者抨击的主要目标，但是在他们看来，君权和神权实乃一丘之貉，"正是由于政府和教会的裁判事宜浑然不分，才造成基督徒之间连年相互厮杀的惨境。也正是由于这一点，我们才不能忍受教皇制。我们与其说它是一种宗教，不如就说它是披着宗教外衣的主教专制政体，它违反了基督本人的戒律而掠夺了许多世俗的权力"⑥。在弥尔顿看来，国王完全是天主教在

---

① ［美］埃里克·方纳：《美国自由的故事》，王希译，商务印书馆2002年版，第10页。
② ［美］沃浓·路易·帕灵顿：《美国思想史1620—1920》，陈永国等译，吉林人民出版社2002年版，第7、3页。
③④ ［英］弥尔顿：《建设自由共和国的简易办法》，殷宝书译，商务印书馆1964年版，第12页。
⑤ ［美］W.布莱福特：《"五月花号公约"签订始末》，王军伟译，华东师范大学出版社2006年版，第14、44页。
⑥ ［英］弥尔顿：《为英国人民声辩》，何宁译，商务印书馆1958年版，第16页。

世俗世界的衍生物,是其实施宗教专制的工具,因此,君主制是一种不必要的、累赘的、有害的政体①。基于此,弥尔顿对自由内涵作出了界定:人的全部自由包括信仰自由与公民自由。如何才能获得这两种自由?弥尔顿认为就是建立自由共和国,把全国各郡都变成一种附属共和体或共和政府②。清教向英国传统制度生活的政教一体社会公开提出挑战,在帕灵顿看来,这一切均是在新生的个人主义的引导下进行的③。个人主义被帕灵顿视为清教社会改革的理论武器,实际上,若将个人主义视为清教理论的逻辑起点,整个清教理论的脉络也会变得清晰起来。

在霍布斯眼中,自由是每个人拥有的自然权利,每个人都有权依据自己的判断和理性来主宰自己的生活。但是,霍布斯认为人类具有竞争之心、荣誉之心,彼此之间又存在差异,这使得纷争在所难免。因此,个人自由在群体生活中必将妨碍他人也必将为他人所妨碍。为了防止纷争,人民逐渐地接受了互惠地享有自由的观念,这就是契约。但是,有了契约还不够,因为人们可能常常会违背契约,没有强制力的契约只能是一纸空文,根本无法保障个人。因此,需要有一支在个人之上的公共力量来规范人们的行为使其遵守契约,这个由多人联合授予权威而形成的个人或群体就构成了公民社会,它是一种政治共同体④。

虽然,霍布斯宣称君权人授,但是坚信人性本恶的他,最终将其理论发展至绝对的君权至上。与他相比,弥尔顿和洛克都持有更为民主的思想。弥尔顿同样将英国人民作为其自身自由的代表,但是他认为把一国的幸福托付给人民自己选出的自由而完整的议会,才是最安全、最妥善的办法,而把大家的幸福或安全的主要希望寄托在独夫身上的那种人,一定是疯子,或是头脑昏聩的人。因为独夫,如果碰巧是好的,也只能做其他任何人所能做的事;如果是坏的,就能恣意作恶,坏事比千百万人做得还多⑤。洛克也认为任何人放弃其自然自由并受制于公民社会的种种限制的唯一方法,是同其他人协议联合组成为一个共同体。于是,就要设置一个明确的权威,当这社会的每一成员受到任何损害或发生任何争执的时候,可以向它申诉,而这社会的每一成员也必须对它服从⑥。

---

① [英] 弥尔顿:《为英国人民声辩》,何宁译,商务印书馆 1958 年版,第 7 页。
② [英] 弥尔顿:《建设自由共和国的简易办法》,殷宝书译,商务印书馆 1964 年版,第 37、39 页。
③ [美] 沃浓·路易·帕灵顿:《美国思想史 1620—1920》,陈永国等译,吉林人民出版社 2002 年版,第 8 页。
④ Hobbes, T., *Leviathan*, Andrew Crooke, 1651.
⑤ [英] 弥尔顿:《建设自由共和国的简易办法》,殷宝书译,商务印书馆 1964 年版,第 18 页。
⑥ [英] 洛克:《政府论》(下),叶启芳、瞿菊农译,商务印书馆 1964 年版,第 5 页。

由此可见,清教理论站在天赋人权、启蒙理性的立场上致力于社会政治改革,其最终目的是依据政治平等主义建立民主自治政区原则。以此为基点,自由主义者重新定义了个人与政府的关系,他们阐明了政府的起源与功能。自由主义者对于政府起源与功能的论述传达出一个重要理念:即政府的权力完全是人民授予的,而不是通过什么神授获得的。政府是那些运用自己的理性结合成社会的人们通过计议和同意而组成的,因此,洛克认为政治权力应一切都只是为了公众福利①。国家的权力是人们给予的,也就是说国家在个人有申诉需要之时,是使用个人的力量来执行国家的判决;所以,这些判决其实就是个人自己的判决,是由他自己或者他的代表所作出的判决②。而弥尔顿说得更明白,"父亲生我养我;而国王却没有生我,反倒是我们产生了国王。大自然把父亲赐给人民,而国王则是人民自己为了自己而拥上宝座的;所以不是人民为国王活着,而是国王为人民活着"③。洛克也说,"政治社会的创始是以那些要加入和建立一个社会的个人的同意为依据的;当他们这样组成一个整体时,他们可以建立他们认为合适的政府形式"④。英国的自由主义者们相信政治权力是由于人民的授予而存在的,因此主权在民。有鉴于此,托克维尔才认为清教的教义不仅是一种宗教学说,而且还在许多方面掺有极为绝对的民主和共和理论⑤。而这其中,最具实质重要性的乃是犹太—基督教传统中的约法观念以及其中所体现的民主的观念、习惯和操作流程⑥。威廉姆斯即认为国家正是出于个人相互保护的目的而诞生的,这可视为一种自由社区的成员为了共同统治而签署的协议。他将主权定位在全体公民身上,他信奉"公共福利""全体人民"从根本上说是权力之根,而人民建立起来的政府只能在"人民同意的情况下,拥有人民赋予他们的权力"⑦。

虽然,此时自由主义者对于人民与政府关系的界定已经十分清晰,但是他们却认为对于政府的煽动性言论不应被允许。弥尔顿曾担任克伦威尔的审查官,他认为书籍如果有毒素或进行诽谤,查禁或焚烧它就是人们所能拿出的最有效的办

---

① [英]洛克:《政府论》(上),叶启芳、瞿菊农译,商务印书馆1964年版,第6页。
② 同上书,第55页。
③ [英]弥尔顿:《为英国人民声辩》,何宁译,商务印书馆1958年版,第22页。
④ [英]洛克:《政府论》(下),叶启芳、瞿菊农译,商务印书馆1964年版,第65页。
⑤ [美]托克维尔:《论美国的民主》,董果良译,商务印书馆1988年版,第36页。
⑥ [美]W.布莱福特:《"五月花号公约"签订始末》,王军伟译,华东师范大学出版社2006年版,第4页。
⑦ [美]沃浓·路易·帕灵顿:《美国思想史1620—1920》,陈永国等译,吉林人民出版社2002年版,第63、64页。

法了①；威廉姆斯认为可以容忍对于权势集团的"诽谤"，但是对于公民政治体（civil state）的诽谤应受到惩罚；洛克也认为个人对于政府、官员、国家事务的煽动性言论不被允许。这看起来似乎有些矛盾，因为17世纪英国自由主义者的重要目标是取缔审查制②，他们反对审查制的许多言论均被视为言论自由的思想源泉。审查制即凡书籍、小册子或论文必须经主管机关或至少经主管者一人批准，否则不得印行③。《论出版自由》将矛头直指英国当时实行的审查制，认为其严重后果是"扼杀了理性本身"，"如果牵涉到整个出版界的话，就会形成一场大屠杀。在这种屠杀中，杀死则还不止是凡尘的生命，而是伤及了精英或第五种要素——理智本身的生气"，而"令人难以置信的损失和危害还有许多没有提出来。它比一个海上的敌人堵塞我们的港口与河流更厉害，它阻挠了最有价值的商品——真理的输入"④。

17世纪自由主义者认为，个人不自由的主要障碍来自天主教所代表的神权，他们的言论主要是为了证明天主教神权存在的荒谬性。他们认为政府的出现是源于个人的授权，他们反对审查制、保护政府免受诽谤都是服务于对神权的批判。弥尔顿在《论出版自由》中追溯了审查制如何从宗教法庭中产生，又说明它是怎样被英国的主教们所利用⑤，他将审查制视为天主教的罪恶之一，确切地说，他反对的并不是审查制本身，而是天主教推行的审查制，因为这妨碍了新兴资产阶级对于其"真理"的宣扬，弥尔顿后来曾担任审查官就很好地说明了这一点。同样，洛克也将无神论者的观点和天主教有关政治方面的教义视为煽动。在列维看来，17世纪的自由论者并没有挑战政府对于批评的禁止，对于出版自由的阐发仅止于废除事前审查⑥。对此，列维似乎心存遗憾。实际上，在彼时自由论者的眼中，神权或者说由此延伸出的政教一体才是个人自由的最大障碍，而非政府。所以，虽然17世纪的自由论者对于人民和政府关系的认知已经十分清晰，虽然在此基础上，推演出个人拥有对政府的批评权符合逻辑，但是17世纪的自由论者没有走出这一步，这一步是由《加图来信》（Cato's Letters）完成的。

---

① ［英］密尔顿：《论出版自由》，吴之椿译，商务印书馆1958年版，第51页。
② Levy, L. W. (ed.), *Freedom of the Press from Zenger to Jefferson: Early American Libertarian Theories*, Bobbs-Merrill, 1966, p.xx.
③ ［英］密尔顿：《论出版自由》，吴之椿译，商务印书馆1958年版，第4页。
④ 同上书，第5、6、38页。
⑤ 同上书。
⑥ Levy, L. W. (ed.), *Freedom of the Press from Zenger to Jefferson: Early American Libertarian Theories*, Bobbs-Merrill, 1966, p.xxii.

由约翰·特伦查德（John Trenchard）和托马斯·戈登（Thomas Gorden）以笔名"加图"写作的 138 篇檄文于 1720—1723 年发表于《伦敦新闻报》（London Journal），即后来的《不列颠新闻报》（British Journal）上，而后被结集成册，分四卷出版，由殖民地的书商引入美洲。《加图来信》明确提出人民有权批评政府："政府只是公众利益和事务的信托人，因此，政府应当公开接受评论"，而"全体人民，亦即公众，是好坏的最佳批判者"，因此，"人民对于政府官员的公共事务是有批评权的"①。人民批评政府被治以煽动罪，而政府侵害人民的自由却并不获罪，"加图"对于人民遭到了他们所赋权的政府的压制和处罚很不理解，他们认为，在认识这一问题上，应首先记住政府是因何建立的，而谁的利益应该得到最大的维护？是管理者还是被管理者②？与此同时，《加图来信》将言论与思想自由置于崇高地位："没有思想的自由，就没有所谓的智慧，就没有公众自由；言论自由，它是自由人的权利，其唯一界限是不可妨害和控制他人的自由"；他们将言论自由视为个人自由得以实现的保障，是其他权利的基础："言论自由乃自由之堡垒，这二者兴衰与共。因此，言论自由对于保障自由极为重要，每一热爱自由之人都应鼓励言论自由。而只有自由才能保障自由。"在《加图来信》中，言论自由不仅是个人自由的保障，而且对政府国家的自由来说也至关重要，"言论自由与财产安全紧密联系，是对自由政府而言至关重要的神圣权利"，而若压制言论自由，必会妨害一国之自由③。与 17 世纪的自由论者相比，《加图来信》不仅进一步阐述了代议制政府和人民的关系，明确提出人民有权批评自己的政府，更重要的是，它明晰了言论自由在人民与政府关系中的作用，言论自由是人民实践其自由的基础，人民拥有批评政府的言论自由，这是个人自由与政府自由的保障。

《加图来信》在殖民地受到极大的欢迎，引起广泛共鸣，其中一些来信在殖民地被几乎所有的报纸重印和引用，最著名的篇章是"言论自由：公众自由的应有之义"和"对于自由的反思"。在马萨诸塞当局拘留了他的哥哥詹姆斯以后，本杰明·富兰克林在其《新英格兰新闻报》（New England Journal Courant）上率先重印和引用《加图来信》。约翰·曾格在被科斯比总督攻击时，其《纽约新闻报》（New York Journal）也重印了《加图来信》中的"关于自由的话语"和"对自由的反思"。1771 年，在殖民地与英国的关系已然恶化之时，《马萨诸塞侦探报》

---

① Cato, "Of Freedom of Speech", "Reflections upon Libelling", in Levy, L. W. (ed.), *Freedom of the Press from Zenger to Jefferson: Early American Libertarian Theories*, Bobbs-Merrill, 1966, pp.12, 15, 16.

② Cato, "Reflections upon Libelling", in Levy, L. W. (ed.), *Freedom of the Press from Zenger to Jefferson: Early American Libertarian Theories*, Bobbs-Merrill, 1996, p.18.

③ Levy, L. W. (ed.), *Freedom of the Press from Zenger to Jefferson: Early American Libertarian Theories*, Bobbs-Merrill, 1996, p.11.

(Massachusetts Spy)称:"最近'加图来信'被很多文章所引用。"①值得注意的是,《纽约新闻报》在重印"加图来信"之前,皆有一小段假托"加图"的话,大意是说投稿至该报,希望能发表。在刊出"对自由的反思"时,报纸更有一段话说:"自由成为最近在法庭上或民众间的话题,我希望您能在报纸上发表我对于这一问题的看法以飨读者。"②

理解《加图来信》之所以在殖民地受到如此欢迎需联系殖民地当时的实际。为着宗教自由而远赴美洲的清教徒找到了适合他们的土地。美洲殖民地广袤的空间使得一场在英国会导致内部产生一个新教派的争论,在新英格兰只会产生一块新的殖民地。在被马萨诸塞湾殖民地驱逐后,威廉姆斯即在1636年从印第安人手中购买了罗得岛的土地,在那里创建了第一个政教分离、人人可以享受宗教自由的殖民地。并且,在美洲也不存在压制英国清教徒的君权和神权。英属北美殖民地的设计者曾经希望在北美复制一个宗主国式的等级社会结构,但在殖民地的早期,从不列颠和欧洲大陆来到新大陆的移民怀揣的是自由与平等的梦想。1620年,清教领袖约翰·罗宾逊在写给即将出发的朝圣者的信中明确表明,他们的政治理想是要形成一个政治团体,进行公民统治,致力于公共的善③,"五月花公约"更是以契约的形式确立了朝圣者要将彼此结成一个公民政治体的愿望④。因此,方纳才说在北美殖民地居住着"西方世界前所未闻的成千上万最自由的人"⑤,这不仅是由于殖民地从英国继承的思想传统,更因为当时的社会现实——美国有大量经济独立的殖民者,而这是拥有自由的社会的前提条件。在美国的早期历史中,殖民地就拥有相当程度的自治。从一开始,美洲殖民地就从未把自己当成是个附属机构,而是像英国一样的联邦或独立的州,和在伦敦的政府仅有一种松散的联系。《弗吉尼亚宪章》规定英国殖民者将行使所有自由权、公民权和豁免权,"就如他们是居住和出生在英国一样"⑥。因此,它们也享有《大宪章》和习惯法为他们带来的利益。1618年,弗吉尼亚公司向它任命的总督发出指令,规定种植园的居民应选举其代表与总督共同主政,并任命一个理事会,任务是

---

① Levy, L. W. (ed.), *Freedom of the Press from Zenger to Jefferson: Early American Libertarian Theories*, Bobbs-Merrill, 1966, p.11.
② Cato, "Reflections upon Libelling", in Levy, L. W. (ed.), *Freedom of the Press from Zenger to Jefferson: Early American Libertarian Theories*, Bobbs-Merrill, 1966, p.14.
③ [美] W.布莱福特:《"五月花号公约"签订始末》,王军伟译,华东师范大学出版社2006年版,第80页。
④ 同上书,第116页。
⑤ [美] 埃里克·方纳:《美国自由的故事》,王希译,商务印书馆2002年版,第35页。
⑥ [美] 美国新闻署编:《美国历史概况》,杨俊峰译,辽宁教育出版社2003年版,第67页。

颁布对殖民地发展有利的法令。从那时起，人们普遍认为殖民者有权参与其政府事务。事关殖民地生存和生活的公共事务都要在殖民地议会内进行商议。议员从当地不同职业、不同领域、不同阶层的人们中选举产生。1648 年，马萨诸塞州即通过法律，表述了表达不同意见和讨论公共事务的自由，这比当时的英国还要进步①。在多数情况下，英王在颁布新许可时，都在特许状中提到殖民地的自由人在与他们有关的议会议事中有发言权。

殖民地的出版许可证制度执行得也并不像英国那样坚决，尽管某些地方可能存在例外，比如，正是马萨诸塞的出版许可证结束了哈里斯（Benjamin Harris）作为美洲报纸发行人的生涯。尽管对于殖民地的报纸来说，"蒙当局许可"还是非常重要的，但也出现了本·富兰克林那样毫不理睬当局许可，直接创办《新英格兰新闻报》的人。1725 年，殖民地议会拒绝延续英国的审查制，许可证制开始取消。弥尔顿等人对于审查制的抨击并未引起殖民地人的强烈共鸣，因为那不是他们的迫切问题。这也就不难理解为什么那些阅读殖民地报纸、图书和政治小册子的人都会承认《加图来信》比洛克的《政府论》更流行、更常被引用了，因为随着殖民地人与英国当权者冲突的日益增多，《加图来信》就被作为殖民地时期政治观念的权威来源②。《加图来信》中对于言论自由的阐述直接为殖民地人提供了批评政府的合法依据③，而那些假托"加图"投稿的话正是为了增强这些言论解决殖民地问题的合法性。《加图来信》进入美洲以来，它就被用来作为美洲人争取自由事业的依据。

《加图来信》在殖民地不仅仅被大量重印和引用，还有很多文章是模仿其形式讨论政治经济问题的。更有甚者，还有人将这样的来信假托"加图"之名，詹姆斯·亚历山大（James Alexander）就是其中的代表。时任纽约和新泽西两州总测绘员和咨询会议成员的亚历山大，与首席法官列维斯·莫里斯（Lewis Morris）和威廉·史密斯（William Smith）等人持反对政府的立场，与当时的总督科斯比关系十分紧张。1733 年，纽约一群主张对殖民地事务享有更大控制权的商业团体询问曾格是否想办一份报纸，作为发表他们的新闻和观点的工具。亚历山大就是这份《纽约新闻报》的执行编辑和主要的社论作者。他在一封私人信函中曾说："随信附上第一份周报，它以后将主要用于揭发他（总督科斯比）和哈里森先生（议会成员）在其他报纸上发表的谄媚之词，虽然总督宣称

---

① Haskins, G. L., "Reviewed work(s): Legacy of Suppression: Freedom of Speech and Press in Early American History by Leonard W. Levy", *The New England Quarterly*, 1961, 34(1), p.116.
② Levy, L. W. (ed.), *Freedom of the Press from Zenger to Jefferson, Early American Libertarian Theories*, Bobbs-Merrill, 1966, p.xxiii.
③ Ibid., p.24.

这一切与他无关,但其实他和哈里森先生却很赞同这些谄媚。"①这也就无怪乎美国新闻史家布莱耶将曾格的《纽约新闻报》看作美国第一份为传达政治争论而创立的有着政治功能的报纸②。该报主要评论当局和官员,在第一期出版时就与行政当局发生了冲突,1734年,曾格就以"煽动闹事"罪被捕。这家报纸名为转载的"加图来信"实则是亚历山大的原创,第一篇托名"加图"的文章出现于报纸的第二和第三期,文章提出,君权分为有限和无限两种,英国就属于前者。将有限君权制度下的大臣们的错误曝光的好处就是使得言论自由不仅与宪法一致,而且本身就是宪法的一部分③。列维认为,出自亚历山大之手的这些文章是在1798年《煽动法》实施之前美洲发表的最好的自由言论,其文章在美洲第一次提出批评政府不应受到法律制裁,其中若干文章与官方印刷商威廉姆·布莱福特的《纽约公报》就反对煽动中伤而展开辩论。而亚历山大实乃发展美洲出版自由理论的第一人④。

布莱耶明确指出殖民地的自由理念与《加图来信》之间的承继关系,他认为《加图来信》明晰了某些政治理念,而这些理念最终在《独立宣言》中得到表达⑤。罗纳德·荷茂依(Ronald Hamowy)认为《加图来信》对自由的界定与公民人文主义有着显著差异,后者认为自由在于公民积极参与政治生活并最终获得不动产以保证其独立性;自由的财产保障并未扩展到动产,在公民人文主义看来,获得动产是剥夺人的自主性的腐败行为。而《加图来信》则认为自由主义是我们对自身行为和财产拥有的权利,它并未对动产与不动产作出区别,只是认为自由唯一的限制是我们不能妨害他人享有同样的自由⑥。《加图来信》并不像公民人文主义那样忧心忡忡于贸易对公民德性的腐蚀,这与美洲人重视商业的特性相契。不仅如此,由于缺乏自然贵族,美国人需要在民主政治中创建新的范畴来修正公民人文主义,波考克认为一个关键的修正是"人民"这个概念的出现,政府官员不是由于具有能力或者德性而是因为代表人民而被授予权力,由此,如何选择代表代议就成为美国政治中的关键问题,而采用三权分立的原则,并尽量保持代表的多元化

---

① Bleyer, W. G., *Main Currents in the History of American Journalism*, Cambridge: The Riverside Press, 1927, p.63.
② Ibid., p.62.
③ "An American 'Cato' Defends Criticism of the Government", in Levy, L. W. (ed.), *Freedom of the Press from Zenger to Jefferson: Early American Libertarian Theories*, Bobbs-Merrill, 1966, p.27.
④ Ibid., p.26.
⑤ Bleyer, W. G., *Main Currents in the History of American Journalism*, Cambridge: The Riverside Press, 1927, p.23.
⑥ Hamowy, R., "Cato's Letters, John Locke and the Republican Paradigm", *History of Political Thought*, 1990, 11(2), pp.273-294.

就是美国人力求使得人民的代表类似自然贵族的途径①。由此就不难理解,宣扬政府权力源于人民的授权与托管、强调言论自由对托管者监督与制衡政府权力、保障个体自由意义的《加图来信》为何可以成为美国人在国家创立之初建章立制时的话语资源。

实际上,不只是《独立宣言》,美国建国过程中的若干重要文献都与《加图来信》中对自由的阐述遥相呼应。这主要体现于两个方面:一是言论自由的崇高地位;二是人民与政府的关系。

殖民地草拟宪法之先导,有关天赋人权问题最著名的纲领文件,1776年通过的《弗吉尼亚权力法案》(*Virginia Declaration of Rights*)作为宪法框架的一部分,率先列举了一批公民权力,其中第二条、第三条对于人民与政府关系的阐述与《加图来信》十分接近,而第十二条将言论自由视为对自由的保障也与《加图来信》论调一致:

> 一、所有人都是生来同样自由与独立的,并享有某些天赋人权;
>
> 二、所有的权力都属于人民,因而也来自人民;长官是他们的受托人与仆人,无论何时都应服从他们。
>
> 三、政府是为了、或者应当是为了人民、国家或社会的共同利益、保证和安全而设立的;……
>
> 十二、出版自由乃自由的重要保障之一,绝不能加以限制;只有专制政体才会限制这种自由。②

1776年通过的《独立宣言》进一步明晰了个人权利以及个人与政府的关系,直接指出政府存在的合法性基础就是民意:

> 我们认为下述真理是不言而喻的:人人生而平等,造物主赋予他们若干不可剥夺的权利,其中包括生命权、自由权和追求幸福的权利,为了保障这些权利,人类才在他们之间建立政府,而政府之正当权利,是经过被治理者的同意而产生的。当任何形式的政府对这些目标具破坏性时,人民便有权利改变或废除它,以建立一个新的政府;其赖以奠基的原则,其组织权力的方式,务使人民认为唯有这样才最可能获得他们的安全和幸福。③

1791年终获通过的《权利法案》的第一、第四、第五条款分别规定国会不得制

---

① Pocock, J. G. A., *The Machiavellian Moment: Florentine Political Thought and the Atlantic Republican Tradition*, Princeton, NJ: Princeton University Press, 2016, pp.513–525.

② [美]J.艾捷尔编:《美国赖以立国的文本》,赵一凡、郭国良主译,海南出版社2000年版,第21—23页。

③ 同上书,第26页。

定关于下列事项的法律：确立国教或禁止信教自由；剥夺言论自由或出版自由；或剥夺人民和平集会和向政府请愿申冤的权利（第一条）。人民的人身、住宅、文件和财产不受无理搜查和扣押的权利，不得侵犯（第四条）。不经正当法律程序，任何人不得被剥夺生命、自由或财产。不给予公平赔偿，私有财产不得充作公用（第五条）。《权利法案》对于个人权力的凸显在某种程度上就是为了制约政府的权力。而在美国革命和建国初期发挥重要作用的报纸也就成为美国人实践其自由理想的辅助。

布尔斯廷说过，美洲人不是作为现代自由主义的先驱而被称颂的，因为信仰自由的现代理论是由英国开始发展起来的[1]，但是，美洲人凭借其讲究实用，敢于实验的态度而最终将自由的理念缔造为制度。不过，这条实践道路修远漫长。

第二节 新闻自由的历程

在殖民地人与英国当权者就言论自由展开的斗争中，有两件事具有重要意义：一是曾格案；二是《印花税法案》的取缔。

一、曾格案

亚历山大被新任首席法官詹姆斯·德兰西（James DeLancey）剥夺了为曾格的辩护的权利后，他的一位老朋友——费城著名律师同时也是宾夕法尼亚州议会议长的安德鲁·汉密尔顿（Andrew Hamilton），出任曾格的辩护人。汉密尔顿的辩护是一场对言论自由的宣讲会。他一开始就直接宣称控诉权属于天赋人权："我不能认为剥夺人们发表控诉（如果这一控诉没有违背我的原则）的权利是正当行为，我认为发表控诉是每一位生来自由的人享有的权利，只要这一控诉基于事实。"紧接着他说："我承认（为我的当事人），他不但印刷而且发表了那两篇文章——正如起诉书中所陈述的那样。"[2]

汉密尔顿在辩护中提出一个重要观点，即事实不构成诽谤，"我希望问题并不仅仅是由于我们印刷或发表了一两篇文章就构成诽谤；在宣布我的当事人是一个诽谤者之前，你还得再做一些工作，你须得证明那些言论本身是诽谤性的，也就是说是虚假的、恶意的和煽动性的，否则我们就是无罪的"[3]。就这一观点，他与检

---

[1] ［美］丹尼尔·J.布尔斯廷：《美国人——殖民地历程》，时殷弘等译，上海译文出版社1997年版，第21页。
[2] "The Zenger Trial", in Levy, L. W. (ed.), *Freedom of the Press from Zenger to Jefferson: Early American Libertarian Theories*, Bobbs-Merrill, 1966, p.44.
[3] Ibid., p.45.

察官和首席法官展开激烈交锋。检察官认为在这类诽谤诉讼中事实是不能被提出来作为辩护的,"它已构成诽谤,尽管它可能是事实"①。实际上,他有相当充分的先例支持他的观点,他援引了1704年霍特法官的判例。1704年,首席大法官霍特(Holt)曾提出"对于政府的言论,比如官员腐败","可以引发人民对于政府的不良看法","而如果不要求人们对引发政府的不良看法作出解释,政府将无法存在,因为政府需要人民的良好评价"②。首席法官德兰西也征引了之前的判例:"事实远不能为诽谤提供合法性,由于它可以产生很坏的影响,所以越是事实,就越是诽谤。"③而汉密尔顿则反驳道,这些判例是星法院时期的判例,他认为这些做法早已随着星法院的消亡而消亡了。随着,汉密尔顿亦列举了若干先例,他通过援引英国《大宪章》,追溯星法院之被取缔,成功地向陪审团证明,他当事人所享有的言论自由的权利早已存在,他是依据法律和理性作出这样的陈述。汉密尔顿通过辩护不仅重申言论自由为天赋人权,更由此延伸出言论自由具有对抗不法权力的特殊意义:

> 权力有如滔滔河水,在其保持平静之时是美丽而有益的,然而当其泛滥两岸时,水势迅疾淹没了所到之处,酿成巨灾。如果这是权力的本性,我们应各尽义务,像智者一样密切注意支持自由,以应对不法权力。
>
> ……陪审团的先生所面对的问题,既非小事,亦非私事;也并不仅仅是那位可怜的印刷商或仅仅是纽约的事,绝对不是。其后果会影响到所有生活在英国政府之下的美洲自由人。它是最重要的事,它是自由的事……是通过说出和写出真相来揭露与反抗专制权力的自由。④

继《加图来信》之后,汉密尔顿进一步明确了人民和权力的关系,其中最重要的是他将言论自由作为反抗专制权力的有力武器,通过指明言论自由存在的神圣合法性而使得曾格因在报纸上批评政府而无罪成为可能。日后,在遭遇煽动诽谤案时,作为政治策略,人们常会提起曾格案。比如:在1770年的纽约,亚历山大·麦克道戈尔(Alexander McDougall)被指控诽谤之时;在1799年的波士顿,反对《煽动法案》(Sedition Act)之时。自从1735年以后,再未出现过殖

---

① "The Zenger Trial", in Levy, L. W. (ed.), *Freedom of the Press from Zenger to Jefferson: Early American Libertarian Theories*, Bobbs-Merrill, 1966, p.46.
② Levy, L. W. (ed.), *Freedom of the Press from Zenger to Jefferson: Early American Libertarian Theories*, Bobbs-Merrill, 1966, pp.xxi, xxii.
③ "The Zenger Trial", in Levy, L. W. (ed.), *Freedom of the Press from Zenger to Jefferson: Early American Libertarian Theories*, Bobbs-Merrill, 1966, p.48.
④ Mott, F. L., *American Journalism, A History: 1690–1960*, New York: The Macmillan Company, 1962, p.36.

民地法庭以煽动性诽谤罪重判一位印刷商的案例：曾有些印刷商被他们所在殖民地的立法机关或总督的咨询会议认为犯了蔑视法庭罪，但是英王政府并未进行过一次类似的审判。所以，埃默里才认为曾格案的审判确立了一条原则，即对政府官员进行批评的权力是新闻自由的主要支柱之一，而这条原则对新闻自由理论至关重要①。

为了保障言论自由作为个人反抗专制权力的有力武器，汉密尔顿提出应将事实作为此类案件的裁决依据。这与此时习惯法的逻辑很不相同，当时判定人民发表关于政府的言论是否合法的关键是看其效果，只要可能引发不良反应皆是违法，至于批评本身是否属实并不重要，汉密尔顿就认为"我与检察官的很大不同是他认为一个人对管理他的坏政府的公正批评是煽动"②，言下之意是他不认为民众对于政府的符合事实的批评应该被视为煽动。尽管此次审判并未成为判例，但是汉密尔顿提出的原则依然具有重要的启发意义，它肯定了民众批评政府的权力，将事实作为民众实施这一权力的界限。宾夕法尼亚是最先在1790年确立如下原则的州：事实真相可以作为辩护依据以及陪审团有权就与案件有关的法律和事实作出裁决。纽约于1805年接受了上述原则。

汉密尔顿的辩论固然是曾格被无罪释放的重要原因，但是曾格案获胜的原因是多方力量共同作用的结果。此次审判的控方是英国当权者，而决定权在陪审团手中，陪审团是由纽约市长和城里的年长者组成，他们认为应当保护出版自由而拒绝干涉报纸。此时，殖民地的自主意识正在萌动之中，殖民地的立法机构为了扩大自己的权利，就将"出版自由"作为反对英国总督的武器。亚历山大利用《纽约新闻报》对曾格案进行了详细报道，使得汉密尔顿的辩护词广为流传，其辩护词在美国被不断重印，甚至流传至英国。而曾格案的另一重意义则在于一份代表了民意的报纸证明了自己所具有的力量，这对于殖民地报刊与革命者来说，都是重要启示。曾格当时获得了殖民地民众的广泛支持，《纽约新闻报》第一期对总督的批评就受到读者的欢迎，曾格不得不加印报纸以满足读者。其被审之时，全城轰动，法庭挤满了对曾格"相当信任"的"平民"③。一位不知姓名的人给曾格写信，明确支持新闻自由："新闻自由乃是我们所有其他自由——不论是公民的还是宗教的自由——的基础；一旦新闻自由被公开的暴力或任何臭名昭著的肮脏伎俩所

---

① ［美］迈克尔·埃默里、埃德温·埃默里、南希·L.罗伯茨：《美国新闻史——大众传播媒介解释史》（第九版），展江译，中国人民大学出版社2004年版，第50页。
② "The Zenger Trial", In Levy, L. W. (ed.), *Freedom of the Press from Zenger to Jefferson: Early American Libertarian Theories*, Bobbs-Merrill, 1966, p.45.
③ Mott, F. L., *American Journalism, A History: 1690-1960*, New York: The Macmillan Company, 1962, p.34.

剥夺,我们马上就会变得跟全欧洲任何一国人民那样悲惨和愚昧,成为可耻的奴隶。"①

殖民地报纸对舆论的影响力在此之前已初露端倪。詹姆斯·富兰克林(James Franklin)于1721年8月开始在《新英格兰新闻报》上利用天花预防接种问题抨击牧师马瑟父子,他在创刊号头版向支持预防接种的清教徒牧师们发动攻击。《新英格兰新闻报》的这些讨伐性的新闻报道和评论文章"既巧妙又有报复性,反抗英克里斯和科顿·马瑟的人们聚集在富兰克林的周围,为《新英格兰新闻报》撰写文章,吸引公众对这份新报纸的注意力;马瑟父子因察觉到公众舆论的潮流在强烈地反对他们而不堪忍受"②。不过,作为一种行业或一个群体,殖民地报纸对舆论的影响力量是在反抗《印花税法案》的斗争中得到充分展现的。

二、《印花税法案》的取缔

1765年,《印花税法案》的实施是殖民地历史上的重要事件。殖民地凡报纸、历书、证书、商业票据、印刷品、小册子、广告、文凭、许可证、租约、遗嘱及其他法律文件等均要带有税收印章,英国政府声称所有税收(由北美海关人员收取)均用于"捍卫和确保"殖民地的安全③。《印花税法案》惹怒的是北美最具影响力的一群人:商人、律师、印刷商。就报纸而言,每份两页的报纸要纳税半便士,四页的报纸要一便士,而且每则广告要收两先令的税。对于印刷商来说最重要的纸张,竟有六七十种征税的等级和尺寸。《印花税法案》太过严苛以至于有些报纸竟被征税达50%之多。

由于对报纸经营有着直接影响,印刷商的反应很强烈。本·富兰克林说:"我认为它对印刷商的影响,比起任何人都要大。报纸的半张纸篇幅要交半便士的税,每一则广告要交两先令的税,这将近拿走了收入的二分之一。而每本历书也要缴纳四便士的税。"④弗吉尼亚议会率先作出了反对《印花税法》的决议,其他一些殖民地以此为蓝本拟定了各自的决议。各地报纸和印刷所推出了许多抗议性的文章和小册子,其中以詹姆斯·奥蒂斯(James Otis)的《英属殖民地权利申论》、斯蒂芬·霍普金斯(Stephen Hopkins)的《殖民地权利考辨》、丹尼尔·杜拉尼(Daniel Dulany)的

---

① 李剑鸣:《美国通史(第一卷):美国的奠基时代 1585—1775》,人民出版社 2001 年版,第 477 页。
② [美]迈克尔·埃默里、埃德温·埃默里、南希·L.罗伯茨:《美国新闻史——大众传播媒介解释史》(第九版),展江译,中国人民大学出版社 2004 年版,第 36 页。
③ Mott, F. L., *American Journalism, A History: 1690-1960*, New York: The Macmillan Company, 1962, p.71.
④ Schlesinger, A. M., "The Colonial Newspapers and the Stamp Act", *The New England Quarterly*, 1935, 8(1), pp.63-83.

《论英国议会为获得岁入而立法向英属殖民地征税的适当性问题》最为著名。

  经济上的直接受损,激起殖民地印刷商的反抗,报纸采取各种方式逃避印花税。有些报纸干脆不予理睬,继续印刷报纸,尤以新英格兰地区的报纸为多;还有的报纸进行激烈抗争,大量刊发各殖民地人民抗议《印花税法案》的动态消息以及各种批驳、声讨的文章,引发民众更加热烈的讨论和抗议。尽管经济损失是印刷商参与反抗的巨大动力,但是他们的斗争策略却是另一套话语:反对《印花税法案》的理由是言论自由受到了侵犯。《新罕布什尔公报》(New-Hampshire Gazette)的编辑在自己的报纸上控诉:"我必将死亡,或者比死亡更糟,因被征以印花税而失去了我的自由。"而威廉·布莱福德也称自己的报纸"死于印花税",要与"言论自由告别"。印刷商本杰明·麦考姆(Benjamin Mecom)更是在其报纸《康涅狄格公报》(Connecticut Gazette)的首页上宣称"那些放弃根本的自由,为了暂时的安全而苟且的人既不配得到自由亦不配得到安全"①。伯纳德总督曾企图起诉态度强硬的《波士顿公报》(Boston Gazette),但大陪审团拒绝起诉,并答复"出版自由是人民的伟大保障;因此保卫与维护自由,乃是民权保护者应尽之义务"②。

  其实,整个美洲对于《印花税法案》的控诉都是基于殖民地的自由受到了侵害。向北美殖民地征收的印花税是由英国议会通过的,而英国议会中并没有殖民地的代表。弗吉尼亚下议院于1765年5月通过了一系列决议,谴责英国"纳税但无代表权"的条文构成了对殖民地自由的威胁。马萨诸塞于6月8日召开议会,邀请各殖民地代表前往参加,就选派代表参加1765年10月在纽约召开的所谓印花税法案代表大会一事进行磋商。来自九个殖民地的27位代表一番论战之后,代表大会采纳了一系列决议,声明"宪法从未规定在殖民地人民头上课税,也不允许以宪法的名义这样做,他们的税由殖民地各立法机关征收",《印花税法》"很显然有破坏殖民地人民权利与自由的倾向"③。

  在殖民地强烈的抗议中,英议会于1766年作出让步,撤销了《印花税法案》。《印花税法案》的废除对于美国报纸具有双重意义。一是解除了束缚报纸发展的枷锁。而这个沉重的经济包袱英国报业则背负了一个半世纪。18世纪初,英国议会通过法案,规定所有报刊征收印花税,使用的纸张征收纸张税,

---

  ① Schlesinger, A. M., "The Colonial Newspapers and the Stamp Act", *The New England Quarterly*, 1935, 8(1), pp.63-83.
  ② Mott, F. L., *American Journalism, A History: 1690-1960*, New York: The Macmillan Company, 1962, p.75.
  ③ [美] 美国新闻署编:《美国历史概况》,杨俊峰译,辽宁教育出版社2003年版,第103页。

刊登的广告征收广告税,三者合称"知识税"。这项规定沿用了 100 多年,经过报界和社会各界的长期斗争,至 19 世纪中期才陆续取消。当然,这个意义对美国报纸而言较小,无论如何,独立战争取得胜利,这项制度是迟早要废除的。二是报纸显示出了对舆论的强大影响力,而这成为报刊享有新闻自由的现实依据。

英国实施的以《印花税法案》为代表的"新殖民政策"在美洲引发了一场公共辩论以及一连串的政治和社会斗争,这场论争可以说是美国革命前政治辩论的第一次高潮,它引发了对于殖民地人关注的重要问题:殖民地的代表权、议会主权、殖民地的权利和地位等问题的广泛讨论①。革命的参与者埃德蒙·伦道夫(Edmund Randdph)曾说,美国革命乃是一场"没有直接压迫"的革命,革命实际上是"理性的结果"②。那么,是什么样的"理性"带来了革命的"结果"? 约翰·亚当斯(John Adams)在晚年曾意味深长地指出:独立战争打响以前,北美居民在原则、观点和思想感情方面的剧烈变化才是真正的美国革命③,而这就是促成独立革命的"理性"。这种剧烈变化其实质是经过革命前的诸多辩论,自由已成为美洲人的民众常识,独立实乃美洲人实践其自由的需要。早在汉密尔顿为曾格辩护之时,他就提出曾格一案绝不仅仅是其个人之事,它事关所有殖民地之自由人。在革命年代以及建国初期,美国关于公共事务的辩论得以迅速发展和扩大,成千上万的普通人提笔写作政治小册子和报刊文章,并组成各式各样的政治组织。亚当斯作为独立革命辩论的亲历者后来回忆说,不仅仅历史上有记载的知名人士关注自由,即便是最下层的人民,甚至北美每一个角落的农民和他们的家庭主妇,都比以往更加注意自己的自由和权利,都在争论政治问题和积极地确认自己的自由权利,更加喜欢刨根问底,更加坚定地加以捍卫④。

报纸在使自由成为美洲的常识方面功不可没。南卡罗来那的爱国派和历史学家戴维·莱姆塞(David Ramsay)在独立革命爆发后不久即宣称报纸成为《印花税法案》的受害者实乃美洲自由革命之幸事⑤。一位反印花税运动的拥护者也认为报纸在政治宣传上的作用是"自报纸出现以来最伟大的作用"⑥。如果说,曾格

---

① 李剑鸣:《美国通史,第一卷,美国的奠基时代 1585—1775》,人民出版社 2001 年版,第 74 页。
②③ 同上书,第 84 页。
④ 高天琼:《从社会价值认同的角度比较独立宣言与中华民国临时约法的历史命运》,《晋阳学刊》2003 年第 5 期。
⑤ Schlesinger, A. M., "The Colonial Newspapers and the Stamp Act", *The New England Quarterly*, 1935, 8(1), pp.63–83.
⑥ Mott, F. L., *American Journalism, A History: 1690–1960*, New York: The Macmillan Company, 1962, p.107.

案因为确立了言论自由对于保障人民批评专制权力的重要性而对新闻自由理论作出了贡献,那么,在《印花税法案》取缔过程中,报纸对舆论的影响力使得报纸自身以及政治组织者和操控者开始认识到报纸可以作为人民言论自由的代言人,至此,埃默里所谓的"对政府官员进行批评的权力是新闻自由的主要支柱之一"①的原则的确立才真正成为可能。

第三节　新闻自由的实践

一、独立战争中的报刊

自由成为一种民众常识,对于美洲自由的进程意义重大。在北美,自由观念从来都不是少数精英人士的思想专利,而是存在于日常生活中的一系列现实权利,实现自由就是争取这些权利的斗争:拥有宗教自由、拥有财产权、拥有选举权。它事关每个美洲人的生存,每个美洲人都关心如何通过法律和公共政策将自由化为一种制度。美洲人历来重视给予自由以法律保护。13个殖民地宣布脱离英国后,纷纷制定宪法,并在宪法前面冠以"权利宣言"。借助宪法来争取和维护权利,成为此后美国社会政治斗争的一个基本特色。

在美国争取独立的过程中,言论自由的思想已经深入人心,但是对新闻自由理念的实践并不深入。虽然,人们对言论自由与政府的关系以及报刊在政府和公众间的作用已经有了深入的认识,但在建国前,言论自由主要被用来作为反对英国当权者的利器,在独立这一点上,美洲人不存在明显的利益冲突,因此易于形成巨大的合力。然而,在独立前,殖民地议会和英国议会一样,将言论自由视为特殊的"法律权利",坚持他们自己应该享有这一权利,但是他们反对将这一权利延伸至普通公民②。1754年,马萨诸塞立法机构还宣布发布"针对议会的进程和某些令人敬重的议员的不实诽谤的小册子"要被焚烧,作者理应被捕;弗吉尼亚州议会惩治了10人,因为他们在"煽动性的报纸"上签名;在北卡罗来纳,殖民地自治机构投票认为《公报》(*Gazette*)的一篇文章是"虚假、恶意和诽谤的",将作者投入了监狱。

报纸在革命时期的政治生活中发挥的作用有助于使新闻自由为人们所接受。殖民地的革命家们也都是宣传家,他们深知动员民众的重要性。乔赛亚·昆西(Josiah Quincy)认为,仅仅是公正地思考还不够,在同仇敌忾的公众舆论强大

---

① [美] 迈克尔·埃默里、埃德温·埃默里、南希·L.罗伯茨:《美国新闻史——大众传播媒介解释史》(第九版),展江译,中国人民大学出版社2004年版,第50页。

② Tedford, T. L., *Freedom of Speech in The United States*, McGraw-Hill, 1985, p.32.

第一章　自由主义报刊理念

得足以使献身事业的斗士变得不可战胜之前，公民还必须有同样的思想①。如何使公众能有同样的思想，当然是要靠宣传鼓动了。塞缪尔·亚当斯(Samuel Adams)在这方面目标更明确：第一，必须证明他们所倡导的路线是正确的；第二，必须宣传赢得胜利后所能带来的好处；第三，必须通过向大众灌输对敌人的仇恨来发动群众——只有群众才是真正的"突击部队"；第四，必须设法反击反对派所提出的任何合情合理的论点；第五，必须用白纸黑字把所有问题明明白白地写下来。只有这样，即使是那些普通如劳工的人，也能够明确了解斗争的目标②。要宣传鼓动而且还要采取书面形式，在当时看来非小册子和报纸莫属了，而亚当斯的主要工具就是殖民地的报纸，他是当时最为多产的报纸政论作家，曾使用25个不同的笔名发表致编辑的来信或文章。

1775年独立战争打响之时，11个殖民地共有37份报纸。除了七八家报纸支持保皇派外，其余的都是爱国派报纸。对于报纸的煽动能力，政府和保皇派感触颇深。总督哈钦森(Hutchinson)将塞缪尔·亚当斯称作"本地最伟大的煽动者"，"在公共报纸上反对政府已经接近20年。起初能力不怎么强，但是长时间的实践使得他能力卓著，并具备狡诈地将其对进攻对象的偏见植入读者头脑中的高超能力，超过了任何我所认识的人"③。亚当斯经常在爱国派报纸《波士顿公报》上著文立说，在这一时期该报有2 000份的发行量。1771年之后担任副总督的奥利弗(Oliver)在1769刊的一封信中说："如果没有办法熄灭这些火焰(就照所说的，将他们送往英国按叛国罪受审)，他们就会继续通过《公报》的文章把毒素灌输到人们的头脑里。"④报纸和祖国在独立战争期间同患难，战争结束时，报纸也赢得了巨大的威信。最终，"报纸在自己煽动起来的讨论影响下变成了党派的喉舌"，"编辑不再仅仅是传播新闻的人和某些事件的忠实报道者，而成为一个政党的代言人，在政治上发挥作用"⑤，他们积极参加党派的组织活动，经常列席党派会议或是作为会议的代表，有时还会主管助选部门⑥。自此，报纸就被看作政治运动的利器，美洲的所有领导人都重视这一新生力量。

报纸的威信也见诸公众对报纸的重视，报纸已被视为日常必需品。在独立战争爆发之际，"报纸可能进入了近4万家庭；而且，每份报纸都会被传阅，它们在咖

---

① [美]迈克尔·埃默里、埃德温·埃默里、南希·L.罗伯茨：《美国新闻史——大众传播媒介解释史》(第九版)，展江译，中国人民大学出版社2004年版，第65页。
② 同上书，第63页。
③ Bleyer, W. G., *Main Currents in the History of American Journalism*, Cambridge: The Riverside Press, 1927, p.82.
④ Ibid., p.81.
⑤ Park, R., "The Natural History of the Newspaper", *The American Journal of Sociology*, 1923, pp.273–289.
⑥ Nerone, J., & Barnhurst, K. G., "US Newspaper Types, The Newsroom, and The Division of Labor, 1750–2000", *Journalism Studies*, 2003, 4 (4), pp.435–449.

啡馆和酒馆被大声诵读,报纸上的文章被民众讨论和全部接纳"①。报纸的"每一个字民众都要阅读,甚至是很小的'夹条'和广告也不被放过"②。报纸数量与发行量的快速增长也成为报纸影响力增强的有力证据。在 1765 年,波士顿报纸的平均销数为 600 份,殖民地可能大约有 5% 的白人家庭有一份周报。在独立战争爆发前的几年中,报纸发行量显著增加。最高数额为《里文顿皇家公报》(*Rivington's Royal Gazette*)的 3 600 份和马萨诸塞《侦探报》(*Massachusetts Spy*)的 3 500 份。据称《康涅狄格先驱报》(*Connecticut Courant*)在 1778 年曾有 8 000 份的发行量,这是让伦敦报纸也艳羡的数字③。由于报纸数量的增多、页面的增大以及出版周期的缩短使其取代小册子成为内战时期进行政治讨论的最佳媒介。1793 年在《女神报》(*Minerva*)的创刊号上,诺亚·韦伯斯特(Noah Webster)指出:"在世界任何一个国家,即使是在英国,也没有像在美国这样,报纸如此普遍","因为便宜、出版周期短","也许在美国,它们是最有用的出版物,""在很大程度上,已经超过了杂志和小册子"④。塞缪尔·米勒(Samuel Miller)牧师也对 1785 年前后美国报纸的兴盛作出了描绘⑤:这个社会中即使每天从事劳动的阶级,其中很大一部分人也都能随意经常接触报章杂志,得到有关每一个事件的正式消息,注意政治进程,讨论公共措施,并因此不断激发自己的求知欲和给自己提供不断取得知识的手段。可以断言,同一国的人口相比较,像美国现在政治性报刊的数量之大,是前所未有的。从各方面考虑,这些政治性报刊如此便宜,传播如此广泛,又能如此容易看到,也是前所未有的。

　　赛伯特认为因为美国的独立是借助于对英国殖民当局的说理斗争和责骂攻击而取得的,而很多著名的美国人也参与了这一行动。所以,当这些美国人要自己组织政府时,他们就倾向于承认对政府官员和公共事务的不受限制的批评的价值⑥。赛伯特此番话想要强调的是美国独立革命的斗争实践对于新闻自由理念得

---

① Mott, F. L., *American Journalism, A History: 1690–1960*, New York: The Macmillan Company, 1962, p.108.

② [美]迈克尔·埃默里、埃德温·埃默里、南希·L.罗伯茨:《美国新闻史——大众传播媒介解释史》(第九版),展江译,中国人民大学出版社 2004 年版,第 73 页。

③ Mott, F. L., *American Journalism, A History: 1690–1960*, New York: The Macmillan Company, 1962, pp.104–105.

④ Bleyer, W. G., *Main Currents in the History of American Journalism*, Cambridge: The Riverside Press, 1927, p.112.

⑤ [美]丹尼尔·J.布尔斯廷:《美国人——殖民地历程》,时殷弘等译,上海译文出版社 1997 年版,第 442 页。

⑥ [美]韦尔伯·斯拉姆等:《报刊的四种理论》,中国人民大学新闻系译,新华出版社 1980 年版,第 65 页。

以确立的影响，就这一点而言，他所论不虚。报刊可以在个人与政府的关系中发挥桥梁作用的观念之所以深入人心，与报刊在独立战争及美国建国后的政治论辩中发挥的重要作用密不可分。

二、杰斐逊的新闻自由思想

报纸在美国建国初期的两党论争中继续担当重要角色，这也使得报刊的新闻自由理念最终得以确立。从第一届国会开始，围绕财政部长汉密尔顿的经济政策，在国会里形成了支持与反对的两个稳定的投票集团，在此基础上形成了联邦党和民主共和党。两党的主要分歧在于是否应当建立一个强有力的联邦政府。汉密尔顿和杰斐逊作为两党领袖，都认识到报纸不再仅仅是印刷商的业务，有能力的编辑对于有力地支持政党政策是至关重要的，报纸不能再像以前那样完全依赖于讨论政治经济问题的自愿投稿了①。汉密尔顿和杰斐逊都深切地感受到政党报纸对其政党的意义。汉密尔顿曾对四份报纸进行过财政支持。而当华盛顿总统暗示杰斐逊应设法约束一下弗雷诺（Freneau），或许解聘他的翻译职务时，杰斐逊却认为弗雷诺的报纸"极大地挽救了正向君主政体疾驰的我国宪法"，他认为，"总统没有体察到民主共和党的用意，也没能像他通常那样运用良好的判断力来看待这家自由报刊的努力和效果，也没看到虽然有些不好的东西通过这家报纸公布出去，但是所得的好处却远远超过不足之处"②。

帕灵顿认为杰斐逊对于美国自由主义的贡献即在于他用17世纪后期的天赋人权学派和法国浪漫主义理论的舶来品丰富了美国本土的自由主义，并将其移植到充满活力的美国血统中。18世纪后期，一些知识分子把法国的浪漫主义理论带到了殖民地。浪漫主义哲学扩展了美国正在出现的民主理论，它认为人本质上是优秀的、能够无限发展的，这种观念与清教人性本恶的观念形成鲜明对照。浪漫主义理论认为由于社会习俗先于法律而存在，个体先于国家而存在，所以，政府必须经过普遍认可，并且要限制其权力和规模③。

杰斐逊曾说过，最好的政府是最小的政府④，他主张有限政府，要求严格限制和制衡政府权力，扩大公民自治权。杰斐逊进一步发展与完善了借助舆论制约权力的理论，他将新闻自由视为人类理性得以实践的基础，"没有一种试验比我们现

---

① Bleyer, W. G., *Main Currents in the History of American Journalism*, Cambridge：The Riverside Press，1927，p.105.
② Payne, G. H., *History of Journalism in the United States*, Westort, Connecticut：Greenwood Press, 1970, p.166.
③ [美] 沃浓·路易·帕灵顿：《美国思想史 1620—1920》，陈永国等译，吉林人民出版社 2002 年版，第 63、4、5 页。
④ 钱满素：《美国自由主义的历史变迁》，生活·读书·新知三联书店 2006 年版。

在正在进行的更有兴趣了,而我们相信最终会证明,人是受理性和真理支配的。因此我们的第一个目标是给人打开所有通向真理的道路。迄今为止,找到的最好的办法是新闻自由"①。他针对反对派报纸的谎话、诽谤和狂言,表达了自己维护自由报刊的决心:"我们正在进行这样的实验,看一看不借助强制,光凭自由讨论,是否不足以宣传和保护真理,是否不足以使政府在行动和观点方面保持纯洁和正直……我将保护它们撒谎和诽谤的权利。"②1787年,在给朋友埃德沃德·卡灵顿(Edward Carrington)的一封信中,杰斐逊明确阐述了他的新闻自由的思想,他将民意视作政府存在的基础,而报纸通过提供给民众形成意见的信息并作为民意通向政府的桥梁而具有了重要意义:

>我相信人民的正确意识将永远被看作是最精锐的军队。他们也许一时会被引入歧途,但是很快就将自我纠正过来。人民是其统治者唯一的监督者;甚至他们的错误也有助于促使统治者恪守他们制度的真正原则。过于严厉地惩罚这些错误,将会压制公共自由的唯一保障。预防此类对人民的不合常理的干预的办法,就是通过公共报纸的渠道,向人民提供关于他们自己事务的全部信息,并且力争使这些报纸渗透到全体人民群众中间。民意是我国政府赖以存在的基础,所以我们首要的目标就是要保持这种权利;若由我来决定我们是要一个没有报纸的政府,还是没有政府的报纸,我会毫不犹豫地选择后者。但我的意图是每个人都应得到并能阅读这些报纸。③

杰斐逊的言论是对美国报刊新闻自由思想的恰当注脚,他清晰地阐明了为何美国报纸可以享有新闻自由。首先,民意是政府赖以存在的基础;其次,自由的报刊一方面可以起到告知公民的作用,保证民意的形成,而另一方面又可以作为民意的载体。这样,报纸获得了代表民意监督政府的功能和权力,这也就是报纸享有新闻自由的合法依据。

1798年,汉密尔顿领导下的联邦党人促使其控制下的国会通过了《煽动法》,这显然是试图约束反联邦党人在新闻界的代言人:

>凡书写、印刷、以口头或书面方式发表……任何捏造的、诽谤的和恶意的文字……攻击合众国政府,或国会两院中任何一院…或在职总统,或在合众国善良的人民中间煽动反对他们的情绪……或抵制、反对与蔑视此类法律

---

① [美]韦尔伯·斯拉姆等:《报刊的四种理论》,中国人民大学新闻系译,新华出版社1980年版,第55页。
② [美]迈克尔·埃默里、埃德温·埃默里、南希·L.罗伯茨:《美国新闻史——大众传播媒介解释史》(第九版),展江译,中国人民大学出版社2004年版,第100页。
③ Jefferson, "On the Importance of Newspapers", in Levy, L. W. (ed.), *Freedom of the Press from Zenger to Jefferson: Early American Libertarian Theories*, Bobbs-Merrill, 1966, p.333.

者……惩以2 000美元以内罚金并处两年以内监禁①。

杰斐逊主导下的反联邦党人对于《煽动法》展开全力批驳,这将言论和出版自由推向了有关美国自由讨论的中心②。他们当中甚至出现了新自由主义一派,提倡绝对的政治表达的自由,他们认为政府是由普选产生的,而只有拥有自由、知情并能作出理智选择的选民,民主选举才能得以维系。他们的理论为个人和反对党的言论自由提供了合法性,自由主义报刊理念也得到极大彰显。1805年,杰斐逊任总统期间,国会通过了一项法案,允许由陪审团来决定诽谤罪是否成立,并允许将"怀有善良动机和正义目的"③的事实作为抗辩依据,而这一标准最终在美国被普遍接受。恰如布尔斯廷所说,自由的理念在美国成为一种制度④。

---

① [美]迈克尔·埃默里、埃德温·埃默里、南希·L.罗伯茨:《美国新闻史——大众传播媒介解释史》(第九版),展江译,中国人民大学出版社2004年版,第92页。
② [美]埃里克·方纳:《美国自由的故事》,王希译,商务印书馆2002年版,第79页。
③ Levy, L. W. (ed.), *Freedom of the Press from Zenger to Jefferson: Early American Libertarian Theories*, Bobbs-Merrill, 1966, p.lxxix.
④ [美]丹尼尔·J.布尔斯廷:《美国人——殖民地历程》,时殷弘等译,上海译文出版社1997年版,第9页。

第二章 独立报刊理念

建国后的美国报刊是以政党报刊的形式存在着的,1860年,美国趋势调查计划的负责人将全美80%以上的期刊(包括373份日报在内),归类为"具有政治意识形态型",这其实正反映了当时一般人对新闻界的看法①。然而,在此之前,1833年9月3日,《纽约太阳报》(New York Sun)创刊,莫特将随后与之类似的一系列便士报的出现喻为"太阳东升",意为新时代的肇始②。到了1840年,美国四个最大的城市都有了便士报。伴随便士报的出现及兴盛,美国新闻传播思想观念究竟出现了什么新气象呢?

第一节 独立新闻业的兴起

在创办六个月后,《纽约太阳报》宣称:"我们的目的是将《太阳报》办成一份独立的报纸,我们将坚持我们的目标……我们开创的是独立的事业。没有什么可以改变我们。"③"独立的报纸""独立的事业",独立于谁?贝内特(Bennett)在《纽约先驱报》(New York Herald)创刊号上对其办报理念的阐述,可视为对这一问题的回答,"我们不支持任何政党,不是派系或团体的机关报,对任何选举和从总统到警察的候选人都不关心"④。独立于政党、政府或政治性团体成为当时及其后便士报的共同追求。在创办的最初10年中,《春田共和报》(Springfield Republican)一直支持辉格党,但在辉格党在扩展奴隶制问题上摇摆不定时,它就不再支持辉格党,并在社论中明确指出报纸将支持自己所阐明的原则,和政党无关。塞缪尔·鲍勒斯(Samuel Bowles)感知到这个时代"最好的新闻业"的

---

① [美]Roshco,B.:《制作新闻》,姜雪影译,远流出版事业股份有限公司1994年版,第51页。
② Mott, F. L., *American Journalism, A History: 1690-1960*, New York: The Macmillan Company, 1962, p.215.
③ Bleyer, W. G., *Main Currents in the History of American Journalism*, Cambridge: The Riverside Press, 1927, p.163.
④ Ibid., p.186.

发展趋势,即独立报纸正迅速取代纯粹的党派报纸,而纯粹的党派报纸现在受到轻视,不再被看作最好的大众报纸[1]。这一发展趋势逐渐成为当时报人的共识。

《纽约论坛报》(New York Tribune)的创办者霍勒斯·格里利(Horace Greeley)的继任者怀特劳·里德(Whitelaw Reid)笃信新闻独立是新闻业的未来趋势,在前者去世前,里德曾详细阐述"独立新闻业"的内涵,其核心是摆脱政党的束缚,不再以政党的利益为报纸行为的准则,"不再因对政党有害而秘而不宣,不再持片面的说辞……;不再进行政党斗争需要的而我们认为不是完全公允的攻击;不再进行明知是诽谤的诽谤……;对于对政党有害的新闻不再犹豫是否刊登……不再篡改舆论报道……半真半假的报道也绝迹了……这就是一种新的、有益的独立宣言为困惑而尽职的记者带来的改变"[2]。里德将报纸摆脱对政党依附的"独立"比作美国赖以立国的《独立宣言》,以此彰显"独立"对报刊的意义。莫特也将格里利去世之前在《论坛报》上所作的宣告——"此后我将努力使本报成为完全独立的报纸",视为漫长的政党报刊时代结束的显著标志,格氏的宣言表明报纸已经大大摆脱了政党束缚[3]。

报刊"独立"于政党,意义何在?部分新闻史家对独立报刊大加褒奖,而这显然是以之前的政党报纸为参照的。曾在《先驱报》工作多年的哈德森(Hudson)认为当时的媒体已经走出了在政治经济上依赖党派的黑暗年代,走向了新闻业的理想——独立新闻业[4]。詹姆斯·马丁·李(James Martin Lee)在其《美国新闻史》中宣称从1812年战争结束后开始的政党报刊时期,是新闻史上最黑暗的时期,政党报纸没有履行新闻的"合法"职能,即独立和追求真理。莫特也将1801—1833年的新闻业贴上了"美国新闻业的黑暗年代"的标签[5]。

戴维·斯隆(David Sloan)认为,在整个20世纪的美国新闻史中上述观点均占据主导地位,而他则认同历史研究中的文化学派的观点,即不能以今天的标准来衡量过去的报纸,而是应该看政党报纸在当时是否履行了其特有的目的[6]。文化学派的观点的确有助于解释政党报纸的出现以及为何能存在如此长

---

[1] Bleyer, W. G., *Main Currents in the History of American Journalism*, Cambridge: The Riverside Press, 1927, pp.258, 259.

[2] Mott, F. L., *American Journalism, A History: 1690-1960*, New York: The Macmillan Company, 1962, p.412.

[3] Ibid., p.406.

[4] Sloan, W. D., *Perspectives on Mass Communication History*, Hillsdale, New Jersey: Lawrence Erlbaum Associates, 1991, p.129.

[5] Ibid., p.65.

[6] Ibid., p.68.

的时间,但是,无论是历史研究的浪漫学派、发展学派还是文化学派,其对独立报刊崭新的转折意义的共同关注使得独立报纸与政党报纸的差异得到了凸显,而这在某种程度上遮蔽了二者背后的新闻理念的联系。于是,与政党报纸如此天差地别的独立报纸的出现总带着点横空出世的味道。而如要辨析独立报刊与政党报刊在新闻理念上的关联,还需从美国报刊与美国政党、政府及公众间的关系入手。

值得注意的是,政党报纸的编辑们对政党报纸及其自身角色的看法与上述新闻史家们并不相同。当时,即有编辑对殖民地时期"仅靠单纯机械的方式来办报"①表现出轻视,因为之前的印刷商和出版商办报通常只是在报纸条目中进行筛选,然后印刷和派送,鲜有创见。《美国公报》(*Gazette of United States*)编辑约翰·芬诺(John Fenno)的自我身份认同即自己是一位"编辑"而不是印刷商或出版人②。在印刷商和编辑之间进行清晰的划分显示出政党报纸编辑自身职业意识的萌动,而且,许多编辑也确实凭借自己的言论赢得了声誉。当时许多编辑的大名为读者所熟知,因为虽然政党领袖操控和影响了报纸,但大部分的报纸内容还是由编辑自己负责的。这些编辑的立场十分鲜明而使得读者熟悉他们的姓名就如同熟悉他们的报名一样。

与此类似,编辑们对于政党报纸的作用与风格也有明确认知。对印刷商而言,报纸是盈利的工具,但政党报纸却是政党的代言人。有了这样明确的职业认知也就不难理解威廉姆·科贝特(William Cobbett)在《箭猪公报》(*Porcupine's Gatteze*)创刊号上对报纸党派性的热烈拥护了,他明确宣称:"我绝不公正无偏,那些是无用的,并且毫无意义。"③在他看来,公正无偏比党派性更糟,因为这样的新闻者完全成了可怜的被动工具。在他眼中,要极力支持一个有序和良好的政府,反对所有对他的反对。而妄称公正,无疑像是在美德与邪恶、善与恶、快乐与不幸之间的较量中妄称公正一样荒谬。科贝特认为可能会有编辑以一种超然的客观来看待这种较量,但他的报纸不会成为其所赞同事业的破坏者,他的报纸将团结对政府友善的人④。

报纸作为政党代言人在美国建国初期政治生活中表现活跃,不仅仅是政党报纸的编辑,社会各界对报纸在殖民地争取独立以及美国建国初期的作用均有普遍

---

① Mott, F. L., *American Journalism, A History: 1690-1960*, New York: The Macmillan Company, 1962, p.114.

② Bleyer, W. G., *Main Currents in the History of American Journalism*, Cambridge: The Riverside Press, 1927, p.106.

③④ Ibid., p.155.

认知。一位反印花税运动的拥护者认为报纸在政治宣传上的作用是"自报纸出现以来最伟大的作用"①。政治家们也视这些依附的报纸是获得政治成功的必备条件。纽约民主党领袖马丁·范·伯伦(Martin Van Buren)在就财政支持《看守人报》(*The Argus*)一事致函其助手时说:"如果没有这些这样编辑的报纸(即'稳重而又谨慎'的编辑)的支持,我们将一败涂地。"②在当时的浪漫派历史学家眼中,政党编辑们被"认识的人们尊敬和爱戴",他们被认为是"富于见识,目标正直,温和而谦逊,……是党派的核心……从不诉诸暴力……声誉良好,交友甚广……"③实际上,即使是莫特和哈德森也都肯定了政党报纸在其所处时代所起到的作用。莫特指出,在独立战争中崛起的报纸具有新确立的威信,而这一威信使其成为形成一个新国家的首要力量④;而哈德森也认为就将"国家置于稳固的基础之上而言,(报纸)是必要的"⑤。

由此可见,政党报纸时期,报纸对社会舆论的影响力得以继续彰显,并且其具有的这种影响力也成为美国社会各界的共识,这进一步巩固了报纸在美国三权分立的政治体制中占有的独特地位——报纸可以积极参与国家政治生活。政党报纸在美国享有其他国家所没有的新闻自由。此时的英国报纸依旧在税收的重负之下,欧洲大陆的报纸也受政治军事形势的限制。而这一时期美国的新闻业却享有对广泛的论争题材进行评论的巨大自由。美英之间签订的"杰伊条约"在批准之前就被报纸广泛评论,这在其他国家是绝无仅有的。美国参议院在1794年通过一项决议,将走廊开放给新闻界旁听,众议院此时已经非正式地向新闻界开放。1814年的一项国会法案规定,所有联邦法律必须在每个州或准州的两家(后增加到三家)报纸上公布。

既然依附于政党的报纸已经可以在国家生活中发挥着积极作用,独立报刊理念又是因何出现的?

首先,在美国人的观念中,独立是自由的重要前提。恰如方纳所指出的,在大西洋两岸的自由理念中存在着这样一个公理:凡依赖他人的人必然缺乏自我意志,因而没有能力参加公共事务,政治自由必须要以经济独立为基础。正是基于

---

① Mott, F. L., *American Journalism, A History: 1690-1960*, New York: The Macmillan Company, 1962, p.107.
② Ibid., p.253.
③ Sloan, W. D., *Perspectives on Mass Communication History*, Hillsdale, New Jersey: Lawrence Erlbaum Associates, 1991, pp.59-60.
④ Mott, F. L., *American Journalism, A History: 1690-1960*, New York: The Macmillan Company, 1962, p.108.
⑤ Sloan, W. D., *Perspectives on Mass Communication History*, Hillsdale, New Jersey: Lawrence Erlbaum Associates, 1991, p.64.

此,在塞缪尔·约翰逊(Samuel Johnson)的字典里,"独立"的含义即为"自由",也就是说一个经济上独立的人才是自由的人,这是个人享有自由的前提。对个人依附于他人的深恶痛绝及将自由等同于独立自主的思想在美国之所以根基深厚,不仅是受英国自由主义理念的影响,还由于在美国的确有着数量庞大的经济独立者,这两方面原因的彼此促进造就了美国人的意识,即经济独立是自由社会的前提条件①。

个体拥有的言论自由之所以能延伸成一种行业拥有的自由——新闻自由,是因为在17、18世纪的英国和美国的自由主义理念中,个人自由是民主政治的前提和基础,而言论自由是个人自由的保障;报纸由于具有告知信息的作用及舆论影响力,因此它可以成为个人言论自由的代言人。在独立战争中赢得威信的报纸"在自己煽动起来的讨论影响下变成了党派的喉舌"②,彰显的是其对舆论的影响力。但是,对于已将"独立"视为自由前提的美国人来说,他们也在逐渐摸索报纸享有新闻自由的前提。

政党报纸主要靠政党的财政支持,而19世纪二三十年代,纽约的商业性报纸开始发出新的声音。《信使晨报》(Morning Courier)在1828年宣称,"商业支持是最好、最安全和最稳定的,和其他支持相比较少受到偏见、心血来潮和狂妄的影响,商人始终愿意将其信心和支持给予那些热情、勤奋和警觉的报纸"③。《商业新闻报》(Journal of Commerce)也做广告称该报"主要致力于为商人和制造商服务,也包括政界和文化界的任何对商业感兴趣的人"④。1833年,《商人新闻报》(Mercantile Journal)的创刊号直接称,"我们认为社会需要一份报纸,它在政治上没有党派性,只是致力于大众道德和提供完全不偏不倚的信息"⑤。

报纸对商业支持的倡导并不是新生事物。在美国,报纸一开始就是作为个人私有财产出现的。广告一直是美国报纸的重要内容,他们为商人提供最新抵埠的船舶和进口货物的信息,这些原先都需要在大的咖啡馆里获知。大多数日报仍以第一版刊登广告,到了19世纪的前30年,报纸以大量篇幅刊登广告,商业性报纸通常为4/5,有时乃至9/10的版面,而政治性报纸亦有3/4的版面用于刊登广告。但是,在政治氛围浓郁的政党报纸时期,政治影响着报纸兴衰,商业日报也都具有

---

① [美]埃里克·方纳:《美国自由的故事》,王希译,商务印书馆2002年版,第31、32、36页。
② Park, R., "The Natural History of the Newspaper", *The American Journal of Sociology*, 1923, pp.273-289.
③④⑤ Bleyer, W. G., *Main Currents in the History of American Journalism*, Cambridge: The Riverside Press, 1927, p.148.

强烈的党派色彩。对于报人来说,政治独立是这个时代的陌生之物。革命期间相较于具有爱国派背景的报纸而言,保皇党报纸的广告经营十分惨淡。所以,正如布尔斯廷所说,美国的报纸很早就以自己是一种商品而不是正统观念的鼓吹者自诩。当时在法国,罗伯斯庇尔和米拉波各有自己的报纸来引导各自的选民,但这不是美国的作风①。

政治哲学家约翰·基恩将新闻自由理念与经济独立联系起来,他认为现代社会早期的新闻自由理想,作为反对专制体制的重要手段,来源于小规模的企业和分散的市场竞争中的普遍信念②。小规模的企业和分散的市场竞争是形成大量自由民的基础,美国早期各州对选举权作出财产方面的规定,就是因为他们认为经济上对他人的依赖将妨碍个人作出独立判断,而独立判断对于选民来说是至关重要的③。所以,在沟通手段中,私有财产才被看成自由沟通的一个关键因素。而市场也被看作保证民意自由流通的中介,它是看不见的、公正无私的、温和的。同时,市场又被看作在一个秘密、阴谋和傲慢的专制世界里仅存的一片绿洲④。基恩将市场喻为绿洲,其实是认为市场可以成为牵制政府权力的力量,从而防止政府因为滥用权力而妨害个人自由。正是在这样的逻辑下,基恩认为市场竞争的特征影响到新闻出版业不足为奇,因为财产权是个人自由的基础,而将这一理念扩展到媒体中,就成为媒体私有才能保障新闻自由。

此外,美国人对政党及政府不信任。1789年开始生效的《合众国宪法》确立了美国政体,即行政、立法和司法三权分立制衡的原则。三权分立体制的精神实质是权力制衡,防止滥用权力。孟德斯鸠在《论法的精神》中,系统阐述了"三权分立"思想。他提出,要保障公民的政治自由,就必须实行"三权分立"和"制衡"原则。他认为,"制约"和"均衡"是为了防止权力的滥用⑤。要防止滥用权力,孟德斯鸠认为,除了以权力约束权力外,还必须看到舆论可以作为一种权力形式而对权力机构实行约束。美国革命前的报纸杂志曾大量介绍孟德斯鸠的《论法的精神》。1788年麦迪逊在报纸上撰文称,"立法、行政和司法权置于同一个人手中,不论是一个人、少数人或许多人,不论是世袭的、自己任命的或选举的,均可公正地断定是虐政","为了对这个重要问题形成正确的看法,不妨研究一下维护自由

---

① [美]丹尼尔·J.布尔斯廷:《美国人——殖民地历程》,时殷弘等译,上海译文出版社1997年版,第443页。
②④ [英]约翰·基恩:《媒体与民主》,邵继红、刘士军译,社会科学文献出版社2003年版。
③ [美]埃里克·方纳:《美国自由的故事》,王希译,商务印书馆2002年版。
⑤ [法]孟德斯鸠:《论法的精神》,张雁深译,商务印书馆1961年版,第154页。

所需要的三大权力部门各自分立的意义"①。杰斐逊、汉密尔顿、华盛顿、麦迪逊等诸多开国之父对党派政治一直很反感。美国的政党产生于联邦政府建立之后。1787年这些人在起草《合众国宪法》时,没有预设政党在政府管理制度中的作用。他们通过三权分立、联邦主义以及选举人团间接选举总统等各项宪法规定,力图将政党及政治派别排除在新生的共和国之外②。

个人自由是美国民主理念的坚实基础,美国宪法是由一批不信任权力的人制定的,所以他们着力限制正在创建的这个政府的权力,以免它草率行动或大权独揽,以免它危害个人的自由和权利③。1791年通过的《权利法案》的第一、第四、第五条款对于个人权力的凸显在某种程度上即为了制约政府的权力。美国人重要的社会心理之一是对政府、政党权力运作及其可能产生的不当行为抱有警惕之心,美国的政治制度设计中也映射出这种社会心理。在美国政治理念的表述中,民意是政治运作的基础,公共协商与讨论是政治运作的机制。而报刊作为沟通民意和组织公共讨论的"论坛",也应成为美国权力运作的有力监督者。独立报刊对自身独立性的鼓吹正是迎合了美国人的这一社会心理。

美国自由主义理念中对独立自主的重视,对独立成为自由前提的认知,以及美国报纸悠久的商业主义传统最终促使美国报纸逐渐摆脱了对政党的依附,走上了"独立"之路。这样看来,政党报纸到独立报纸的变迁就不那么难以理解了。然而,尽管人们习惯于将便士报看作政党报纸的对立面和否定面,在很多方面,比如报纸的独立性、新闻内容和风格上的确如此;但是便士报对政党报纸的某些做法仍有承继,比如对于政治的关注、对于报纸引导舆论能力的深刻体认。政党报纸对于政府和对立政党还是起到了一定的监督作用,而且报纸在评论政治问题方面也积累了丰富的经验,这些传统都被便士报继承了。伯纳德·罗斯可就指出,虽然便士报中新闻的分量在逐渐增加,与评论渐趋平衡,然而大量掺杂个人意见的鼓吹言论或报道,仍然充斥于报纸版面④。

第二节 报纸成为公共服务机构

报纸不再依附于政党并不意味着报纸远离了政治。随着南北战争战后重建

---

① [美]汉密尔顿、杰伊、麦迪逊:《联邦党人文集》,程逢如等译,商务印书馆1980年版,第246页。
② [美]约翰·毕比:《透视美国政党》,《南风窗》2004年第22期。
③ 钱满素:《美国自由主义的历史变迁》,生活·读书·新知三联书店2006年版,第25页。
④ [美]Roshco, B.:《制作新闻》,姜雪影译,远流出版事业股份有限公司1994年版,第51页。

的展开,政治腐败和黑幕层出不穷,报纸开始投身到以实现更广泛的民主和社会公正为目的的"进步运动"中。他们极倡导社会改革,这期间产生了大量调查性报道,出现了大批"扒粪者"(muckrakers)。1897年,《纽约新闻报》(New York Journal)在一篇社论中谈到报纸讨伐的成就时说:"(《新闻报》)信奉两个原则:'别人靠说,而《新闻报》靠行动';'所有人的职责就是《新闻报》的职责'。"①爱德华·斯克里普斯(Edward Scripps)说,虽然他的报纸有时因"始终反对富人、始终支持工人"而犯错误,但是,他认为如果他能保持这样的基本方针,他就能促使他所希望看到的社会逐步形成。报纸积极投身到维护普通人利益的运动中②。赫斯特利用报纸对工人、小商人和其他普通老百姓表示了强烈的支持;纳尔逊(Nelson)为堪萨斯城的公共事业付出了很大努力;在普利策创办《纽约世界报》(New York World)的头两年中,代表移民、穷人和工人阶级利益的改革运动如火如荼,特别是移民妇女在服装厂的血汗车间里受到的非人待遇、缺少就学机会、不公平的税收负担,都成了普利策的社论和新闻题材。在维护公共利益的过程中,各种特权机构以及政府成为讨伐的目标。1905年,《世界报》和《纽约新闻报》(New York Press)对于公平人寿保险公司的高级管理人员挪用私人投资的行为进行调查,引起了公众舆论一片哗然,以致纽约州不得不通过严格的管制性立法对此加以限制。1908年,《世界报》编辑科布(Cobb)发表社论要求国会对他所称的"巴拿马运河丑闻始末"进行调查,西奥多·罗斯福总统(Theodore Roosevelt)宣称政府将指控他犯有刑事诽谤罪,最后,罗斯福撤销了诉讼。科布自称这是反对暴虐政府、维护新闻自由的一次全面胜利。埃默里认为,在世纪之交的报纸发行人和主编当中,有很多人是为普通老百姓伸张正义的,他们反对大企业托拉斯、反对公用事业经营特许权被垄断、反对政治不健全和腐败③。莫特也认为当时几乎所有的便士报都有着这样的宏愿:"首先,应使广大民众对现实生活有真实的了解,而不应顾忌种种禁忌;其次,应揭发教会、法院、银行和股票市场的种种弊端……"④

报纸不仅积极参与社会运动,许多报人甚至醉心于政治。格里利曾参加总统竞选;雷蒙德(Raymond)曾在共和党身居要职,他担任过共和党全国委员会主席,这是美国政治中的关键职位之一,他还主持了1864年的大选,起草党纲,被选入

---

① Bleyer, W. G., *Main Currents in the History of American Journalism*, Cambridge:The Riverside Press, 1927, p.365.
② [美]迈克尔·埃默里、埃德温·埃默里、南希·L.罗伯茨:《美国新闻史——大众传播媒介解释史》(第九版),展江译,中国人民大学出版社2004年版,第274页。
③ 同上书,第278页。
④ Mott, F. L., *American Journalism, A History: 1690-1960*, New York:The Macmillan Company, 1962, p.242.

众议院;普利策早年醉心于政治,他曾入选众议院,并为民主党总统候选人塞缪尔·蒂尔登(Samuel Tilden)助选;赫斯特办报也是有政治目的的,他在芝加哥"创办《美国人报》的目的不是为了赚钱,赫斯特报系的其他报纸的情况一样,他决没想到为赚钱去办那家报纸。创办《美国人报》的最早目的是想帮助他入主白宫"①。报人们对政治的影响力和参与政治的热情绝不是个别现象。他们当中的许多人与政界要人过往甚从。《恩波里亚公报》(*Emporia Gazette*)的主编威廉·怀特(William White)与纽约州年轻的共和党人、日后的美国总统西奥多·罗斯福友谊甚笃;《世界报》总编科布与威尔逊总统是密友。1899年,赫斯特与美西战争马尼拉湾战役的英雄乔治·杜威(George Dewey)上将一同乘船进入纽约港时,他对杜威说:"将军,你的国家感谢你。当我说我们将以任何荣誉或者你想得到的职位(包括总统职位)给你时,我是代表全体美国人说话。"②自诩为全体美国人的代表,口气不小,而这个时代的报人确实是这样看待自己。《纽约先驱报》的所有人贝内特自称为堪与莎士比亚、司格特、弥尔顿和拜伦比肩的"报纸天才"③。《春田共和报》的鲍勒斯认为报纸可与宗教比美,起到融合与联结国家与社会的作用,"报纸的伟大使命也许尚未被真正领会。它是,或将是,历史的伟大传教士,它赋予社会以活力,它是世界伟大的改革者、监督者,它表达公共思想和观点,为人类精神输送新鲜血液。它是专制的强敌,是自由的利器,它注定要超过任何其他机构,将世界敌对的国家融合在一起,这长久以来就是基督教和博爱之士的理想"④。普利策甚至认为报纸比总统更有力量,"《世界报》应该比总统更有力量。总统受他的政党和政治形势的束缚,而且只有四年的任期;而报纸却年复一年地生存下去,可以绝对自由地发表真理,实实在在地为公众的利益服务"⑤。在戈德金退休之际,哈佛大学和约翰·霍普金斯大学校长相继致信表示其领导下的《民族》周报和《晚邮报》对他们产生了重要的影响。哈佛大学校长查尔斯·艾黎奥特(Charles Eliot)称《民族》周报对其观点和行为的形成产生了决定性的影响达40年之久,并且他也相信成千上万的有教养的人也同样深受影响;而约翰·霍普金斯大学校长说:"30年来,只有几期《民族》周报我没有读过,长期以来我始终阅读它是因为它在智识和政治上给我以启示。"甚至连西尔曼(Gilman)总统也声称他

---

① Murray, G.:《赫斯特报系的新闻文化》,漆敬尧译,远流出版事业有限公司1992年版,第39页。
② 同上书,第44页。
③ Bleyer, W. G., *Main Currents in the History of American Journalism*, Cambridge: The Riverside Press, 1927, p.91.
④ Ibid., p.257.
⑤ [美]威·安·斯旺伯格:《普利策传》,陆志宝、俞再林译,新华出版社1989年版,第379页。

个人非常赞同戈德金"对当前复杂政治的指导意见"①。

与政党报纸时期的主编们对自己所从事事业的信心一样,独立报人们坚信自己从事的是伟大的事业。贝内特将商业新闻业认定为一项伟大的事业,"是一项宣扬真理、公共信仰和科学,反对谬误、欺诈和无知的事业"。丹·席勒指出,贝内特的宣称意味着商业报纸认为自己可以通过科学地呈现自然和社会生活中的"事实"而成为主要的进行公共启蒙的社会机构②。新闻史家乔治·佩恩也认为"贝内特通过向民众提供他们很少了解的日常生活的新闻,激起了他们对自身和同类的兴趣,贝内特激活了民众生活的意义,因此增强了他们的政治力量"③。

当然,独立报刊人与政党时期的报人还是存在很大不同,他们已经不再把报纸当作纯粹的政治工具。就像埃默里察觉到的,"沉迷于政治的雷蒙德主张他的报纸采取一种消除了党派偏见的客观立场"。几乎所有的便士报都宣称要服务于公众。1836年,贝内特宣称"有什么能阻止报纸成为社会生活最伟大的代言人吗?书籍、剧院、教堂都有其作为社会生活代言人的时代。而报纸在人类思想和文明的伟大运动中的作用将远远超过前三者。除了赚钱,与纽约的教堂相比,报纸可以送更多的灵魂去天堂,也可以救更多的灵魂出地狱。请让我们尝试"④。1841年,《纽约论坛报》周报版发行,该报社论再次重申《论坛报》要成为"人民权力和利益的临危不惧"的支持者⑤。早在圣路易斯,普利策就确定了办报理念是不为党派,而是为人民服务⑥,1883年买进《世界报》后,普利策承继着这一理念,他在报纸发刊词上强调"《世界报》的唯一目的"是"致力于人民的事业而不是有财势的统治者","以最诚恳的真诚为人民而战"⑦。

当独立报刊以公共服务机构自诩的时候,实践着的依旧是自由主义的理念,

---

① Bleyer, W. G., *Main Currents in the History of American Journalism*, Cambridge: The Riverside Press, 1927, p.289.

② Schiller, D., *Objectivity and the News: The Public and the Rise of Commercial Journalism*, Philadelphia: University of Pennsylvania Press, 1981, p.80.

③ Payne, G. H., *History of Journalism in the United States*, Westort, Connecticut: Greenwood Press, 1970, p.xv.

④ Mott, F. L., *American Journalism, A History: 1690–1960*, New York: The Macmillan Company, 1962, p.232.

⑤ Bleyer, W. G., *Main Currents in the History of American Journalism*, Cambridge: The Riverside Press, 1927, p.224.

⑥ [美]迈克尔·埃默里、埃德温·埃默里、南希·L.罗伯茨:《美国新闻史——大众传播媒介解释史》(第九版),展江译,中国人民大学出版社2004年版,第219页。

⑦ Bleyer, W. G., *Main Currents in the History of American Journalism*, Cambridge: The Riverside Press, 1927, p.434.

媒体作为公共领域的主要媒介,保障着个人的权利,为个人的民主参与提供可能。恰如普利策所相信的,"我们的共和政体和新闻界共进退。一个具有能力、无私、富于公共精神,其人员受过训练了解并具备勇气去行使该项权力的媒体才能保卫公共利益,而缺少了这样的媒体,政府将是虚伪和可笑的政府"①。1889年,普利策为《世界报》大楼奠基发来的电报揭示出他对于公共服务的理解,公共服务的理念基础即"启蒙和进步","真正的民主理念"的"道德基石"是"对自由和正义的热爱;而这正来源于人民,代表了公众对其提供的公共服务的认可"②。

虽然,美国人通过宣扬个人自然权利、个体自由等理念应对了公民人文主义政治传统在建立现代国家过程中遭遇的危机,使得个人作为公民和积极主体直接参与共和国事务转变为他仅仅意识到自己的利益,为了实现这一利益而参与到政府事务中③。但不可否认,公民人文主义传统依然是美国建国初制度设计时参照的理想范式之一,参与公共事务、致力于公共的善成为美国政治理念不可或缺的思想源泉。托克维尔认为在美国,有一种公共精神,人民都知道社会的普遍繁荣对他们自身幸福的影响,并习惯于将这种繁荣看作自己的劳动成果,他们认为公共的财富也有自己的一份④。独立报刊将自身定位于公共服务机构是这一业已存在的公共精神在其时其地的彰显。

第三节 客观报道理念与新闻专业主义

此时的独立报刊就新闻操作实践也逐渐发展出一套理念。1851年,格里利指出,在美国"新闻比社论更重要;报纸都努力最快地提供新闻"⑤。与1833年本杰明·戴(Benjamin Day)在《太阳报》创刊号上提出的办报宗旨"刊载每天所有的新闻"相比,这个观点也并不新鲜,只是对于传播新闻是报纸的首要职责体认得更加深切。为了战胜对手《太阳报》和《纪事报》(*Transcript*),《先驱报》在第二期宣布要提供世界的正确图画,而其他报纸会更多地依赖他们的新闻,"我们要提供一幅世界的正确图画,包括华尔街、交易所、警察局、剧院和歌剧界,一句话,充分

---

① Payne, G. H., *History of Journalism in the United States*, Westort, Connecticut: Greenwood Press, 1970, p.369.
② Bleyer, W. G., *Main Currents in the History of American Journalism*, Cambridge: The Riverside Press, 1927, pp.334 – 335.
③ Wood, G. S., *The Creation of the American Republic, 1776 – 1787*, Chapel Hill: University of North Carolina Press, 1969, pp.606 – 618.
④ [美]托克维尔:《论美国的民主》,董果良译,商务印书馆1988年版,第270页。
⑤ Mott, F. L., *American Journalism, A History: 1690 – 1960*, New York: The Macmillan Company, 1962, p.223.

展示人性与现实生活的特异之处"①。在庆祝赫斯特掌管《新闻报》一周年之际，《新闻报》发表社论解释其成功的原因在于："首先，它努力获得一切新闻，《新闻报》意识到经常被新闻业遗忘的，就是寻找需要的新闻。《新闻报》将寻找新闻视为自己的职责，不论新闻在何处，它不囿于先例、也不计困难和代价"②。《每日新闻》(New York Daily News)的创办者梅尔维尔·斯通(Melville Stone)将一份报纸的主要职责总结为三条：首先是刊登新闻，其次是引导公众舆论，再次是提供娱乐③。格里利传记的作者詹姆斯·帕登(James Parton)的观点虽则夸张，但不失见地，"我们的记者已经知道社论将不会使一份报纸成功也不会使一份报纸失败，社论对民意没有太大影响力也不改变很多投票，一份报纸的影响力和成功总体上和最终要依靠成功地获得和展示新闻的技巧……新闻是胜败的关键；这正是19/20的人们买报纸的原因；这正是日报的价值和力量之所在；这也正是决定每个自由国家的报纸品质的因素"④。塞缪尔·鲍勒斯说："在贝内特的领导下，《纽约先驱报》是全美国，也是全世界第一份真正领悟到新闻界的第一天职，就是不计代价地去取得新闻的报纸，而这正是贝内特先生此生最大的使命与信念……"⑤美国新闻史家欧文(Irwin)也认为贝内特"发明了今日众人所知的'新闻'"⑥。阿特休尔评价《纽约时报》的奥克斯(Ochs)在新闻史上所作的最重要的贡献即在于他接续了起始于数世纪前威尼斯手抄新闻信的传统，即将"新闻"本身作为一件十分畅销的商品。而盖伊·托尔斯在其《权力与荣耀》一书中也指出，"奥克斯要出售的东西正是新闻，他希望公正不偏地出售它，并且保证货其价实，不遭曲解和授意"⑦。

这时候许多较好的报纸开始将重要新闻放在报纸首页而将广告移到内页，内战期间，早已成为全美新闻重镇、唯一拥有八版报纸的纽约，几乎所有报纸皆以新闻资讯取代了原先一向占据头版的广告。记者地位的上升也可说明报人们对新

---

① Bleyer, W. G., *Main Currents in the History of American Journalism*, Cambridge: The Riverside Press, 1927, pp.186 – 187.
② Ibid., p.362.
③ [美]迈克尔·埃默里、埃德温·埃默里、南希·L.罗伯茨：《美国新闻史——大众传播媒介解释史》(第九版)，展江译，中国人民大学出版社2004年版，第210页。
④ Mott, F. L., *American Journalism, A History: 1690 – 1960*, New York: The Macmillan Company, 1962, p.385.
⑤ Bleyer, W. G., *Main Currents in the History of American Journalism*, Cambridge: The Riverside Press, 1927, p.208.
⑥ [美] Roshco, B.：《制作新闻》，姜雪影译，远流出版事业股份有限公司1994年版，第45页。
⑦ [美] J.赫伯特·阿特休尔：《权力的媒介——新闻媒介在人类事务中的作用》，黄煜、裘志康译，华夏出版社1989年版，第62页。

闻重要性的强调。《堪萨斯城明星报》(Kansas City Star)威廉·纳尔逊认为报纸最重要的是记者,"记者可以直接得到事实并将其化为平白简洁的语言,是报纸中真正重要的人"①。不仅仅是新闻得到重视,在莫特看来,最根本的变化是报人们对什么是新闻的认知发生了变化。报人对新闻的定义取决于他认为"公众想知道什么",相较于政党报纸时期的"受人尊敬的公众"认为的"重要的事"(即政治新闻),便士报的新闻理念有了新的变化,这种变化体现在三个方面,每一个都不同于以往的"重要"新闻:(1)当地新闻的增加;(2)更加注重煽情新闻,特别是犯罪和性;(3)有了后来被称作的"人情味"新闻——此类新闻是关于那些只是作为人类而言有趣的人,而非因为他们的重要性或煽情性②。

自19世纪30年代,报纸开始反映日益多样化的都市生活,而不再是少数政治、商业阶层的事务。在《先驱报》的创刊号上,贝内特宣称,"我们将致力于记录关于公共生活和适宜主题的事实"③。1836年,《公共纪事报》(Public Ledger)曾经记载了纽约普通人读报的盛况,"在纽约和布鲁克林共有人口30万,便士报每日发行量不少于7万份。这足以使两市人手一份报纸,甚至可以阅读的儿童也能分到一份。这些报纸遍布大街小巷、旅馆、酒店、账房、商店等。几乎所有车夫走贩在工作闲暇之际,均一报在手"④。《家庭》杂志(Family Magazine)评价便士报"到达了社会最低层,搅动了大型日报不曾到达、未曾搅动的平静而力量强大的水流"⑤。

19世纪美国工业化与都市化进程互相带动。至19世纪末,一个以大中小各类城市构成的城市网已在全国范围初步形成。美国史学家老阿瑟·施莱辛格(Arthur Schlesinger)主张以"城市理论"取代当时主导的特纳的"边疆理论",通过关注城市在美国社会和知识变迁中的重要地位来解释这段美国历史⑥。便士报对都市新闻的大量呈现也应放置到美国都市化的历史进程中去理解。关于凸显社会生活中的事实的新闻理念出现的成因及意义,舒德森从其时美国的平等主义文化视角进行了阐释。19世纪开始的政治民主化及市场经济进程使得美国由一

---

① [美]J.赫伯特·阿特休尔:《权力的媒介——新闻媒介在人类事务中的作用》,黄煜、裘志康译,华夏出版社1989年版,第212页。

② Mott, F. L., *American Journalism, A History: 1690-1960*, New York: The Macmillan Company, 1962, p.243.

③ Bleyer, W. G., *Main Currents in the History of American Journalism*, Cambridge: The Riverside Press, 1927, p.186.

④ Mott, F. L., *American Journalism, A History: 1690-1960*, New York: The Macmillan Company, 1962, p.241.

⑤ Ibid., p.241.

⑥ Schlesinger, A. M., *The Rise of the City, 1878-1898*, New York: New Viewpoints, 1975.

个贵族价值观统治的自由商人联邦演变成了倡导市场平等主义的民主社会。杰克逊民主时代,严格的阶级界限开始变得模糊不清,自由和机会正在被更多的人拥有。美国人因共同的努力和经验而结成各类共同体①。处于平等时代的便士报表达并创建了民主市场的社会文化,这是一种没有任何社会和知识差别的文化。在这个社会里,金钱有了全新的力量,个人有了新的立足点,追求个人幸福也有了新的尊严②。个人的理性得到极大推崇与张扬。自由主义理念的逻辑起点是启蒙理性,自由主义者认为,人皆有理智,人本身就是目的。个人的快乐与幸福就是社会的目的。人作为有思想的有机体能够组织其周围的世界,能够作出促进社会利益的决定。人之所以有别于低等动物,就在于他有思想、记忆、利用经验和作出结论的能力。由于这种不平常的本领,所以人也是不平常的③。平等主义文化不容许盲目的社会或知识顺从,也就是在这种文化中,只信"事实",不信现实或价值的信条产生了。便士报重事实轻议论的价值取向无疑是对读者个人权利的尊重、对平等时代的应和④。尽管事实成为新闻的主要内容,但在此时,诸多证据显示,真实客观还未成为新闻的核心价值。

1896年,正当普利策与赫斯特的"黄色新闻"竞争如火如荼之际,阿道夫·奥克斯(Addph Ochs)买下了发行量已跌至9 000份,每日亏损1 000美元的《纽约时报》。迥异于黄色新闻"所有新闻都适合刊登"的信条,《纽约时报》以"本报不会污染早餐桌布"⑤的口号做广告,后来又将"刊载一切适合刊载的新闻"放在报眼的位置作为报纸的座右铭。奥克斯宣称其殷切目标是不仅要提供所有新闻,而且要迅速、简明、慎重地提供新闻,"《纽约时报》要用一种简明动人的方式,提供所有的新闻,用文明社会中慎重有礼的语言,来提供所有的新闻;即使不能比其他可靠媒介更快提供新闻,也要一样快"⑥。《纽约时报》注重刊载政治、经济和文化领域的大事,力求使报纸成为一份时代的记录,而它也获得了国家"档案纪录报"⑦

---

① [美]丹尼尔·J.布尔斯廷:《美国人——民主历程》,谢延光译,上海译文出版社1997年版,第3页。
② Schudson, M., *Discovering The News: A Social History of American Newspapers*, New York: Basic Books, Inc., Publishers, 1978.
③ [美]韦尔伯·斯拉姆等:《报刊的四种理论》,中国人民大学新闻系译,新华出版社1980年版,第45页。
④ Schudson, M., *Discovering The News: A Social History of American Newspapers*, New York: Basic Books, Inc., Publishers, 1978.
⑤ Mott, F. L., *American Journalism, A History: 1690-1960*, New York: The Macmillan Company, 1962, p.550.
⑥ [美]迈克尔·埃默里、埃德温·埃默里、南希·L.罗伯茨:《美国新闻史——大众传播媒介解释史》(第九版),展江译,中国人民大学出版社2004年版,第298页。
⑦ 同上书,第635页。

的美誉。欧文在 1911 年撰文称《纽约时报》是"所有报纸中最接近于展现纽约和世界真实图景的报纸"①。欧文认为《纽约时报》主编范·安达(Van Anda)在新闻采写中运用了经验科学的方法,后者反对新闻报道中过多的文学特征,包括幽默,因为他认为幽默降低了读者对其阅读的新闻的真实性的信任程度②。舒德森认为,《纽约时报》的这种报道方式通过提供"未被构想(unframed)"的事实来传递纯粹的"信息",而之前的便士报的主旨则是通过"选择和构想事实"③来讲一个好故事。"未被构想"的事实正是新的新闻理念的核心所在,因此,且不论这种理念的对与错,它总是与公正、客观和不带感情联系在一起的④。因为,在人们的习惯认识中,"未被构想"的事实最接近于我们所生活于其中的世界的原貌。范·安达告诫记者不要在报道中表达观点或立场,这"适宜在社论中做或者留给读者去判断"⑤。

从 1880—1900 年,在报道方面的"客观性"理念在继续发展。埃默里等认为这其中的原因在于,对于试图增加其不断扩大的读者份额以及随之而来的广告收入的业主和主编们来说,以公正的面目出现是重要的。由于通讯社受到高成本及主编们要求简洁明快的压力,一种更有规则、更少个性化的新闻写作方法,后来被规范为"倒金字塔"式结构,得到了广泛的欢迎⑥。到了 1905—1914 年,已有大约 2/3 的报道属于客观报道,到了 1925—1934 年,这一数据上升至 80%。19 世纪的新闻经常不注明出处。1905—1924 年,没有注明新闻源的报道依然会出现,此时注明可信新闻源的报道已经占 42.5%,是 1865—1874 年的两倍。到了 1925 年之后,注明可信消息源的报道已经占大约 2/3⑦。1986 年开展的对 1865—1934 年间本地和电报电话报道的一项研究表明,"客观"式报道的数量在所有报道中所占比例从 1865—1874 年间的约 1/3,增加到 1885—1894 年的约 1/2,1905—1914 年间则上升到 2/3,1925—1934 年间达到了 80%⑧。

---

① Schudson, M., *Discovering The News: A Social History of American Newspapers*, New York: Basic Books, Inc., Publishers, 1978, p.107.
② Stoker, K., "Existential Objectivity: Freeing Journalists to be Ethical", *Journal of Mass Media Ethics*, 1995, 10(1), pp.5 – 22.
③ Schudson, M., *Discovering The News: A Social History of American Newspapers*, New York: Basic Books, Inc., Publishers, 1978, p.89.
④ Ibid., p.90.
⑤ Stoker, K., "Existential Objectivity: Freeing Journalists to be Ethical", *Journal of Mass Media Ethics*, 1995, 10(1), pp.5 – 22.
⑥ [美]迈克尔·埃默里、埃德温·埃默里、南希·L.罗伯茨:《美国新闻史——大众传播媒介解释史》(第九版),展江译,中国人民大学出版社 2004 年版,第 227 页。
⑦ Stensaas, H. S., "The Development of the Objectivity Ethic in Selected Daily Newspapers, 1865 -1934", eril.ed.gov/? id=ED272873, 1986, pp.1 – 31, 2020 – 10 – 01.
⑧ [美]迈克尔·埃默里、埃德温·埃默里、南希·L.罗伯茨:《美国新闻史——大众传播媒介解释史》(第九版),展江译,中国人民大学出版社 2004 年版,第 232 页。

第二章 独立报刊理念

但是,必须指出真实呈现新闻的提法绝不是此时才出现的。对新闻真实的追求几乎和新闻的历史一样悠久。1702年,《每日新闻》(*Daily Courant*)的创办者伊丽莎白·穆勒特(Elizabeth Mullet)在创刊号上宣称要通过事实与意见的分离,注明新闻来源等方式来保障新闻的可信度与公正:首先,"在每一篇报道之前,本报将标明该篇报道所摘自的外国报纸,以便于使公众通过该消息是由哪些国家政府批准发布的来更好地判断其可信度及公正性";其次,"本报作者也不会在报道中混杂个人评论或猜测,而仅提供与事件相关的事实。因本报相信每人皆有足够的理性,可以依据事实作出反应"①。伊丽莎白的继任者塞缪尔·巴克里(Samuel Buckley)重申并扩展了这一宗旨:"通过这种方式(标明每篇报道所摘自的外国报纸),本报只希望能够充当一个恰当的新闻书写者的角色:首先,通过出版日报将尽可能地提供所有地方最新的消息;其次,将通过呈现多方对于事件的描述来不偏不倚地报道相关事实,所引用的报纸将成为凭据。因此,要公正报道相关事实:什么事、什么时间、什么地点、由何方报道、又经由何方之口;本报决不因个人的立场在事实之外另行添加任何个人的评论和反应,而是让每位读者自己作出评价"②。深受英国报纸影响的美国早期报纸也受到了这种强调新闻真实性的报道理念的影响,美国第一份报纸《国内外公共事件》的第四页纸即为空白,印刷商解释其目的一是请读者将其知道的新闻写在上面,二是报纸坚决抵制虚假新闻,读者如果知道报纸登载的假新闻的出处,可以写下来③。与《每日新闻》的报道手法相对照,客观报道的报道方法在观念上几乎没有什么创新。只是虽然这种报道方式很早就被提出来,但它成为新闻界的职业实践规范却是在20世纪20年代以后。

在政党报纸时期,新闻真实让位于报刊的立场与观点。自便士报开始,事实得到了报纸的重视。不但是报人,当时的公众亦认为搜集和报道事实是报纸最重要的职责。布赖恩·瑟恩唐对1835年8—12月期间纽约四家报纸:《晚邮报》《信使问讯报》《太阳报》《先驱报》的读者来信所做的内容分析显示:在218封读者来信中有73封涉及新闻事业,其中超过一半以上(66%)的读者来信认为真实是新闻业的重要标准④。虽则如此,但是如何讲一个好故事仍是此时记者的主要职责。舒德森即称,当时的记者对于个性化和受欢迎的写作

---

①② Bleyer, W. G., *Main Currents in the History of American Journalism*, Cambridge: The Riverside Press, 1927, p.16.
③ Ibid., p.46.
④ Thornton, B., "The Moon Hoax: Debates About Ethics in 1835 New York Newspapers", *Journal of Mass Media Ethics*, 2000, 15(2), pp.89–100.

风格比对事实更感兴趣①。艾德文·休曼(Edwin Shuman)在其新闻写作指南《新闻报道入门》中也鼓励记者在写作未曾亲眼目睹和没有目击者材料的新闻报道时,可以发挥想象以补不足,他指出这是当时所有报纸的惯用手法②。

新闻业将客观性奉为职业理念与19世纪美国风行的客观性与现实主义有很大关系。19世纪科学和哲学的客观性是时代的特征。科学和历史中的实证主义使得大家普遍接受了外部世界可以被客观报道的观念③。而相信事实,相信外部世界可以被客观反映是新闻客观性的假设前提④,新闻客观性并不是指媒介是客观的,而是说那个外在的世界可以被客观地报道⑤。新闻也对此作出了同样的承诺。准确忠实地记录外部世界成为便士报的基本职责。李普曼认为记者应是受过良好教育的专业人士,他不应服务于任何事业,而只是运用客观现实来诠释新闻。他强调客观性有助于使新闻业免于受到"隐形的控制",从而对"公众有利"。新闻教育者克劳福德在《新闻业伦理》一书中认为不论人们试图多么地客观,但是在关键时刻却会受到个人观念和私利的影响,除非能被"某些确定的标准"指导。因此,为了保证公正和平衡,克劳福德认为媒介应当建立和维持一些"特定的关于哪些新闻可以发布的原则"⑥。

客观性理念被新闻业确认的另一个主要原因是此时的报纸开始成为一种专业组织。20世纪的报纸发展交织着两条线索:一是报纸的专业化;二是报纸的商业化。19世纪末到20世纪初的20年间,美国大城市的报纸已成为"大规模的事业"。各大报纸不论在销量、页数和广告额上已达到前所未有的规模,而投资、开支和收益的数额亦十分惊人。发行量的增长和竞争的加剧使新闻编辑室里的工作更加专业化了。到19世纪70年代,大都市主要的日报都设有一名主编、一名编辑主任和九名负责新闻的夜班编辑;一名本市新闻主编负责指挥由大约20多人组成的记者队伍,一名电讯主编负责处理不断增多的同内外电讯新闻,还有一名财经主编以及戏剧评论员、文学主编和社论撰稿人。

---

① Schudson, M., *Discovering The News: A Social History of American Newspapers*, New York: Basic Books, Inc., Publishers, 1978, p.71.
② Ibid., p.79.
③ Schiller, D., *Objectivity and the News: The Public and the Rise of Commercial Journalism*, Philadelphia: University of Pennsylvania Press, 1981, p.87.
④ 黄旦:《传者图像:新闻专业主义的建构与消解》,复旦大学出版社2005年版,第85页。
⑤ Schiller, D., *Objectivity and the News: The Public and the Rise of Commercial Journalism*, Philadelphia: University of Pennsylvania Press, 1981, p.2.
⑥ Stoker, K., "Existential Objectivity: Freeing Journalists to be Ethical", *Journal of Mass Media Ethics*, 1995, 10(1), pp.5–22.

对于试图增加读者份额以及获得随之而来的广告收入的发行人来说，报纸以公正的面目出现是重要的，这可以最大程度地赢得读者。在莫特看来，报纸成为"大规模的事业"的另一个后果是报纸为了支持与稳定组织而产生了追求利润的保守主义倾向[1]。《纽约晚邮报》的阿戈登（Rollo Agden）就认为报纸的稳定似乎是依靠庞大的资本与高度的盈利来维系的[2]。19世纪下半叶开始，美国经济领域出现了公司企业兼并的浪潮，企业的规模越来越大，这一风潮也波及新闻业。弗兰克·芒西（Frank Munsey）大量兼并报纸，在他眼中，新闻业与工业、运输业、贸易、商业或银行业并无二致，这些重要事业的经营法则同样适用于新闻业，小的组织不再具有竞争力[3]。在逐利而动的报纸看来，客观的呈现手法意味着可以规避政治、经济风险，通过大量使用直接引语和权威性材料而平稳地叙述事实，避免法律纠纷和引起非议。例如，美联社即要求记者严格遵循交代消息来源的报道原则，主编会告诫记者切记交代信息来源不是为了报道的准确性而是为了将责任转嫁给消息来源，假如结果证明信息是不准确的，报纸不必对此负责，要对此负责的是消息来源[4]。对于编辑而言，他每天都是在极大的压力下工作的。他很少能亲自去现场看看他每天处理的这些新闻报道的情况。但他知道他必须要吸引读者，因为有众多的竞争对手可能会夺走读者。他往往要在几分钟之内对一篇新闻报道作出迅速而准确的判断。只有新闻写作与编辑遵循一定的惯例和程式，才能节约时间和精力，保证编辑工作不致失败[5]。而通过大量实证研究，赫伯特·甘斯发现记者时时处于"效率"的重压之下[6]。如果没有一套标准化的日常工作模式，记者也根本不可能在短时间内报道这么广泛的题材。

由此看来，客观报道理念是媒介建构专业权威的需要，因为它提供了"一个结构而使得报纸能严肃对待自己的作品并说服其读者和批评者同样严肃地对待它们"[7]。就是在这个层面上，客观性成为一种科学，它摒弃了偏见，因为它使得系统免于受到变化的压力，只要双方都得到表现，只要一方不会凌驾于另一方，这种现状就不会受到挑战。实际上，新闻与其说是一种真理毋宁说是一种神话，因为

---

[1] Mott, F. L., *American Journalism, A History: 1690－1960*, New York: The Macmillan Company, 1962, p.547.
[2] Ibid., p.548.
[3] Ibid., p.637.
[4] ［美］孟彻：《新闻报道与写作》（第9版），清华大学出版社2003年版，第45、47页。
[5] ［美］沃尔特·李普曼：《舆论学》，林珊译，华夏出版社1989年版，第233页。
[6] Gans, H. J., *Deciding What's News: A Study of CBS Evening News, NBC Nightly News, Newsweek, and Time*, New York: Random House, 1979, pp.282－285.
[7] Schudson, M., *Discovering The News: A Social History of American Newspapers*, New York: Basic Books, Inc., Publishers, 1978, p.151.

它依赖于"有谬误的真理",或者说,"一种取决于行动者在多大程度上被确切引用的真理,因为他们的言论往往被简化后束缚在一种叙述形式中"。在考克看来,新闻业的功能即是组织化的叙事①。客观性的神话一旦被确立起来,新闻专业主义问题也即登上议事日程。早在 1834 年,达夫·格林(Duff Green)宣布计划建立一所学校,招收 11—14 岁的男孩子,每天作为印刷工工作八小时,还要学习语言和艺术课程五小时。虽然,格林的计划最终夭折,但是从这个计划中可以看出他对于新闻行业的理解,他的办学设想体现了报业从印刷业的业务到一种专业的转向,格林称不仅要培养熟练的印刷工同时还要使其成为有教养的人,借以提升美国新闻业的标准②。不过 1892 年普利策欲向给哥伦比亚大学捐款建一所新闻学院的最初建议遭到谢绝,也说明当时,新闻工作还没有被看作一种受人尊敬的职业。莫特认为,印刷商办报纸自然谈不上什么职业精神,不过到了 19 世纪中期,新闻业已经吸引了大批较高素质与教育程度的人进入。格里利的助手和继承人怀特劳·瑞德(Whitelaw Reid)在内战之后曾说:"我们最大的报纸的经营均依照新闻业是一种专业的原则……我以为大多数报人的教育程度较之一二十年前已有了极大的提高。我知道,关于《论坛报》,人们均误认为其主编'在所有高傲的人当中,最不喜欢大学毕业生在其报社任职',实际上,该报的记者均为大学毕业生,大概 2/3 的记者受过普通高等教育。我认为其他主要报纸也是如此。"③1878 年,达纳(Dana)曾表示《太阳报》拥有的许多大学毕业生都是熟练的记者。并且,他还认为当时人们认为一名成功的记者不需接受大学教育是不全面的;因为任何可以使其拓展其知识范围的教育都可以使其更适于为公众写作,使他理解公众所需并掌握吸引人的写作技巧④。不过,当时这些大学生们接受的并不是新闻专业的大学教育。《太阳报》广泛搜求敏慧的青年,其中大部分是大学毕业生,给予他们优厚的待遇和职位,并对其进行良好的系统培训,使其掌握机智和富于趣味的写作技巧。该报对于年轻记者的职业训练被视为美国大学新闻专业出现之前的新闻职业教育机构。

堪萨斯州立大学在 1783 年开设了印刷课程,密苏里大学在 1778 年开设新闻

---

① Koch, T., *The News as Myth: Fact and Context in Journalism*, Greenwood Press, 1990, pp.171 – 175.

② Mirando, J. A., "Embracing Objectivity Early On: Journalism Textbooks of the 1800s", *Journal of Mass Media Ethics*, 2001, 16 (1), pp.23 – 32.

③ Mott, F. L., *American Journalism, A History: 1690 – 1960*, New York: The Macmillan Company, 1962, pp.405 – 406.

④ Bleyer, W. G., *Main Currents in the History of American Journalism*, Cambridge: The Riverside Press, 1927, p.304.

写作课程,此后,在18世纪90年代,衣阿华州立大学、印第安纳大学、堪萨斯大学、密歇根大学、内布拉斯加大学相继开设了新闻学课程。1869年,华盛顿学院,即现在的华盛顿-李大学开设了面向南部印刷商的课程,他们可以免费学习该校的常规课程。1871年,耶鲁大学开设了非印刷专业的新闻课程。形成体系的课程最早由宾夕法尼亚大学在1893年开出,课程首先开设新闻业的主修课,包括新闻史、新闻法规和管理、新闻报道和编辑、时下话题和由记者开设的讲座。1899年芝加哥大学还开设了第一个新闻学的函授课程。1875—1879年,康奈尔大学开始颁发新闻专业证书,需要修完一项规定的文艺课程,并在该大学印刷部实习,但它并没有特设的新闻学课程。密苏里大学在1878—1885年开设两门新闻学课程:新闻事业史和新闻业资料。

莫特认为,作为职业的新闻业,有别于其商业和技术特征:首先是强调公共精神;其次是写作与编辑的技巧[1]。从上述大学开设的新闻课程可以看出,新闻业务技巧得到了重视。不过,在普利策看来,新闻业成为一种职业这还远远不够,应该还要"把新闻事业提到一个新的高度",他需要的不是一所单纯的新闻学院,而是希望能提高新闻工作者的思想、责任感和地位,使他们与律师和医生平起平坐,因此,普利策才有了出资创办新闻学院的想法。"我们需要在记者中形成一种等级观念,但是这种观念并非建立在金钱的基础上,而是建立在道德、教育和品格的基础上",建立哥伦比亚新闻学院就是"开展一项运动,以提升新闻业成为一个有学养的职业,使得新闻业能够在社会的尊重中成长,就像对这个社会的公益的作用远逊于新闻界的那些职业一样"[2]。

1904年,第一个新闻学四年课程在伊利诺伊大学创立,第一个独立新闻学院于1908年在密苏里大学创立,此时有数十个关于新闻学的独立课程或学科在美国大学创立。而在1894年,第一本新闻业务书——休曼的《新闻业入门》出版。1912年,美国新闻学教师协会(American Association of Teachers of Journalism)成立。与报纸有关的各种专业协会自19世纪60年代开始陆续建立。

威伦斯基(Wilensky)认为一个职业成为一个专业,需经过五个阶段:(1)开始努力成为全职或全日制的职业;(2)建立起训练学校;(3)形成专业协会;(4)赢得法律支持以自主掌握自己的工作;(5)专业协会公布正式的道德准

---

[1] Mott, F. L., *American Journalism, A History: 1690-1960*, New York: The Macmillan Company, 1962, p.405.

[2] Schudson, M., *Discovering The News: A Social History of American Newspapers*, New York: Basic Books, Inc., Publishers, 1978, p.153.

则①。以此为标准来看,19、20世纪之交的新闻业已经成为一种专业。特别是1922年,"美国报纸编辑协会"(American Society of Newspaper Editors)在纽约成立,该协会还公布了七项新闻业准则:责任;新闻自由;独立性;诚实、真实、正确;不偏不倚;公平;正直②,作为该职业应该恪守的职业道德准则。

莫特指出媒体在将自己建构成为一种专业的过程中,对自身投身公共事业、弘扬公共精神的承诺是关键一步,这一论断极具洞察力,这是脱离了政党的独立报刊身份认同的合法化叙事。然而,鼓吹新闻专业主义的媒介其属性是私营的,盈利是其不能回避的目的之一。如何应对这一矛盾构成的张力也随之成为美国新闻传播思想界反复讨论的主题。阿瑟·考尔认为,19世纪30年代"便士报"的出现,20世纪初"客观性"的出现以及20世纪40年代"社会责任论"的提出,实际上与经济模式的变革不无关联。这三个时期,新闻业内部分别出现了三次转向:一是从职业策略而言,从商业资本向文化资本转向;二是新闻业内部出现阶级冲突;三是利用专业主义意识形态操纵盲目且具有破坏性的劳工激进主义③。他对于普利策新闻专业主义的评价是:普利策提倡新闻专业主义,是为了保护其企业利益,使其免于遭到当时劳工激进主义不利影响,并弱化员工在经济上的诉求。这种批判视角对于全面理解新闻专业主义具有启发意义。

时人乐于谈论普利策性格的双重性,作为"新闻业的商人"④,他虽带领其媒体投身于公共事业,但也将"黄色新闻"推至高峰。媒介是一所学校,但同时又是一家企业,这两种角色很多时候难免相互矛盾。新闻自由理念有必要被重新修订,当电报这样的传播技术出现后,面对具有巨大潜力的利润与市场,这种必要性就显得尤为迫切了。

---

① 黄旦:《传者图像:新闻专业主义的建构与消解》,复旦大学出版社2005年版,第6—7页。
② Mott, F. L., *American Journalism, A History: 1690–1960*, New York: The Macmillan Company, 1962, p.726.
③ Kaul, A. J., "The Proletarian Journalist: A Critique of Professionalism", *Journal of Mass Media Ethics*, 1986, 1(2), pp.47–55.
④ Sloan, W. D., *Perspectives on Mass Communication History*, Hillsdale, New Jersey: Lawrence Erlbaum Associates, 1991, p.193.

第三章 电报对传播观念的冲击

信息在电报之前都是存在于物理媒介中,因而传播离不开交通(transportation),这也是为什么 communication 会被理解为"交通"的重要原因。随着社会对快捷信息需求的日益增强,跨越时空传播信息的实践不断展开,从烽火信号到烟花和旗帜,不一而足。

1790 年,法国人克劳德·沙普(Claude Chappe)已经开始了他的"光学电报"计划。他设想的计划是:"建立一种快速联系的办法,例如立法机构能够在瞬间使自己的命令到达我们的边境并收到回复。"[①]在获得国民议会的帮助后,他在 1794 年开始铺设了他的视觉"电报"线路。为此,他动用了电、声音以及最好的望远镜来实现他的计划。虽然,这种方法现在看来依然笨拙,且线路上每个站点都需要有人负责接收和转发信号,但是对于当时的人而言,从巴黎到里尔(225 公里)的信息传递只要一两分钟,这绝对是巨大的通信进步。

而法国人在此时已经意识到,远程通信的革命是时空观念的"启蒙运动"。其时救国委员会的巴雷尔(Barère)就通过这个远程通信的方式向国民公会宣布:"借助于这种发明,地点的距离以某种方式消失了……这是一种借助于给予共和国的所有部分以紧密和即时的联系、有助于巩固共和国统一的手段。"[②]事实上,法国人已经开始以此为契机进行了强化国家统一的实践。拿破仑三世(Bonaparte)甚至在共和八年"雾月政变"之时就学会了用电报来获得政治利益。

不过,电流带来的社会变革还是超出了 18 世纪法国人的想象。

第一节 "闪电线路"——电报技术与美国人的传播时空观

1844 年 5 月 24 日,美国发明家塞缪尔·莫尔斯(1791—1872)在座无虚席的

[①] [法]帕特里斯·费里奇:《现代信息交流史:公共空间和私人生活》,刘大明译,中国人民大学出版社 2008 年版,第 12 页。
[②] 同上书,第 14 页。

华盛顿国会大厦联邦最高法院会议厅中,用激动得发抖的手在他自制的电磁电报上,向 40 英里以外的巴尔的摩城发出了历史上第一份长途电报:"上帝创造了什么?"从此,电报这一超越时空的通信技术带着当时世人对它的敬畏、崇拜甚至恐惧,像一道闪电揭开了人类电子传播时代的序幕,同时它也开启了人类对媒介技术和传播观念崭新的体验和思考。

西方学者雅库布·贝克塔(Yakup Bektas)曾经提到,当年莫尔斯在世界各地演示、推广他的发明时,形容曾经看到长途电报时观者的感受,一连用了"吃惊"(surprise)、"震惊"(astonish)、"迷惑"(puzzle)、"惊奇"(amaze),再三强调电报对当时的人们来说是一个"奇迹"①。这在今天对电子科技和信息技术早已熟视无睹的现代人眼中,也许显得夸大其词。但是,如果我们身临电报诞生之前的美洲大陆,就不难理解当时人们的心情。

美国学者约翰·S.戈登在《疯狂的投资:跨越大西洋电缆的商业传奇》一书的开篇"隔绝信息的海洋"中,讲述了一个令现代人难以置信的故事:18 世纪 60 年代,一位名叫托马斯·南丁格尔的美国人,出资购买了南卡罗来纳州查尔斯顿一个名为圣迈克教堂的第 101 号包厢,当地教会委员会给他签发的包厢证书上的日期是"公元 1760 年 12 月 5 日,英王乔治二世 34 年……"其实,乔治二世已于 1760 年 10 月 25 日如厕时血管爆裂猝死,因此 12 月 5 日实际上应该算作他孙子乔治三世统治元年才对。是浩渺无际的大西洋阻隔了信息的传递,在乔治二世去世整整六周后,北美殖民地才得到他的死讯,而南丁格尔所在的查尔斯顿又过了两个多星期才得到消息。难怪南丁格尔会收到这么一份阴差阳错的证书。这也为后人留下了美洲与欧洲大陆信息阻隔的一个活生生的历史见证②。从史料看,即使到 19 世纪初,横渡大西洋的最快航海记录也要 15 天时间,而大多数船只仍须五六周之久。就美国国内交通而言,1753 年,富兰克林就任殖民地副总邮政局长时,从波士顿送至费城的邮件陆路需要整整六个星期。不过,道路和运河的建设使内陆交通大为改善,到 1840 年代铁路开通前夕,据记载,以纽约到芝加哥 850 公里的距离计,邮局寄抵一封书信只花十天半的时间就够了;而铁路的开通使美国交通前所未有的快捷,到 1850 年代,纽约到芝加哥的通邮就缩短为两天。但即便如此,在电报发明之前,信息的传递基本上与人的旅行时间是一致的,它必须受空间距离和运载工具速度甚至自然条

---

① Bektas, Yakup, "Displaying the American Genius: the Electromagnetic Telegraph in the Wider world", *The British Journal for the History of Science*, 2001, 34(02), p.203.

② [美] 约翰·S.戈登:《疯狂的投资:跨越大西洋电缆的商业传奇》,于倩译,中信出版社 2007 年版,第 3—4 页。

件,如风向、洋流、气候和路况等制约,而空间的制约必然带来信息传递在时间上的迟滞。正因如此,在19世纪美国西部大开发时期,约翰·C.卡尔霍恩面对西部报纸发行之慢,发出了"让我们征服空间"的感叹。这样看来,电报这一"闪电线路"的横空出世,确实使美国人的信息传播观念发生了一场革命性的改变。

1844年5月初,莫尔斯的实验线路刚准备就绪,公众就对这第一次"闪电式传播"产生了狂热,用莫尔斯自己的话来形容,人们蜂拥而至,他的房间都为之拥塞。5月31日,也就是第一份电报成功拍发一周后,莫尔斯又将民主党提名詹姆斯·波尔克为总统候选人的消息迅速由电报传往华盛顿,引起了更大轰动。这位发明家描绘当时的情景时说:"聚焦在国会大厦电报房窗前的人群听到总统候选人提名的消息时,兴奋的情绪达到了顶点,此后他们似乎便对电报大为倾倒。"① 当时,人们对这一"闪电式传播"所带来的惊奇和怀疑,似乎到了非亲眼目睹不足以信的地步,即使到了两年后的1846年5月,罗切斯特的一家报纸在焦急等待电报铺设到该城的盼望中说:"相隔数英里的人们能够即时通话,这一令人震惊的事实,只有在亲眼看到它之后才能认识到。"② 当1846年初大批公众在费城参观第一个电报站时,一家当地报纸总结道:"因为电报完全不同于我们所熟悉的任何东西,起初我们很难认识到它的重要性——人们只有在接触和看到它以后才能真正理解这场由于时间被超越而引起的革命。"③ 辛辛那提一家日报在欢呼电报的到达时说:"我们可以和东部所有的大城市进行瞬间传播,这是历史上最重大的事件之一。"④

关于电报超越时空的特性,最浪漫的言辞可能来自当时纽约州著名的政治家和伟大的演说家奥尔巴尼·爱德华·埃弗雷特,对于当时正在热切盼望中的大西洋电缆的敷设成功,他在一次典礼上致辞说:

> 人类对海底还是一无所知,只有几艘船只载着无处可逃的船员们沉入了寂静无边的黑暗深渊,而信息却可以通过这些长长的细铜线,深入深不可测的大西洋,穿行2 000英里——这简直是不可思议。这难道不是艺术的奇迹吗?在这个星球上,在明媚的阳光下,我们的所思所想——营销和交易、季节、选举、条约、战争,以及日常生活的甜美琐事,都带上了自然的火花,以箭一般的速度飞射,一瞬间,一眨眼,从东半球飞到西半球,与幽深的海底中翻

---

①②③④ [美]丹尼尔·杰·切特罗姆:《传播媒介与美国人的思想——从莫尔斯到麦克卢汉》,曹静生、黄艾禾译,中国广播电视出版社1991年版,第7页。

滚的海怪同行,跨过船只的残骸,通过幽暗泥泞的地牢……①

从理论上看,"嘀嗒"一秒,电报便可以载着人们所要传送的信息绕地球走上七圈半。这种速度是以往任何一种通信工具所望尘莫及的,电报的出世,化时空为无形,完全颠覆了人类有史以来信息传递不得不受时空制约的惯例。而正是这"即时通话""瞬间通信""超越时间"的传播特性,使得"闪电线路"所到之处引起一阵又一阵的狂热,当时众多报纸称之为"奇妙的发明""近乎神奇的媒介""异乎寻常的发现"。

西方学者将美国18、19世纪所经历的信息流通的变革称为"传播革命"(communication revolution),尽管学者对"传播革命"的起点有着一定的分歧,但许多学者都认同电报对美国社会的重要性,而将电报作为"传播革命"之起点的学者也不乏其人。历史学家格伦·波特(Glenn Porter)在《大企业的兴起:1860—1920》一书中,就明确地把19世纪中叶电报的兴起置于传播技术革命的中心地位;同样,美国传播学者切特罗姆在《传播媒介与美国人的思想》一书开篇就宣称:1844年第一条电磁电报线路的成功"开启了美国现代传播的新纪元",是"传播手段的革命"。

所谓"传播手段的革命"可以从电报发明后"传播"(communication)一词的变化中去寻找最基本的痕迹。美国学者约翰·D.彼得斯在《交流的无奈:传播思想史》一书中,对14—15世纪由拉丁文communicare传入英语的communication一词,作了详细的探讨。另一位著名学者詹姆斯·凯瑞也在《作为文化的传播》中,从"传播的传递观"和"传播的仪式观"出发,对communication的词源进行过意义上的追溯。他们都认为communication的基本词义,既有给予、告知(imparting)的意思,又指物质的迁移或传输(transfer or transmission)。因此,正如凯瑞所总结的,从基本词义看,在19世纪,信息的移动在本质上被看作与货物(或人)的位移相同的过程,两者都可以用communication这个词来加以描述。切特罗姆则认为communication一词的含义在17世纪的某个时期扩大至告知(imparting)、传输(conveying)和信息与物质的交换(exchanging of information and materials)。因此,在电报发明之前,"transportation"和"communication"并无差别,传播手段常被指交通手段如道路、运河和铁路②。例如,19世纪美国著名思想家亨利·亚当斯(1838—1918)对杰斐逊时代的道路建设极为赞赏,他说道路(roads)保证了国家的统一:"新的交通(communication)渠道将在州与州之间开通,分隔的界线消

---

① [美]约翰·S.戈登:《疯狂的投资:跨越大西洋电缆的商业传奇》,于倩译,中信出版社2007年版,第87页。
② [美]丹尼尔·杰·切特罗姆:《传播媒介与美国人的思想——从莫尔斯到麦克卢汉》,曹静生、黄艾禾译,中国广播电视出版社1991年版,第11页。

失了,州与州的利益得到了统一,它们的联盟在新的牢不可破的纽带中得到巩固。"①这里,communication 与 transportation 完全相等同。但是,凯瑞指出:"电报终结了这种同一性,它使符号独立于运输工具而运动,而且比运输的速度还要快。"②因此,"电报是传播的一个分水岭",因为"它第一次使传播从运输(transportation)中有效地分离出来";而彼得斯也同样认为:电报这样的技术,把古老的术语 communication 改装成了一个新的词汇,"原来是表达任何种类的物质迁移或传输,现在它表达的意思是跨越时空的准物质连接"③。

两位学者对 communication 在电报发明之后词义变化的分析,都围绕着电报传播的两个基本特征:一是信息传递从此离开了人或具体的运输工具;二是从信息传递的速度和空间形态看,信息完全超越了时空。而在当时活生生的世俗社会和报界,电报所掀起的人们观念上的波澜,事实上也正是围绕着电报对传统传播时空观的巨大颠覆。

但是,"闪电式传播"只不过是对电报在信息传递上超越时空这一亘古未有的媒介特性表面而直观的认识,电报对当时社会的冲击其实更多地体现在对"瞬间传播的精神意义"的发掘上。正如切特罗姆所看到的,电报给美国社会所带来的是一系列思想观念上的冲击,在他看来,19世纪美国人对电报的认识是一场关于文化的重大争论,知识阶层和普通公众对电报的反应包含着了解现代传播对美国文化和社会影响的最初尝试。这种"精神意义"或"思想观念"上的冲击,更能反映传播技术对人类意识的深层影响,它从技术崇拜、宗教思想、神秘主义、心灵相通、世界大同乌托邦等不同侧面,预示着由电报开始,人类对媒介技术所寄托的几乎所有"天使化"的梦想和预设。由此,电报使 communication 一词的内涵得到了极大的延伸和拓展。

与那个时代的其他科技奇迹如火车、轮船、蒸汽机不同,电报具有不可思议的力量,这种力量来自当时仍然陌生而神秘的电能,它的巨大能量潜藏在所有物质如地球、空气、水等里面,它渗入宇宙的每一个部分和每一个微粒中,将天地万物运行于股掌之间。然而,它是不可见的,又是不可捉摸和难以分析的,当时的人们一方面对它非凡的能量只是一知半解;另一方面称颂"电是科学的诗,没有一种传奇和故事能比它更精彩以及创造出更多的奇迹"④。而电作为电报这一新技术的核心,使信息从有形载体变成无形载体传递,这是产生"奇迹"的物质基础,必然

---

①②③ [美]彼得斯:《交流的无奈:传播思想史》,何道宽译,华夏出版社 2003 年版,第 5 页。
④ [美]丹尼尔·杰·切特罗姆:《传播媒介与美国人的思想——从莫尔斯到麦克卢汉》,曹静生、黄艾禾译,中国广播电视出版社 1991 年版,第 7 页。

带来精神层面无穷的遐想。于是,奇迹般的电报自然而然被看作"宗教化的技术"。

当时的一位电学史作者写道,尽管电被电报驯服,但它仍然是"幽灵般的,神秘的和难以理解的。它生活在太空中,并且似乎联系着精神和物质两个世界"①。"精神世界"首先来自基督教相关的教义和隐喻。"你能发出闪电,叫他行去,使他对你说,我们在这里。"《圣经·约伯记》这条圣经语录,常被19世纪有关电报的书籍加以引用,充分表达了这些著作所要表达的一种奇迹感。历史学家和早期电报的支持者谢夫纳在总结以往传播手段发展史时说道:"闪电,这神话中耶和华的声音,无所不在的云中恶魔,终于被人们征服了,在痛苦的束缚中履行信使的职责——到世界各地去悄声低语吧,高贵的人发出了高贵的命令!"②

宗教界的一些精神领袖则将19世纪美国铁路和电报的发明都归结为上帝的旨意。他们宣布万能的上帝为了传教造起了铁路,莫尔斯无疑也是在神的启示下发出了第一条电报信息,因此"这一发明的目的不是为了发布猪肉的价格,而是为了询问'上帝创造了什么'这样的问题"③。

詹姆斯·凯瑞认为,电报这一新技术在进入美国人的生活时,并不是作为一大世俗性的事件,"而是在神的昭示下为了使基督教的福音传得更远、超越时空、拯救异教徒、使救赎之日早日来临"④。这一宗教思想其实是有历史根源的。当初欧洲人移民到美洲拓荒,除了政治和商业的目的外,还有深厚的宗教动机——"摆脱欧洲的束缚、创造新生活、发现家园、在马萨诸塞州开辟一个新的耶路撒冷,这些就是欧洲白人文明史无前例穿越整个地球的原始动机"⑤。在这一空间迁移过程中,transportation(运输、迁移、流放)使欧洲的基督教徒与美洲的异教徒发生交往,为的是拓展上帝的领地,创建一个尘世间的天堂。因此,"transportation的精神含义是在地球上建立并拓展上帝的领地,而communication一词的精神含义也同样如此"⑥。19世纪中叶电报虽然打破了communication和transportation两个词的同一性,但它们背后的宗教隐喻仍有延续性和相通性。

当电报这一新技术出现后,communication词源中原有的宗教意味也被重新发掘出来并得到了淋漓尽致的拓展。按照彼得斯对这个词的追溯,英文

---

①② [美]丹尼尔·杰·切特罗姆:《传播媒介与美国人的思想——从莫尔斯到麦克卢汉》,曹静生、黄艾禾译,中国广播电视出版社1991年版,第7页。

③ [美]詹姆斯·W.凯瑞:《作为文化的传播:"媒介与社会"论文集》,丁未译,华夏出版社2005年版,第6页。

④⑤⑥ 同上书,第5页。

communication 的词源拉丁文 communicare，可以指分享、使之共有；同样，communication 也可以指参与，如 communicant 指参与者（指受领圣餐者），而 communication 可以指通过某一种行为来表达社会团体身份，其内涵之一便是情感的共享，指一种特殊的交流，一种心灵的共享，甚至是意识的融合[①]。当人们醉心于用宗教式的比喻和奇迹感来表达对电报的感受时，"他们把传播方面的技术进步巧妙地同这个词的古代意义'共同参与'、'共享'联系起来"[②]。

"共享"如果特指心灵共享甚至精神交融，其实是来自西方社会基督教思想的天使学传统。天使的希腊字是信使（angelos），他们不受距离的阻碍，不受肉体的局限，能够轻松地与精神和物质的东西交融。正因为天使没有肉身，所以它"不受时间或地域距离的任何影响"，所以天使的交流是纯粹精神上的交流，它无声无息，甚至不需要语言或物质的手段。在 13 世纪意大利神学家和经院学家托马斯·阿奎纳看来，在耶稣复活之后，人的思想就能达到这种境界，就像天使的互相理解是袒露而即时实现的，自我和他者简直通体透明。由于电磁电报的传播特性，时空和物理性载体一时化为无形，于是具有基督教渊源的天使学理想又一次被唤醒。1853 年，历史学家劳伦斯·特恩布尔谈到那些远在西部的人的隔绝时说："尽管同我远隔千山万水，通过荒野里无声的居住者的帮助，他们仍同我们心心相印，息息相通。"[③]而且，心灵的契合最容易化为恋人之间的心有灵犀。正如彼得斯所言：电报技术，使 communication 改装成一个跨越时空的准物质连接，"这个术语像魔术一样使一连串悠久的梦想招之即来，像天使一样给别离的恋人鸿雁传书，使之心心相印"[④]。那个时代的著名作家霍桑在《七堵三角墙的房子》（1851 年）中，借克里佛德·平钦的口说："招魂术似的媒介，比如电报，应该受到顶礼膜拜，应该被赋予高尚、深层、欢乐和神圣的使命。每一天，每一刻，如果要传送心灵的跳动，情人们是可以办到的，他们可以把心跳从缅因州传送到佛罗里达去。"[⑤]这里，电报成了情人心心相通的爱欲媒介。

除了恋人之间的心灵感应，电流使灵魂交融的梦想还引发了 19 世纪沟通阴阳两界的"招魂术"。早在 1842 年，当莫尔斯向美国国会申请拨款时，一位来自田纳西州的议员曾挖苦这一提案，他建议把莫尔斯申请的这笔拨款的一半用来研究

[①] ［美］彼得斯：《交流的无奈：传播思想史》，何道宽译，华夏出版社 2005 年版，第 6—7 页。
[②③] ［美］丹尼尔·杰·切特罗姆：《传播媒介与美国人的思想——从莫尔斯到麦克卢汉》，曹静生、黄艾禾译，中国广播电视出版社 1991 年版，第 9 页。
[④] ［美］彼得斯：《交流的无奈：传播思想史》，何道宽译，华夏出版社 2005 年版，第 5 页。
[⑤] 同上书，第 136 页。

梅斯梅尔(维也纳医师,他的催眠术曾风靡欧洲,并影响了浪漫主义和神秘主义思潮)的催眠术。据说梅斯梅尔借人体的磁力,使治疗师与患者在治疗中产生催眠,从而产生灵魂融合的意象,有些梅斯梅尔治疗师声称,哪怕病人远隔千山万水,也可以产生"感知共享"。田纳西州的这位议员其实是将梅斯梅尔的动物磁性和电报磁性混为一谈,因为在他看来,梅斯梅尔的催眠术和莫尔斯的电报术都有一个共同的文化设想:人通过远距离的电力联系。电报的出现,又一次激活了西方宗教思想中的天使之梦,甚至打开了一个通向神灵鬼怪的世界——"招魂术",这一生者与死者的灵魂沟通脱离了现世的肉身,打通了阴阳两界。1848 年,也就是莫尔斯华盛顿至巴尔的摩电报线路开通四年之后,纽约州海德斯维尔镇一对叫凯特和玛格丽特的姐妹发明了招魂术,她们声称家里有一个多年前被谋害的冤魂,其亡灵能发出击节声,这个亡灵靠着这种单调的击节声不仅能回答是非问题,后来还发展到能背字母表。当然,最后其中一人终于承认,击节声是她用脚指头关节发出的,但这种骗术本身并不重要,重要的是当时许多报道将招魂术与电报联系在一起(姐妹俩承认她们以关节发声与亡灵对话的方法受电报的启发),而且生者与亡灵的对话这种招魂术与电报发展相同步,风靡 19 世纪的美国社会。19 世纪 50 年代,《招魂术电讯报》(*The Spiritualist Telegraph*)在纽约创刊,刊物的取名就显然将招魂术与电报联系在一起。据记载,1852 年,姐妹俩访问英格兰时,报上的一篇报道就说她们使用了一种"系统的电报形式"。19 世纪 50 年代开始,招魂术不仅使本来籍籍无名的姐妹俩成了英美两国的名人,而且其发出的叩击声像流行病一样席卷美国和欧洲,出现了专门的杂志和团体。妇女对招魂术尤为痴迷,这与她们在现实中被剥夺话语权有关。正如彼得斯分析的,招魂术的流行与当时加尔文教派的宗教压抑和时代动荡有关,也可以与女权运动联系在一起。但电报所触发的社会流行和思潮唤醒的不过是人类传播观念中自古就有的一个不朽的梦想:超越肉身,甚至超越生死的心灵共享和精神交融,只是当媒介技术第一次将时空和物质载体(其实电也是一种物理现象,只是肉眼中的无声无息赋予了它神秘感)化为无形后,medium 这个词成了媒介与灵媒的两面体,它既可以描绘电报(远距离的交流),又可以描绘人这个渠道(在恋人之间和生死两界之间的精神交融)。到 1882 年,美国心理学家迈尔斯(Frederic W. H. Myers)发明了一个新词叫 telepathy(传心术),其定义是"从一个脑袋到另一个脑袋的任何印象的传递,不依赖已知的意义渠道",简单说来,就是远距离的心灵感应。发明传心术一词,本来是想从心灵研究的角度科学地解释招魂术现象,但从这个词的结构 tele-pathy 看,它显然是以电报 telegraphy 为摹本。其他的人造词也接踵而来,如 telespthesia(心灵感应,1892 年)、telekinesis(心灵致动,1890 年)。到 19 世纪 90

年代,传心术的观念已经传遍英美文化的各个角落。其实,无论古人和现代人都拥有共同的沟通(communication)梦想,只是电报取代了带翅的天使,唤醒了世俗社会对心灵交融的渴望。

对 communication 这一词义的重新发掘和引申还体现在跨大西洋电缆敷设成功后,当信息跨越千山万水,连通欧美两个大陆之后,电报就被赋予了强烈的普遍意义上的精神联结的意义,它与"基督教全球胜利"联系在一起,产生了因空间超越而引发的对"全球传播"(universal communication)和世界大同的幻想。

让我们将时光倒回到 1858 年 8 月,当美国商人赛勒斯·菲尔德历尽千难万险,终于接通第一条跨大西洋的电报电缆,纽约等地沉浸在一片狂欢节般的气氛中。报童们"号外"的叫卖声搅得整个华尔街都兴奋起来,所有的人都激动得奔走相告,华尔街电报局挂满了各国国旗,为大西洋电缆而举行的集会游行从新奥尔良蔓延到波特兰……尤其当美国总统收到维多利亚女王的电报时,纽约市政厅传出了 100 支枪的鸣响声,晚上,市政厅屋顶举行了一场盛大的焰火表演。赛勒斯·菲尔德成了美国当时的英雄,《纽约时报》在形容这一激动人心的场面时,把电报称作"上帝的思想",认为电报是"连接世界脊柱"的创造物,它既是"崇高的精神力量",同时也是"改变人们日常生活的技术成果"。

20 世纪初美国著名清教思想研究者、哈佛学者佩里·米勒(Perry Miller)评论当年电报和印刷业的精神联结作用时说:

> 电报和印刷业使(新教徒各教派)达成了一致,乍一看好像完全不可思议。电报和报刊传递并刊登了"基督教徒为带来这一巨大恩典的消息而激动万分,每个城市的民众都不约而同地举行集会,实际上这种祈祷的精神交流使国家联成一体"。这绝非偶然,大西洋电缆开通时也出现了类似的活动,因为两者都是"终极精神胜利的预兆……"1858 年的这一启示的重要性在于,它第一次使美国人见识了一种宗教化的技术。①

大西洋电缆的敷设使全球通信成了一句口头禅,于是,在一些人看来,电报预示着利益共同体、人人同心协力以及基督教在全球的胜利,"它给那些在人道方面表现最高成就的国家带来了力量上的优势——尽管这些文明的基督教国家数量微小,由于先进的传播手段,它们远胜于野蛮的游牧民族。②"世界和平与和谐比以往更有可能实现,因为电报"用具有生命力的电线把所有国家联结在一起,当这

---

①② [美] 丹尼尔·杰·切特罗姆:《传播媒介与美国人的思想——从莫尔斯到麦克卢汉》,曹静生、黄艾禾译,中国广播电视出版社 1991 年版,第 10 页。

样一种世界各民族交流思想的工具被创造出来后,古老的偏见和敌意便不可能长久存在下去"①。这里既有美国19世纪流行的基督教扩张的"天命论"思想,又反映了由电报开启的人类希望借助媒介技术的沟通作用消除古老偏见和敌意从而达到世界大同的梦想,媒介技术成了一剂解决人类沟通和世界和平难题的灵丹妙药!就这样,来自世俗社会的传播理想与宗教传播的理想完美地交织在电报这一媒介之上。

一方面,电报的精神联结作用得到了极大的张扬。在电报发明之前,像麦迪逊、杰斐逊这样的美国政治领袖就思考过交通和信息传播是整个国家联成一体、实现美国民主的关键所在。基于美国幅员辽宽、地理环境复杂、人口分散等因素,麦迪逊和杰斐逊都对空间意义上的交通设施建设寄予过厚望。麦迪逊认为传播手段的改进能消除距离、促进民主,"西部与大西洋行政区以及各个地区之间的沟通,因为有了无数技术上不难连接、相互贯通的运河而变得越来越便利";杰斐逊关于中央政府功能的构想,就包括了"发展道路、运河和教育,并使这些设施成为全国信息与知识的通道"②。而电报的出现,使共和政体所必需的"全国信息与知识通道"有了一个完美的答案。当1845年国会道路与通讯委员会在考虑通过一项资助第二条从巴尔的摩至纽约的电报线路提案时,就认为"许多爱国人士曾对我们如此广阔的国土上、生活在一个共和政体下的人民所必需的快速、完整和彻底的思想和智慧的沟通(intercommunication)能进行到何等程度感到疑虑,现在这一忧虑已不复存在"③。同样,19世纪50年代《美国电讯杂志》的唐纳德·曼指出:"我们所有分散的、众多的人口不仅被政治机构联结在一起,而且也被电报和闪电般的情报和同情的亲和力紧密地联结在一起,这使我们团结如一人。"④

另一方面,"全球传播"思想几乎在电报正式诞生之前就有踪迹可寻。早在1838年,当莫尔斯在试图游说国会资助他的工作时,就预见到20世纪"地球村"的出现。他写道:不久"大地将遍布神经系统,它们将以思想的速度扩散所有发生在这片土地上的消息,从而使整个国家成为近邻"⑤。

大西洋电缆最初的出资者彼得·库珀则从知识传播覆盖地球的角度,展望了他的全球传播远景:"我想我在这个伟大的想法中看到了一点,即如果它能实现的

---

① [美]丹尼尔·杰·切特罗姆:《传播媒介与美国人的思想——从莫尔斯到麦克卢汉》,曹静生、黄艾禾译,中国广播电视出版社1991年版,第10页。
② [美]詹姆斯·W.凯瑞:《作为文化的传播:"媒介与社会"论文集》,丁未译,华夏出版社2005年版,第5页。
③④ [美]丹尼尔·杰·切特罗姆:《传播媒介与美国人的思想——从莫尔斯到麦克卢汉》,曹静生、黄艾禾译,中国广播电视出版社1991年版,第12页。
⑤ 同上书,第11—12页。

话,我们就能够在两个大陆之间进行交流,并且向全世界各个地方传播知识。这个想法震撼了我,好像我看到了这项伟大的预见已经实现,'知识将会覆盖整个地球,就像水覆盖了深海'。……但我相信这个计划的巨大能量可能会使我们的世界更加美好,我便踏上了这条征程。"①

随着"地球村"思想的出现,20世纪初芝加哥学派将传播比作社会神经的隐喻也随着电报的出现而产生。除了莫尔斯的形象语言,1846年费城一家报纸也说:"这个非凡的发明,把触角伸向我国各地。——它无处不在,电线末端的脉冲——一下接一下地——与心脏产生同样的瞬时搏动……总之,它使这片土地连成一体——任何一处的触动都会像通电一样引起全身震颤。"②学者威廉·F.钱宁博士1852年指出:"电报将建构一个有组织的社会神经系统……它的功能类似动物敏感的神经系统。"③事实上,这个比喻也生动地反映了电报的发明对当时的社会和文化,尤其是传播观念所带来的震颤和律动,像神经系统随着电报沿着美国长长的铁路线的延伸而传遍社会的各个角落④。

第二节 电报与新闻业——新闻时效性、"电报体新闻"与通讯社

1844年5月24日莫尔斯发出"上帝创造了什么"后,还发生了一件令19世纪新闻业发生划时代变革的事件。当天下午晚些时候,莫尔斯发出了第一条登在报纸上的电讯稿,这家报纸是《巴尔的摩爱国者报》(*Baltimore Patriot*),电讯内容是:"1时——众议院刚刚就俄勒冈问题提出一项动议并交由全体委员会。被否决——79票赞成,86票反对。"⑤在专治美国新闻史的学者埃默里父子看来,"这是19世纪意义重大的新闻报道之一——之所以重大,不是因为其内在的新闻价值,而是因为它预示了一种全新的传播体系的出现"⑥。

"全新的传播体系的出现"表面上是电报技术在新闻报道中的运用和普及,实质上却是新闻报道的时效性,即在新闻报道领域传播的时间观的转变,而且这种

---

① [美] 约翰·S.戈登:《疯狂的投资:跨越大西洋电缆的商业传奇》,于倩译,中信出版社2007年版,第40页。
② [美] 丹尼尔·杰·切特罗姆:《传播媒介与美国人的思想——从莫尔斯到麦克卢汉》,曹静生、黄艾禾译,中国广播电视出版社1991年版,第11—12页。
③ 同上书,第12页。
④ 美国电报线往往建在铁路沿线。
⑤⑥ [美] 迈克尔·埃默里等:《美国新闻史:大众传播媒介解释史》(第八版),展江、殷文主译,新华出版社2001年版,第134页。

转变恰与美国新闻业的市场化、大众化的总体发展趋势相一致。

回顾美国报业的发展史，我们不难发现，现代人对新闻报道时效性的观念和追求其实是有一个过程的。18世纪美国殖民地时期，报纸是以国外新闻，尤其以英国新闻为主。按照莫特的分析，这与报纸读者多半为英国移民有关，那些人靠家庭关系、商业或政治利益与英国相联系，所以更关注英国事务或与英国相关的欧洲事务性新闻。而报纸获得国外新闻的方式只能指望那些横渡大西洋约需4—8周的帆船能否带来英国或欧洲大陆的消息。当时见诸报端的国外新闻，大多是伦敦"已发生"了两个月之后的旧闻。像富兰克林所办的《宾夕法尼亚公报》，有一年因许多个星期无船到达，竟只能剽窃伦敦六个月以前的报纸来代替外国新闻。

但是，客观条件导致新闻传递在时间上的滞后还不是关键，更主要的是当时办报者的观念中并没有把新闻的时间要素太当回事。美国殖民地的报纸均为周报，其真正连续出版的报纸是1704年由殖民地邮政局长约翰·坎贝尔发行的《波士顿新闻信》，他只是将伦敦来的已经时隔数周的报纸剪剪裁裁，作为外国消息来发表。由于版面有限，不能将所有的欧洲新闻一次性都刊用，便将多余的消息留作日后使用。结果，有些新闻往往发生数月之后方能到达读者之手。直到18世纪末，一般外国新闻见诸美国的报纸大约要推迟两个月左右。

同样的，国内新闻的传递，在时间上也要看邮递"交换"报纸与信件的快慢或是否准时而定，有时边远地区的邮递服务会因天气或其他意外情况推迟1—2个月，报纸主编只有抱怨邮递的迟缓为其缺乏新闻辩解。交换报纸或引用信件中的一些事件来充实各自的报纸内容，是19世纪美国殖民地报纸主编们普遍的采集新闻的方法，可想而知，这就谈不上对时效性的追求了。殖民地报纸也设通讯员，但他们寄发新闻往往也不定时，虽然偶尔也有"号外"将重大的事件赶在出版间隔发行，但这种情形几乎凤毛麟角。在当时办报人看来，"新闻"（news）似乎与"新"（new）字关系不大，甚至有人在观念上直接将新闻事件作为历史记载依次刊登。按照莫特的研究，当时的报人坎贝尔所办《新闻通信》的"时事的连续"落后于事件发生六个月以上，并非由于他得不到较近发生的新闻，而是因为他"希望使全部历史不失顺序"，他的后继者格林一再称其报道为"政治"与公共事务的"历史"；即使是殖民地最优秀的主编之一派克（James Parker）在其外国新闻上也题有"欧洲等地的历史"的字样。这种将新闻视为历史记载的观念可能与当时报纸刊载的内容有关。18世纪的报纸新闻极不重视地方新闻，在莫特看来，忽视当时新闻的原因是当时的城市规模很小（到独立战争时，像费城、纽约这样的大城市，人口也才25 000人左右），地方上发生什么事人人皆知，所以没太大必要刊登；而国外新闻大多关系到战争与政治等重大事务,即使是当地与其他各殖民地间的新闻也大都与政治有关。因此,也难怪报人将刊载重大国内外事件的报纸煞有其事地当作历史记录了。

但是,时效性作为新闻的一项基本要素在1812—1814年的第二次美英战争中变得重要起来。战争令美国报纸感觉到新闻报道迟缓所带来的不便,当时东部一些报纸开始雇用快马信差传送急信,最初只应用于特殊事件,但到19世纪30年代中期,已是很普遍的现象了。这期间,政府也于1825年在重要城市之间开办了"快递邮件"业务,将邮递时间缩短至原来的一半以内。当然,这种变化尽管以水陆交通的改善、运输工具的改良为前提条件,但读者对新闻信息不断提升的需求才是最主要的原因,新闻船的出现便能说明问题。1811年,当战争迫在眉睫时,美国的商业受到战争的威胁,一位名叫塞缪尔·吉尔伯特(Samuel Gilbert)的咖啡馆店主在他可以俯瞰波士顿海滨的七层楼大厦开辟了一个阅览室,为满足主要是商人的顾客们对信息的迫切需求,他自编了《航海与综合新闻书》以提供最新的地方消息,还派小赛尔缪·托普列夫(Samuel Topliff, Jr.)乘小划艇登上进港的船只并尽快赶回,以不延误重要新闻。这是美国"第一次系统地收集外国新闻"①。南卡罗来纳的惠林顿率先将这一新技巧应用于报纸,并渐渐被其他报人所效仿,新闻船在一些地方报纸开始流行。可以说,在便士报诞生之前,对新闻时效性的追求已经开始,而且报与报之间还展开了激烈竞争,如1828年左右纽约《商业新闻报》和《信使与问询报》竞相用快船中途获取欧洲邮船上的新闻;1832—1833年《纽约使者与问讯者报》和《商报》则利用快马专差展开新闻采访竞争。便士报之前对新闻时效性的追求和竞争,从侧面反映了当时一些报人(或商人)将新闻视为商品的意识已经萌芽。

19世纪30年代以《纽约太阳报》等便士报为代表的大众化报业的兴起,使新闻报道在观念上发生了巨大的变革。美国学者迈克尔·舒登森在《发现新闻》一书中,总结便士报的特征:在经济上,售价便宜,利用报童沿街卖报,以广告为财源;在政治上,声称独立于政党;在内容上,聚焦于新闻,而且这种做派是便士报的发明创造②。便士报的崛起,有它的政治、经济、技术上复杂的原因,但在内容上从报纸以社论为主转向以新闻为主流,事实上却是它最重要的营销策略。因为18世纪30年代以前,报纸只为政党或商人提供服务,直到便士报,报纸才成为一种

---

① [美]迈克尔·埃默里等:《美国新闻史:大众传播媒介解释史》(第八版),展江、殷文主译,新华出版社2001年版,第133页。
② Schudson, M., *Discovering The News: A Social History of American Newspapers*, New York: Basic Books, Inc., Publishers, 1978, p.30.

销售给一般读者的商品,然后再把读者销售给广告主,这是现代新闻业经营模式的滥觞。《纽约太阳报》创始人本杰明·戴在创刊号上声明其办报宗旨:"我们提供给公众的,是每个人都能承受的价格,当天的所有新闻,同时为广告主提供一种有益的媒介。"便士报卖给读者的商品是新闻,从很多角度看,它是种新产品,不带党派色彩,但反映了一个多姿多彩的世界。而且,一家报纸的新闻产品可以与另一家报纸在准确性、全面性、生动性和时效性上作比较。《纽约纪录报》(*New York Transcript*)1834年颇为自得地称自己和另一家小报派了四位记者,"就是为了获取最快、最全面、最准确的有关每一件当地发生的突发性事件"①。

纵观便士报的历史,新闻时效性的竞争意识远远超过以往的办报者。19 世纪初,纽约的报纸已经开始用新闻船、快马等方式获取新闻,但直到便士报时代,追逐时效性才成为报纸新闻竞争的核心内容。著名的《纽约先驱报》的贝内特在采集新闻上几乎无所不用其极,帆船、快马、信鸽和随后发明的蒸汽轮船、火车、电磁电报都被用于新闻竞争,贝内特就连广告也要求讲究时效性,要求广告稿必须天天更换,以使"《纽约先驱报》每天的广告真实地代表人类的面貌"②。

19 世纪 40 年代电报这一新媒介发明之时,便士报已经在市场上获得了成功。正是对新闻时效性的重视和追逐,使得一些便士报的发行人甚至在电报的实验阶段,已经颇有眼光地热衷于电报的发明与推广:《费城大众纪事报》的发行人斯温是电磁电报公司的创办人之一,这家公司推广了莫尔斯的发明;《巴尔的摩太阳报》的艾贝尔在他的报上发出了要求国会资助莫尔斯的呼吁,甚至他本人也为莫尔斯的第一条电报线路提供了一部分资金③。电报一旦投入使用,便士报的主编们和经营者立刻对这一新媒体情有独钟。受惠于第一条电报线路是在华盛顿与巴尔的摩之间开通,《巴尔的摩太阳报》成了当时电讯新闻的先驱,它对电报线路的率先使用鼓励了人们对电报通讯的接纳。可以说,便士报促成了电报的发展。正是《纽约先驱报》的贝内特、《论坛报》的格里利、《纽约太阳报》的比奇和《巴尔的摩大众纪事报》的斯温这几位当时最成功的便士报人,最早全面使用电报而且使利用电报采集新闻的方式迅速得到推广。据莫特的史料记载,到 1846 年,也就是电报实际投入使用两年后,"所有纽约报纸均已仿《纽约先驱报》之例,刊登一栏新闻,上加标题曰'电讯'(By Magnetic Telegraph)"④。贝内特更是自我炫耀

---

① Schudson, M., *Discovering The News: A Social History of American Newspapers*, New York: Basic Books, Inc., Publishers, 1978, pp.21, 23, 25.

② Ibid., p.26.

③ [美]迈克尔·埃默里等:《美国新闻史:大众传播媒介解释史》(第八版),展江、殷文主译,新华出版社 2001 年版,第 134 页。

④ Mott, F. L., *American Journalism, A History: 1690－1960*, New York: The Macmillan Company, 1962, p.214.

称1848年的第一个星期,他的《纽约先驱报》就有7.9万多字是电讯稿,共支付了12 831美元①。在电报技术的发展史上,电报公司早期的推广和生存在很大程度上有赖于报业和商界的眼光,正如亚历山大·琼斯1852年在他的《电报简史》的序中所言:"献给赞助者们和新闻报道者们,由于他们的支持和贡献,电报才得以发展。"

从1844—1860年美国电报发展史看,用于个人交换信息的民用电报业其实只占非常次要的地位。据统计,民用电报只占不到8%的份额,电报最早、最好的用户是报纸零售和批发商、经纪人、银行家以及投机商,也就是说,电报主要体现在商业用途上,由此可见,电报只有对处于激烈竞争中的商业机构才算是刚需。本杰明·富兰克林一个世纪前说的那句名言"时间就是金钱",到电报时代有了更加切实的意义。新闻变成了真正的新(new)产品。北卡罗来纳大学对1820—1860年间新闻采集活动进行的一项研究评价了传播革命对报业的影响。研究结果显示,在此期间,各家日报所刊登的发生在一周以内的新闻事件报道,平均数量从45%增加到了76%。需要一个月才能见诸报端的新闻报道从28%减少到了8%。电报传送新闻能力的提高进一步降低了这种滞后②。

1846—1848年美国与墨西哥的战争是"第一场由美国记者广泛报道的国外战争"③,它使便士报之间展开了一场激烈的新闻角逐,快马邮递、汽船、火车及电报组成了长达2 000英里的接力通讯网,贝内特称这快速的通信系统是"现时代的产物,反映出美国人民的个性"④。是否代表"美国人民的个性"还在其次,但至少它反映了19世纪40年代美国报业的特征。舒登森在评论汤普森(Robert Luther Thompson)所言1846年爆发的美墨战争才迫使美国新闻界使用电报时认为,并不是便士报热衷战争新闻,而是便士报追求新闻时效性的个性使他们率先利用电报。1850年1月的《特洛伊辉格党日报》(*Troy Daily Whig*)的《关于电报》一文写道,"商人经常性地仰赖电报,个人也不时使用它,报纸则在所有时候(all times)都靠它接收最新消息"⑤,这表明了电报的快捷已经成了新闻业不可或缺的工具,获取"最新消息"这一新闻传播观念在新闻界渐渐深入人心,正如贝内特所断言,所

---

① [美]丹尼尔·杰·切特罗姆:《传播媒介与美国人的思想——从莫尔斯到麦克卢汉》,曹静生、黄艾禾译,中国广播电视出版社1991年版,第14页。
② [美]迈克尔·埃默里等:《美国新闻史:大众传播媒介解释史》(第八版),展江、殷文主译,新华出版社2001年版,第132页。
③④ 同上书,第147页。
⑤ [美]丹尼尔·杰·切特罗姆:《传播媒介与美国人的思想——从莫尔斯到麦克卢汉》,曹静生、黄艾禾译,中国广播电视出版社1991年版,第15页。

有报纸最终都必然要刊登电报新闻并依赖于它,否则就会被淘汰①。以电报为代表的快速传播系统反映了 19 世纪 40 年代以后美国报业的特征,也在很大程度上反映了传播技术与新闻业(包括新闻观念)的相互建构。电报技术的出现正好顺应了便士报以新闻为大众商品、以时效性等新闻要素为卖点的新观念,因此,报业给电报的推广和应用带来了巨大的推动。与此同时,尽管不是电报导致了便士报对新闻时效性的重视,但电报的应用显著地改变了新闻,它强化了现代的新闻观念,使新闻有可能真正成为本杰明·戴心目中的"当天"新闻。

从对电报技术的运用上,报业确实走在时代的前列。1870 年普法战争爆发时有三条大西洋电报电缆已经开通,但生性节俭、以吝啬出名的美国驻法大使沃西伯恩(Elihu B. Washburne)和他的手下却出于费用的考虑,很少使用电报,而是希望从记者和商人发往美国的重要新闻中得到免费的信息,从而延误了与华盛顿之间的沟通与外交政策的确定。现代外交官员认为,"一个外交大使不能报告相关信息,致使美国政府从其他信息渠道——通常是新闻界和其他政府那里了解情况,是其最大的罪过"。官员在使用电报上的保守性反衬出报业等盈利机构对即时传播的重视在当时具有先进性。

美国报业对电报这一新媒介的使用也与 19 世纪 40 年代美国市场经济在空间上的拓展有关。也就是说,19 世纪 40 年代的"商业革命"是与通信技术的"传播革命"同步进行的。道路、运河等交通的发达,使社会行为(尤其是商业行为)在空间上得到了极大的延伸,但物理意义上地域空间的扩大必然要求通信技术的跟进,如果地区与地区之间商业信息流通速度跟不上的话,市场的拓展就成了一纸空文。从这个角度来看,报业与其他商业组织一起最先、最充分地利用电报这一当时最先进的通信设备是完全可以理解的。正是如此,商业和金融信息成了报纸电讯稿的主要内容。1848 年 1 月,匹兹堡的一家报纸宣称:"昨晚,闪电线路为我们带来了一组新闻",九条电讯新闻中商业信息就占了六条;电报线路一通到辛辛那提,那里的《问询日报》(Daily Enquirer)就发布了八条电讯稿,其中有七条是纯粹的商业信息;与其竞争的《辛辛那提公报》(Cincinnati Gazette)也在它名为"第一闪电"(The First Flash)的电讯专栏里发布了最新的小麦和棉花的价格。其他有"电讯稿"的报纸也以金融及商业信息为主,比起国会辩论、选举结果等政治新闻和水灾、火灾等灾难性新闻以及社会新闻来,商业信息占绝对主导地位。报业对商业信息的传递,加上商界本身对

---

① [美]丹尼尔·杰·切特罗姆:《传播媒介与美国人的思想——从莫尔斯到麦克卢汉》,曹静生、黄艾禾译,中国广播电视出版社 1991 年版,第 15 页。

电报的积极利用——电报促成了期货交易模式的产生,纽约证券交易所即时行情的获取、标准时间的统一等,使得建立在快速、通畅的信息传播基础上的全国统一市场在美国得以形成①。从此,美国人在生活的各个领域,尤其是经济生活领域,空间和时间的观念发生了根本性的转变。从这一点上看,电报虽然将 communication 一词从 transportation 中分离出来,但交通(运输)与信息传播的关系,仍如孪生姐妹一样密不可分。所以,在提到 19 世纪上半叶美国社会的大变迁时,商业革命和传播革命被相提并论,美国经济无论在规模和范围上得到了史无前例的拓展,都离不开传播和交通领域的大发展,电报与铁路齐头并进不仅是这两条线路在美国大地上呈现的风景,更是那个时代在科学技术、社会行为、观念意识等方方面面战胜空间和时间的标志。

1849 年 1 月 11 日成立的"港口新闻社"被认为是现代美联社组织正式创办的确切日期,1851 年,由于电讯新闻的重要性,该组织签署新协议,改名为"电讯与综合新闻联合社"(Telegraphic and General News Association)。它的成立,在美国新闻史上具有划时代的意义——电报带来了新闻采集的集中化,产生了现代新闻业的生产流程和分配方式。可能有以下三个原因促使早期美联社的成立。

首先,从多位发起人来看,最早的六家报纸的发起者包括《纽约先驱报》的贝内特、《信使与问询报》的韦利上校和他的助手、后来的《时报》创办人雷蒙德、《论坛报》的格里利、《纽约太阳报》的比奇、《纽约快报》的伊拉斯塔斯和詹姆斯·布鲁克斯、《商业日报》的黑尔和哈洛克。这些报人都是纽约地区办得最成功的几家报业的代表,基本上都是便士报新闻角逐中执牛耳者,尤其在时效性的追求上在当时留下了颇多佳话。因此,对新闻时效性的高度重视是促使早期美联社成立的首要原因。

其次,电报费用在当时可能是个不可忽视的问题。在提到电报发展史的论著中,都会涉及早期电报昂贵的费用,不仅不是普通人能轻松承受(这就是民用电报在美国一直很难普及的原因),而且对一些商家和报业经营者来说,拍发电报的费用也是一个沉重的经济负担。莫特在提到纽约联合通讯社的起源时,提到的三条原因(不满意墨西哥战争的传递,吃惊于电报费用之日增,并为新闻采访合作方面某些早期尝试的成功所鼓励)是很容易理解的,因为电讯新闻发展迅速,到了如贝内特所言报纸如不依赖于它就得遭淘汰的地步,那么电讯稿的费用问题也成了办

---

① 全国统一市场的形成当然还离不开铁路带来的大规模、快捷的运输,都市人口增长,还有 19 世纪 30 年代杰克逊民主时期所形成的政治和经济机会的平等主义等因素。

报者的一块心病——甚至有人说"在电报新闻上支出费用等同于在为一个违背法理的征税员做贡献——你要被迫接受却几乎没有抗拒的余地"①。墨西哥战争前后在新闻竞争中,早已有了一些合作上的尝试,比如当 1846 年 1 月初,电报线路从奥尔巴尼架设到尤蒂卡的时候,"为了分摊费用",尤蒂卡的发行人和纽约州北部的其他报纸 3 月时组织了一个纽约州联合通讯社,到当年 8 月,就有 19 家报纸参加了这个美国最早的通讯社,可见应者踊跃②。连《纽约先驱报》和《论坛报》这两家纽约最大的便士报竞争对手,也在 1846 年 5 月 7 日开始刊登发自华盛顿的相同电讯稿,而且是"几乎每日拍发"。可见电讯稿的增加及同时带来的费用问题,是促成新闻采集合作的客观上的原因。

再次,是来自电报业的威胁。一方面,电报公司有时会"越界",如电报公司的操作员有时免费向报界提供一些新闻稿作为电报的推销策略,东部的操作员有时把一些消息发送给西部报纸等,由于电报公司的职员从某种意义上说是信息的操控者,所以,这些行为引起了报纸对电报公司侵入新闻采集过程的担忧。另一方面,来自早期电报业本身的缺陷,如"不连贯和不协调的线路,早期电报装置的巨额费用,不合格的设备,缺乏经验的操作人员和对于少数几条线路使用上的激烈竞争"③,都令使用电讯稿的报纸经营者感觉得不到保障。因此,纽约联合通讯社在这个时期形成,"实际上是对当时存在于刚刚起步的电报业中不稳定状态的一种反应"④。

费用和保障这两个来自外部的原因,可能使当时那几位纽约报界的精英人物感受到,需要有一个行业性的组织,通过共同采集新闻的方式来应对电讯稿的供应与使用情况。未曾预料的是,早期联合通讯社的成立,带来了新闻采集、新闻资源分配和新闻写作风格的一些重大而深远的改变。

首先,它产生了电报通讯员(telegraphic correspondent)和新的新闻采集制度。1851 年 5 月,信鸽专家、时任纽约联合通讯社社长的丹尼尔·克雷格(Daniel Craig)在一封书信中写道:"随着电报手段在整个美国的迅速扩张和愈加流行,为了将较早前获得的重要新闻用电报出版发行,有必要引入一个比现存系统更开放更有组织的系统。"⑤克雷格在写作此信前对新奥尔良等一些城市进行了实地考察,对两件事大为不满:一是报界受制于电报公司的高额收费;二是电报操作员

---

①② [美]迈克尔·埃默里等:《美国新闻史:大众传播媒介解释史》(第八版),展江、殷文主译,新华出版社 2001 年版,第 135 页。
③④ [美]丹尼尔·杰·切特罗姆:《传播媒介与美国人的思想——从莫尔斯到麦克卢汉》,曹静生、黄艾禾译,中国广播电视出版社 1991 年版,第 16 页。
⑤ 同上书,第 17 页。

和抄写员工作的粗心大意"酿成了许多弥天大错"。但是，克雷格明智地指出，电报从业人员并不是罪魁祸首，关键还在于旧的电讯稿的采集体制不能适应新形势的需要。因此，为了在内容和风格上提高电报报道的水准，为了使"新闻力求准确，使媒体以最快的速度将真正重要的、确实有趣的新闻展示在读者的眼前"，克雷格提议，"纽约联合通讯社首先准备为广阔电报网的每个重要网点上，以高薪聘请一位能胜任的、头脑敏锐并且充分可靠的电报通讯员；同时在普通网点上与编辑和出版商在互利的基础上取得广泛联系，通过他们我们可以最大限度地获得关于大众所关注的本地事件的所有可靠讯息"[1]。这一电报通讯员制度使电讯稿的采集人员具有一定的专门性，从而提高了电讯稿的质量，而且从史料上看，电报通讯员的活动范围并不限于收发电报的方寸之地，他们在重大新闻发生之时是要去现场搜集、发送新闻的。美联社第一任社长亚历山大·琼斯曾经从事过4个收集商业情报卖给报界的工作，对电报房的情况非常熟悉，他说："很明显，不能期望电报房的雇员在重要的时刻去搜集和发送现场新闻，他们的职业使他们局限于报房的范围内活动。这样，电报业便产生了对电报通讯员的需求。"[2]可见，电报通讯员具有一定的记者身份。这些通讯员独立工作一年后，加入了联合通讯社，成为真正的专职人员。

其次，通讯社建立了一个庞大的新闻采集和新闻资源分配网络。琼斯在提到自己的工作时说："我们接收并分发新闻，……我们在和加拿大所有的重要城市雇佣记者，在纽约接到发来的消息后，我们用复写纸复印八九份，6份给纽约的报纸，余下部分再发给其他城镇的报纸，这些发出的复印件里每天还要加上纽约地区新闻和商业新闻等。"[3]琼斯的继任者克雷格在提议建立电报通讯员制度时，也强调要形成一个"更开放、更有组织的体系"，要在"电报网的所有重要网点"和"普通网点"无一遗漏地建立起一个全面的新闻采集系统。

电报通讯员制度的建立和庞大的新闻采集网络的形成，使通讯社集中采集新闻的步伐迈向了现代新闻生产的流程。所以说，电报的发明和发展，为定期、联合采集新闻提供了意义重大的媒介和工具，它解决了现代报刊最基本的技术需求[4]。电报导致了大规模新闻采集和现代新闻观念的产生。

再次，产生了新闻的标准化。电报改变了书面语言的性质。通讯社的电讯稿要求一种不带地方性或区域性，且通俗化的语言形式，"倘若从缅因州到加利

---

[1][2][3][4] ［美］丹尼尔·杰·切特罗姆：《传播媒介与美国人的思想——从莫尔斯到麦克卢汉》，曹静生、黄艾禾译，中国广播电视出版社1991年版，第17页。

福尼亚州的人们都能以相同的方式理解同一篇报道,语言就必须平实且标准化",所以电报导致了方言、写作者富有个人色彩的幽默、夸张的笔触等报道风格的消失,作者与读者之间的对等性关系在电报语言中得到体现。同时,电报淘汰了详细描述并分析内容的做法,代之以提供单纯事实。电报的费用使文稿字数尽量压缩,并产生了电报式文体,它要求报道必须简练以便于收、发新闻时无需进行重新组合,所以新闻的讲述者和报道者由此分离。电报还可能导致了现代新闻文体——倒金字塔写作方式的诞生。据说是内战期间,一些担心自己的报道未必能全部发出的战地记者发明了起概括作用的导语,即把一篇报道的主要内容放在第一段。由于重要新闻时刻通过电报传来,大都市报纸开始刊登要闻快讯,不久,连小报也纷纷仿效,导语和倒金字塔的写作方式在新闻界普及开来。于是,电报对新闻文体的改变带来了编辑部内部的变化,简练而不加修饰的文笔使新闻业不再有铺陈的细节和分析,这种文风在新闻部大受欢迎;而且,面对大量的新闻事件,新闻判断必须程序化,所以新闻部这一组织必须像工厂一样进行生产。于是,新闻用语、新闻文体和新闻判断的标准化和操作上的程式化,一方面使新闻生产被纳入现代工业化作业模式;另一方面,也促使新闻成为标准化的产品,进而成为一种商品。正如凯瑞所言,随着电报的到来,新闻成了一种可以"被传送、被评估、被压缩、被计时的商品",它就像农产品一样,要受"价格、合同、特权、减价甚至偷窃的制约"①。新闻的标准化被认为是现代新闻业"最引人注目"的特征,它的意义在于"电报对美国新闻业的影响是一种平等化的影响,就消息的迅速传播——它是新闻第一位的,也是最重要的任务——而言,它将地方报纸和大城市的日报置于同等的地位"②。

至于通讯社对电报的使用与后来成为美国新闻界专业化之标志的"客观性"之间的关系,史学家尚无定论。客观性这一专业理念的产生有着极为复杂的根源。凯瑞认为的客观性的产生原因"可以从西部联合电报公司长长的线路上语言在空间的延伸中去寻找"③,这种观点被认为有着技术决定论的色彩,但通讯社对电报的使用即便不是客观性原则的直接由来,起码也是一种重要的实践及促进。埃默里等人认为,伴随着新闻发布方式的变化,人们也开始接受这种"客观的"报道方式,记者在采用简洁风格口述传递新闻的同时,"被要求将

---

① [美]詹姆斯·W.凯瑞:《作为文化的传播:"媒介与社会"论文集》,丁未译,华夏出版社2005年版,第167、169页。
②③ 同上书,第168页。

个人价值观与报道相分离,并坚持提供可以验证的事实"①。它与美联社开始普遍采用"倒金字塔"式的导语(即何人、何事、何地、何时、何因)不无关系,导语的使用也提高了自己作为一个可靠机构的声望②;此外,从经济上解释美联社采用客观报道以便向拥有不同政治、社会和经济地位的客户提供服务,可能也是当时的实情。无论电报与客观性理念有着怎样的关系,有一点是可以肯定的,美联社对电讯新闻稿的采集与发布在一定意义上强化了新闻界的观念与实践——新闻要提供单纯的事实。

第三节 妖魔化:关于电报的质疑声浪

在对电报技术"天使化"的一片赞美声中,亨利·梭罗,这位远离工业文明,宁可过离群索居的俭朴生活的思想家,可能是最早对电报提出质疑的人。1854年,他在《林中生活》中写道:"它(电报)只是服务于旧目标的一种经过改良的手段——我们多么匆忙地建设一条从缅因州到得克萨斯州的电报线啊,但是缅因和得克萨斯也许根本没有什么话好讲——我们急切地建设大西洋海底电缆,以使旧大地的消息能提前几个星期到达新大陆,然而进入电报线路,震动美利坚人耳鼓的,可能只是阿德莱德公主高声的咳嗽声。"③显然,在梭罗的眼中,电报仅仅是一种"工具",如果承载在这个工具上的内容琐碎贫乏的话,那么工具本身毫无精神意义可言。梭罗的这段话对当时普遍流行的将电报神圣化的观点不啻是一贴清醒剂。

果然,电讯稿一普及,新闻得到了极大的丰富,但对电报新闻的批判也开始不绝于耳。美国新闻评论家 W.J.斯蒂尔就指责电报说:"事实上,美国已经把新闻从它一度作为对时代思潮的定期表达和对当代生活问题及其解答的及时记录改变成收集、浓缩、积累凡人琐事的工具。在这种对日常事务的竞相描写中,我们仍然处于领先地位,其结果是,我们对那些具有永恒意义因而也就在文化特征方面显得极其重要的东西,也一再表现出忽视和遗忘。"④也有人把现代报纸给读者的消极影响归咎于"电报新闻的草率和浅薄正在腐蚀着阅读这种新闻的人们的思

---

① ② [美]迈克尔·埃默里等:《美国新闻史:大众传播媒介解释史》(第八版),展江、殷文主译,新华出版社 2001 年版,第232 页。
③ [美]丹尼尔·杰·切特罗姆:《传播媒介与美国人的思想——从莫尔斯到麦克卢汉》,曹静生、黄艾禾译,中国广播电视出版社 1991 年版,第 10 页。
④ 同上书,第 18 页。

想,损害人们持续地思索和专心一致的精神力量,降低人们的欣赏情趣"[1]。今天看来,电讯稿开始流行之时,也正好是美国大众化报纸如日中天之时,从便士报时期,报纸就开始注重世俗化、地方性新闻,警察局、法院、商业区、教堂和社交圈的日常生活是当时记者们经常逗留的场所,"人情味"新闻逐渐成为报纸的一个重要部分。到19世纪后半叶,随着工业化、城市化和移民潮的到来,面对文化程度不高的产业工人和新移民,更是促发了报业"新式新闻主义"的出现,新闻内容的通俗化是吸引读者的基本法宝,煽情主义也在此时大为盛行。因此,将新闻内容的琐碎与浅薄怪罪于电报的使用,其实并无道理,但自从电报在大众传播中得到运用以后,媒介技术包括今天的社交化智能平台在不同的时期都曾作为"替罪羊",成为侵蚀受众审美趣味,甚至败坏社会道德情操的罪魁祸首。

有意思的是,电报传播如闪电般超越时空的特性也曾遭到质疑。伦敦《观察家报》就认为,新闻的传播"对每一个事件,尤其是对每一桩罪行都无一遗漏地记录,任何地方都不感觉到时间的空白,整个世界因为有了情报的传播而被浓缩成了一个小的村庄"[2]。这可能是最早对信息泛滥和对"地球村"的忧虑,时间被占有、空间被压缩,这些都是人类在电报出现之前所不曾有过的生活体验。一位名叫乔治·比尔德的神经病学家,干脆将电报和当代新闻视为19世纪现代文明神经质病人急剧增加的两大元凶。他认为,商人们因不断受到世界上持续不断的价格波动的影响而备受精神上的折磨;从更广泛的意义上说,瞬间传播意味着新事实的传播和普及速度的可怕增长,它加剧着个体神经系统的超负荷运转。电报和现代报纸成了19世纪末工业社会机械化时代疯狂节奏的标志或起因。

美联社的前身港口新闻社,就曾制定了这样一个垄断性的章程:除非获得现有成员一致的书面同意,本社不接纳新的成员,如果把新闻卖给纽约以外的报纸,必须得到大多数成员的赞成。到19世纪60年代,美联社的七家纽约日报,每年花费20多万美元用于新闻采集,其中一半以上的费用可以从纽约以外用户的新闻费用中收回。他们全面控制了国内外新闻的采集,从中获取自己所需的消息,并左右一切政策问题。到南北战争以后的10年里,西部联合电报公司在电报行业中逐渐登上了盟主的地位,它同新闻采集领域至高无上的美联社结成盟主,构成了控制全国电报线路和新闻发布的双重垄断组织。

---

[1] [美]丹尼尔·杰·切特罗姆:《传播媒介与美国人的思想——从莫尔斯到麦克卢汉》,曹静生、黄艾禾译,中国广播电视出版社1991年版,第19页。
[2] 同上书,第18页。

批评者认为它们的存在对新闻自由构成了威胁。1874年,参议院的一个调查报告中说:"电报的力量持续不断地增长,几乎到了难以估量的地步,它是通过报纸影响公众舆论的工具,它是操纵国内市场的工具,它是严重损害人们利益的工具。"①

美联社社长詹姆斯·W.西蒙顿1879年为电报辩护说:"我认为新闻存在所有权,这个所有权由于我们对新闻的搜罗和集中而被创造出来了。"②1884年,美联社总经理威廉·H.史密斯在回答对美联社不公正地控制美国新闻界的指控时说:"由于美联社的报纸成员不可能向每一个后来者敞开联盟的大门,它们只能有选择地接受其中一部分作为自己的伙伴,因而受到了抱怨。什么样的私人企业能根据这样的原则进行经营呢?织物商会同邻居一起分配他的商业代理人的订货单吗?经纪人会向他的竞争对手提供自己的商务情报吗?然而这个原则却被强加于美联社头上,而美联社同其他企业毫无二致。"③西部联合公司则认为市场信息的集中化和全国化提供了平等的机会,而不是形成特权。

但是,正如一个愤怒的参议员所指出的,影响公共事务和民众普遍利益的企业与只对普通人的私人事务发生影响的企业之间,存在着差别。

垄断也使政治新闻在交易的过程中,成了集中化、单一性的东西。因此,人们认为垄断影响了思想的自由市场,抵制了公众的讨论,形成了铁板一块的公共领域,西部联合公司庞大的体系维持着与美联社一模一样的电讯新闻,发布给全国的各大报界。之所以说新闻的统一性和集中控制与商业性信息的标准化其意义完全不同,是因为如果只有一个来源提供有关政治和社会的信息的话,那么往好里说就会压制,往最坏里说就会扼杀公共讨论和有意义的民意。正如加德纳·G.哈伯德(Gardiner G. Hubbard)这位最早的邮政电报系统的游说者所言,国家电报新闻报道所产生的影响代表着"一种强大的权力,因为,在一个民意具有至高权力的时代,它能提供也能压制民意得以形成的信息,甚至给信息涂脂抹粉。它有可能赋予某些反复无常的个人一种不可抵挡的权力"。因此,西部电报公司代表着一个不受控制的私人经营利益集团,通过影响美国人的思想从而在全国范围内实施其政治和意识形态的权力。

1872年,一个参议员委员会建议政府支持在电报业中引进竞争,这个委员会指出,"在任何重大危急关头,影响公众意见和行动的力量正掌握在控制电报的那些人的手中"。那个寡廉鲜耻的控制电报的人也可能成为"报业的主子",他可以

---

① [美]丹尼尔·杰·切特罗姆:《传播媒介与美国人的思想——从莫尔斯到麦克卢汉》,曹静生、黄艾禾译,中国广播电视出版社1991年版,第26页。

②③ 同上书,第27页。

"给当天的新闻涂上他喜欢的色彩,由此对民意这一泉水造成致命的污染"。

于是,国会的辩论从西部联合电报公司的电报传输,到美联社对全国新闻流的控制,对全国报业的控制,然后推测到对美国人思想的控制。参议员们惊讶地发现,原来纽约的七家报纸事实上控制着全国的新闻供给。国会发现新闻——每天从全国或世界各地收集而来——是由一个人在一个办公室进行"编辑"(edited)和"审查"(censored)的,然后这个经过"审查"的产品——单一的新闻电讯——辐射到全国的美联社成员和客户的手中,而美国重要报纸的大多数都是其成员或客户。更糟的是,你几乎是别无选择,因为美联社几乎是美国新闻唯一的"源泉"。而美联社也因此成为美国唯一一个不受报界监督的机构。新闻自由不适合于批评电报服务,因为接收电报新闻服务的报纸不允许公开批评美联社,否则就要失去它们的特权。

自由主义者怀疑这种产品对公众会有多大的好处。切特罗姆对这个问题的担心就像是今天我们对微博的担心一样:"每一个人都被迫思考所有的事情,而他们的思考又是基于不完全的信息,并且没有充分的时间细加思索……不停地传播一小块、一小块的言论,不断地让未被证实的事件刺激感情,一个接一个的草率或错误的观点不断形成,这些最终必将破坏所有被电报所吸引的人们的理解力。"①

不过,不管电报遭受了多大的批评,它作为媒体获取利润的重要手段被广泛采用,而意识形态控制则可以轻易通过这一手段而影响以自由为己任的报业运作,而这必然会挑战捍卫美国民主自由的各种思想。

今天看来,这些关于电报的质疑声有的是站得住脚的,有的则显得吹毛求疵,有无限推理的嫌疑。相比于此后不断出现的电子传播媒介,电报所引发的社会变革和观念变化虽然是深远的,但并没有那么负面。且不说电报的文风所带来的后果,即使是电报业在商业化过程和通讯社发展过程中的高度垄断,也并没有像广播电视垄断那样给美国的新闻自由带来特别严重的伤害。不过,当电报被大型商业媒体广泛利用的同时,意识形态对思想自由的控制显然简单得多。这一指控不仅是成立的,而且这种指控后来被加诸所有快速普及的大众传媒,成为它们不可摆脱的共同命运。

当传播与交通从电报那里分离后,现代性社会便走向了一个更新的阶段。传播代替交通在征服地理空间的过程中扮演了越来越重要的角色。电报正是以这种方式奠定了现代美国社会的框架:一方面,它所建立起来的技术体系征服了美

---

① [美]丹尼尔·杰·切特罗姆:《传播媒介与美国人的思想——从莫尔斯到麦克卢汉》,曹静生、黄艾禾译,中国广播电视出版社1991年版,第18页。

国的全国市场,变成了美国工业的神经,"电报和铁路一道,第一次为现代技术对综合企业的管理提供了一个框架"①,此后许多电子媒介的兴起都在为这一通讯王国添砖加瓦;另一方面,它大大加快了资本复制的速度,使商品的交易从一个空间的问题转化为一个时间的问题,"电报将投机生意转移到了另一个层面,也就是从空间转化为时间,从套利转变为期货"②,期货、证券等行业从此成为不断崛起的资本新贵,并最终以金融资本战胜工业资本的方式成为当代资本主义的产业特征。所以,今天美国社会的很多问题与电报所带来的社会发展趋势摆脱不了干系。

对于传播而言,这种分离对美国传播业的形塑更为明显。正是看到了这一点,切特罗姆才把他眼中传播学的起点界定在电报问世的那一刻。也正是因为看到了这一点,舒德森和凯瑞才会都将对方指责为技术决定论者。也就是说,没有电报就不会发现真正的传播现象,也就不可能有传播学。电报在美国真正开启了大众传播的时代。是电报让专业的媒介机构向大规模不确定性的受众单向传递海量信息的社会过程成为可能。这种传播方式必然造就了一种需要被全面反思的意识形态。这种意识形态大概可以这样来被描述:"它有较为保守的意识形态取向,专业化的大众传媒与国家的政治、经济领域有着千丝万缕的利益纠葛,它的意识形态与主流意识形态或显或潜地具有一致性;它天然地建构一种二元对立的社会关系,人类真正重要的日常生活被极度边缘化并因此产生了日常交流中下层社群对主流意识形态传播或积极或消极反抗;它把传播过程的丰富性简化为了接受的实际效果问题,使观念、文化的分享与沟通简化成了连接和说服。"③顺着电报指引的方向,各种电子传播媒体在这条意识形态管控的道路上越走越远,从而构成了美国特有的传播景观。

---

① [美]詹姆斯·W.凯瑞:《作为文化的传播:"媒介与社会"论文集》,丁未译,华夏出版社 2005 年版,第 160 页。
② 同上书,第 173 页。
③ 胡翼青、梁鹏:《词语演变中的大众传播:从神话的建构到解构》,《新闻与传播研究》2015 年第 11 期。

第四章 芝加哥学派的传播思想

17世纪的自由论者认为政府是应个人为了互惠地享有自由而出现的,先哲们已经意识到自由理念中个人与他人存在无法回避的关系。便士报出现后,许多报人将报刊视为公共服务机构的信念,凸显的是报刊对社会群体生活的意义,报刊并非仅仅服务于独立的个人。这样看来,美国的新闻传播思想一直在以自己的方式探讨和回应美国民主政治的关键问题:现代国家如何保障自由个人的公共参与。以杜威、库利、米德和帕克为代表的芝加哥学派的传播思想对该问题有集中探讨。

第一节 作为共同体的公众

与早期英美自由论者类似,杜威相信公众与国家的起源存在密切关系。在《公众及其问题》一书中,杜威辨析了公众与国家之间的关系。他号召重回人类行为的事实本身去理解"国家"与"公众"。他首先强调了找寻公众与国家起源的方法的重要性:发现事实的力量并非存在于事实本身,而是来源于研究事实的技法。自然科学的方法虽然强大,但是有些事实是由人的愿望和努力造成的,那么这种主观性是任何方法所不能去除的。人们愈加热切地相信事实,也就越应区分那些独立于人类行为和由人类行为造成的事实之间的差异。如若我们忽视这种差异,那么社会科学就会成为伪科学[①]。通过对研究事实的方法的强调,杜威指出社会科学与人类行为之间密不可分,因此,当人们越是迫切地找寻事实,就越是要意识到区别成为人类行为的条件和以人类行为为条件的事实的重要性[②]。在杜威看来,社会科学研究的事实是以人类行为为条件的,或者说社会科学的研究对象即人类行为所造成的事实。因此,关注人类行为对于社会科学研究而言具有重要意义。杜威认为杰弗逊和汉密尔顿的政治理念绝不仅仅是脱离美国政治行为实

[①] Dewey J., *The Public and Its Problems*, in *The Collected Works of John Dewey*, 1882–1953, 37 volumes, Carbondale: Southern Illinois University Press, 1968, p.238.

[②] Ibid., p.240.

际的理论,而是对某些选择性事实的表达,其理论又不仅止于此,还包括那些影响了这些事实并在将来会继续以某种方式影响这些事实的力量的表达①。

那么,像杜威说的那样,社会科学研究遵循回到人类行为的事实本身的路径,可以发现什么呢?基于现实,杜威将人类行为的结果分为两种:一是与当事人直接相关;二是与非当事人相关。根据这种划分,他找到了公共与私人的区别:行为结果的规模和程度是否需要管理,不论管理方式是禁止还是促进。如果行为结果规模影响大而必须进行管理,那么这就是"公共",反之则为"私人"。以此更进一步,杜威定义了公众与国家:当认知到有与互动的非当事人有关的非直接利益存在并试图管制规范它们的时候,国家的雏形就产生了。人类的互动行为对于非直接参与者可能会产生很大影响,以至于这一影响需要系统管理,公众就是由所有那些受到的人类互动行为非直接影响的人组成的。而按照官员和机构的方式组织起来,管理人们之间互动行为的非直接影响的公众即民众共同体。于是,私人与公共的差别绝不简单等同于个人和社会的差别,因为许多私人行为是社会化的②。

杜威以人类交往行为本身来界定公众,带有彼得斯所谓的用"彼此交流的能力来给自己下定义"的特征。彼得斯认为,人类始于19世纪后期的这个自我描述的巨大变革,在思想、伦理和政治上有何含义,尚未被充分追问③。在以杜威为代表的芝加哥社会学派的思想中,这个变革突出表现为交流被作为个体的本体。杜威强调个人的思维、信仰和意图是在与他人的联系中塑造的,因此,个人并非仅仅在本质上与他人联系,其观念、情感与行为也都是社会化的。杜威的逻辑是,公众恰恰是由于人类社会的这一互动本质而得以界定的,公众是应个人的群体生活而生的,或者说公众是人类群体生活的必然结果,每一个生活在社会中的个人都是公众的一分子,于是,关注公众及其问题对于人类生活的重要意义也就不言而喻。杜威认为,发现国家不仅仅是对那些业已存在着的机构的理论审视,更是一个关于人类普遍联合行为的实践问题。我们应认识和领会个人参与到群体中的行为产生的后果,并对这一后果追本溯源。因此,"国家是人类关系的政治组织",国家是因公众而形成的。杜威相信,只有追问公众这一具备明确功能的社会组织形成和发展的条件的时候,才能抓住国家发展和转变的核心。他说:"我禁不住要指出世界形势已经证明了的一个假设:人类共同交往的规模和范围是那些带有显

---

① Dewey J., *The Public and Its Problems*, in *The Collected Works of John Dewey, 1882–1953, 37 volumes*, Carbondale: Southern Illinois University Press, 1968, p.240.
② Ibid., pp.243–245.
③ [美] 彼得斯:《交流的无奈:传播思想史》,何道宽译,华夏出版社2003年版,第1页.

而易见的政治性质的社会行为的决定因素。"[1]所以,杜威认为,公众的范围、规模、边界,以及私密空间的边界,长时间以来都是民主中重要的政治问题。公众由此成为一种政治形态,其被视为一个政治概念并与民主休戚相关。公众是有组织的,并且要通过代表有效地行使权力,于是在这种意义上,联合使公众自身成为政治组织,而类似政府的机构也就形成了[2]。

在17世纪崇尚自然权利的自由论者那里,政府或国家与个人是信托关系,是意识到加入社会生活而不得不让渡部分个人权利的个体的理性或不得已的选择。政府或国家应给予个人的财产、自由以保护,因为每个人都想在不妨害他人自由及不被他人妨害的前提下享有最大的个人自由。杜威却不这样看,在他看来,如若人有自然状态的话,这一自然状态也应是联合而非孤立个体。"将个人看作是独立或孤立的个体是不符合逻辑的,著名的个人与社会的现代对立及两者融合存在的问题本就不应被提出"[3],因为这两者原本就是融合在一起的,是一体两面的问题。杜威认为个人主义在知识哲学中得到了最充分的展现,它们借助自我,将个人意识与心灵等同起来,而政治理论则将自然个人作为最终手段。洛克和笛卡尔在这一点上是相同的,他们只是在将知觉还是个人理性作为基础这一点上不同而已。个人主义观念进入心理学领域,成为对孤立和绝对私密的个人意识的内省式陈述。这样,道德和政治意义上的个人通过"科学"和心理学的术语为自己的信仰提供证明,而实际上心理学诉诸的科学基础不过是心理学自身的创造物[4]。杜威这一深邃的批判性反思不仅适用于美国科学研究的知识生产中渗透着的个人主义,同时也适用于美国民主政治的实践与理念。

因意识到交往于个体生活的本体意义,也就不难理解,杜威为何反对在个人层面上表现出的"个人主义"和国家层面上表现出的"孤立主义"。他认为"个人主义"运动在法国大革命中的大量文献中得到经典表达,虽然革命随着各种委员会的消逝而消失了,但是在理论上却留下了与国家相对的纯粹个人。随着现代科技的发展,个人主义观念达到顶峰。现代科技的发展使得政府规制与资本的自由流动产生矛盾,所以自由主义经济理论就将其教义与自然法联系起来,将资本主义经济发展的要求与个人的自然权力联系起来。然而,将孤立的个人视为能够脱离联合,拥有被"自然"赋予的天然权力,将经济法看作自然法,将政治法视为人为约定的观点,如同懒惰与无能,是有害的。同样的,"二战"后孤立主义的衰退

---

[1][2] Dewey J., *The Public and Its Problems*, in *The Collected Works of John Dewey, 1882 – 1953, 37 volumes*, Carbondale: Southern Illinois University Press, 1968, p.379.
[3] Ibid., pp.289 – 290.
[4] Ibid., p.290.

证明国家关系开始呈现公众特征,并由此要求政治组织有更大作为的意义正在日益凸显①。

对个人与社会的内在关联,德国社会学家齐美尔早有表述。齐美尔提出,与回答康德"自然是如何可能的"这一问题的方法不同,回答"社会是如何可能的"要用各种要素本身先验存在的各种条件来回答,通过这些条件,各种要素现实地结合为"社会"综合体。齐美尔认为这一先验条件确切地说并不是被认知到的,而是其本身就是实际的过程和存在的状态,所以,社会化并非主体面对着的能逐渐获得的一种理论观念的客体,而是社会化的那种意识直接就是社会化的载体或内在涵义。因此,如果说人对自然的意识还可以分出客体和主体,然而社会则无法那么确切地划分出主体和客体,因为每一个人都是构成社会的要素和客体,而同时他又是知晓包括自身在内的客体的主体,因此,社会的结合事实上是在各种个人的心灵中实现的。因此,齐美尔强调个人与社会并不存在一个孰前孰后的因果关系,而是综合为一个进程。由此,若要探讨最终在个人身上进行的制约着个人的社会存在的进程,秉持的逻辑就不是将人类社会化仅仅视为结果,进而去找寻对这种结果来说是时间上处于前面的原因,而应是探索作为综合的各个局部进程,这种综合就被概括为社会②。

在将个体社会化的进程视为浑然一体的过程这一点上,芝加哥学派与齐美尔是一致的。但不同的是,齐美尔认为人类上演的戏剧是一场个人与社会之间的斗争——它在本质上是一场悲剧,因为这两种力量通常必然同时存在于每一个活生生的个人身上。齐美尔认为群体中的人是由最低程度的共同点来统领的,而更高形式的知识和道德往往是个人的产物。杜威则不然,他相信恰是公众在联合中存在这一事实赋予公众以政治和道德内涵。美国社会学家柯林斯认为,齐美尔将个人与社会置于争斗中与他自己关于个人如何成为社会的产物的论点是相矛盾的,这就使齐美尔不能继续推进其学说而达到某种突破,这一突破在法国由涂尔干完成,因其认识到人们的道德和观念的根源在于群体及其仪式③。

个人与群体、个人与社会的关系是芝加哥学派思考的核心。杜威认为个人与社会的对立关系本是个无意义的问题,而个人与社会就如同字母表与表中的字母

---

① Dewey J., *The Public and Its Problems*, in *The Collected Works of John Dewey, 1882 – 1953*, 37 volumes, Carbondale: Southern Illinois University Press, 1968, p.278.
② [德]齐美尔:《社会是如何可能的:齐美尔社会学文选》,林荣远编译,广西师范大学出版社 2002 年版,第 359—363 页。
③ [美]兰德尔·柯林斯、迈克尔·马科夫斯基:《发现社会之旅——西方社会学思想述评》,李霞译,中华书局 2006 年版,第 262 页。

一样,字母表就是字母,而"社会"就是彼此联系中的个人①。库利声称《人类本性与社会秩序》一书的主要目的即在将个人看作社会整体中的成员的前提下来考察个人:如果我们接受进化论的观点,我们就会发现社会和个人之间的关系是一种有机的关系。就是说,我们发现个人是与人类整体不可分割的,是其中的活生生的一分子。而同时,社会整体也在某种程度上依赖每一个个人,因为每一个人都给整体生活贡献了不可替代的一部分。这样,我们得以在较为广泛的意义上使用"机体"这个词,意即由具备独特功能的不同成员组成的生命整体②。

帕克认为芝加哥学派学者思考的核心问题有着德国渊源:传播的性质和功能在库利、米德等人关于人性和自我意识的研究中得到新的阐述。而"个人通过传播及其过程了解他人",正是韦伯开启的以意义和行动为思考核心的"理解社会学"(verstehende soziologie)的核心问题,而韦伯之前的威廉·狄尔泰(Wilhelm Dilthey)对该问题也有阐述并影响了韦伯③。帕克在德国读书期间,齐美尔和狄尔泰是其博士论文指导者,帕克本人也深受德国思想的影响。柯林斯也认为芝加哥学派身上具有同样的德国哲学精神,但最终库利和米德却能够将符号学构成的不可见世界和个体意识之间的关系发展成一种具有相当力量的理论,从而弥合了齐美尔学说中个体与社会间的冲突与断裂④。

第二节 芝加哥学派的传播观

将社会视为由个人的交流与联系构成的有机体是芝加哥学派思想的核心,而传播使得这样的社会得以可能。杜威认为,"社会不仅通过传递、通过传播继续存在,而且简直可以说,社会在传递中、在传播中存在。在共同、共同体和传播这几个词之间,不仅字面上有联系,人们因为有共同的东西而生活在一个共同体内;而传播乃是他们达到拥有共同东西的方式。为组成共同体或社会,人们之间必须拥有的共同之处就是共同的理解,包括目标、信仰、愿望和知识,就像心理学家说的类似的心灵那样。这样的事物无法像砖头那样进行物理传递,而能够保障参与到共通理解中的传播,如同回应期待与要求的那些方式一样,可以保障形成情感和

---

① Dewey J., *The Public and Its Problems*, in *The Collected Works of John Dewey, 1882–1953, 37 volumes*, Carbondale: Southern Illinois University Press, 1968, p.278.
② [美]查尔斯·霍顿·库利:《人类本性与社会秩序》,包凡一、王源译,华夏出版社1999年版,第27页。
③ Park, R. E., "Reflections on Communication and Culture", *American Journal of Sociology*, 1938, 44(2), pp.187–205.
④ [美]兰德尔·柯林斯,迈克尔·马科夫斯基:《发现社会之旅——西方社会学思想述评》,李霞译,中华书局2006年版,第262页。

智识上的相似兴趣"①。库利在《社会组织》中的《传播的意义》一章中为传播作了如下定义,"传播在这里指的是一种机制,经由它,人类的关系得以存在和发展——它是人类心灵的所有象征及其在空间和时间上传递和保存这些象征的手段。传播包括表情、态度、姿势;语调、言语、文字、印刷品;铁路、电报、电话和任何能征服时空的最新成就。所有这些综合起来形成一个与人类思维有机体相一致的复杂有机整体;而人类心智的所有发展最终也存在于此。我们愈是细加审视这一机制,它与人类心灵的关系也就显得愈加紧密,因此没有比通过传播来理解人类心灵更好的途径"②。米德也"提出了作为人类社会组织基础的原则,是包括他人参与在内的交流原则"③。帕克在论文中引用了杜威的传播定义④,并反复强调传播是一个社会心理过程,在某种意义和某种程度上,个人能够通过传播接受其他人的态度和观点;传播是用人们之间的理性和道德的秩序代替单纯心理的和本能的秩序的过程⑤。帕克指出,传播从来都不仅仅是刺激和反应,这些概念是在个人心理学层面上使用的,而传播是表达、阐释和回应,传播是发生在人们之间的互动或过程,涉及传播参与者的意义阐释。因此,按照帕克的理解,"传播如果不是与文化过程一致,至少是这一过程不可缺少的"⑥。

帕克有着十余年的记者生涯,他有多篇论文关注到新闻及媒体。在《新闻和媒体的力量》一文中,他分析了新闻在形成公共舆论进而影响政治行动方面的作用。帕克认为便士报兴起后,引导舆论的是新闻而不再是社论。当现代报纸几乎报道了生活的方方面面时,新闻的重要性就超过了社论,就像戴(Benjamin Day)的报纸那样。当党派控制报纸时,社论可能会成功地引导政治行动。而当党派约束放松时,是新闻而不是社论在形成舆论。新闻的功能是就新闻事件引导公众,这不仅影响公共政策还影响读者个人的兴趣。只有当有关新闻事实的重要合意和理解存在时,才会有公共舆论。"媒介的力量是报纸对形成公共舆论和组织共同体展开政治行动时具有的影响力。"⑦之所以如此界定媒介的影响力,是因为公

---

① Dewey, J., *Democracy and Education*, Delhi: Aakar Books, 2004, p.4.
② Cooley, C. H., *Social Organization: A Study of the Larger Mind*, New York: Schocken Books, 1972, p.61.
③ [美]乔治·H.米德:《心灵、自我与社会》,赵月瑟译,上海译文出版社1992年版,第223页。
④ Park, R. E., "Reflections on Communication and Culture", *American Journal of Sociology*, 1938, 44(2), pp.187 – 205.
⑤ [美]丹尼尔·杰·切特罗姆:《传播媒介与美国人的思想——从莫尔斯到麦克卢汉》,曹静生、黄艾禾译,中国广播电视出版社1991年版,第125页。
⑥ Park, R. E., "Reflections on Communication and Culture", *American Journal of Sociology*, 1938, 44(2), pp.187 – 205.
⑦ Park, R. E., "News and the Power of the Press", *American Journal of Sociology*, 1941, 47(1), pp.1 – 11.

共舆论的形成必须通过社会讨论协商形成的社会合意才有可能。因此,帕克强调我们关心的公共舆论存在于个人为了形成和合理化自己关于新闻的阐释而与其他人讨论的过程中,公共舆论不仅仅是被记录在评论版上。于是,公共舆论必须是在公众社会交往与互动过程中形成的,因而帕克相信公共舆论远比那些试图测量研究它的分析人士们设想得复杂。因为在新闻基础上形成的公共舆论代表着每个人根据其个人兴趣、偏见而形成的对事件的阐释,在形成阐释的过程中个人与他人就事件进行讨论决定着公共舆论的质量①。帕克的传播观引导他发现媒介的力量,人们在社会交往与协商中讨论新闻事件,形成自己对新闻事件的阐释,公共舆论在这一过程中形成。媒体的角色显然并不仅仅是将公众引导至新闻事实而是形成决定讨论的集体意志和政治力量,因为这些可以动员共同体进行行动,这构成媒介的力量②。

柯林斯认为库利、米德继承与发展了杜威将语言作为社会的"感觉中枢"的思想传统③。帕克对人类语言与传播的关系也十分感兴趣,他曾在论文中论及美国语言学家爱德华·萨丕尔(Edward Sapir)对语言与文化的研究④。在芝加哥学派学者眼中,人类语言或者交往是符号互动式的;而自我是社会性的,社会性自我是个人生活中一系列情境定义的产物⑤。芝加哥学派视传播为分享和参与,将传播本身视作社会过程的传播观与将传播视为刺激-反应的效果研究大异其趣。布鲁默对此解释得很清楚,他认为当代社会学的缺陷是将人视为中介,各种信仰、价值观、规范和角色通过人自己的行动表现出来。当代社会学家从自己对社会中人们的生活和经验的亲密熟悉感中抽离出来。然而人是行动着的能动者,他在建构其行动时会根据他所处的情境而将所有的这些因素都考虑进来⑥。正是基于此,詹姆斯·凯瑞认为芝加哥学派的观点是"美国传统中关于传播与大众媒介最有帮助的观点"⑦,而笛卡尔哲学开启的个人主义,与之相应的量化的行为主义研究,有

---

① ② Park, R. E., "News and the Power of the Press", *American Journal of Sociology*, 1941, 47(1), pp.1 – 11.

③ [美] 兰德尔·柯林斯、迈克尔·马科夫斯基:《发现社会之旅——西方社会学思想述评》,李霞译,中华书局 2006 年版,第 263、277 页。

④ Park, R. E., "Reflections on Communication and Culture", *American Journal of Sociology*, 1938, 44(2), pp.187 – 205.

⑤ [美] 兰德尔·柯林斯、迈克尔·马科夫斯基:《发现社会之旅——西方社会学思想述评》,李霞译,中华书局 2006 年版,第 263、278 页。

⑥ 同上书,第 284—285 页。

⑦ Carey, J., "The Chicago School and the History of Mass Communication Research", in Munson, E. S., Warren, C. A., (ed.), *James Carey: A Critical Reader*, University of Minnesota Press, 1997, p.24.

悖于我们所了解的世界是我们共同创造的这一观点①。

第三节　重塑共同体：芝加哥学派
　　　　传播观的民主意涵

在芝加哥学派看来，交流是社会和个人得以存在与被界定的前提与基础。因此，交流也是美国民主得以实现的基础。库利认为自由只有在社会中才能实现：只有通过社会秩序或在社会秩序中才能存在，而且只有当社会秩序得到健康发展，自由才能增长。而交流可以保障自由的实现：在自由的原则上建立庞大而复杂的社会的可能性，取决于交流的便利和迅速，而这些条件只是在今天才成为现实②。库利还较为详细地论述了交流如何连接了个人和共同体：

> 如果我们采取更广阔的视野来审视社会群体的生活，我们会发现传播，包括其融入文化、艺术和组织的部分，恰是人类思维的外部和内部结构，它既是人类内心活动的原因又是它的结果。象征、传统和习惯都是对心灵的反映，确切地说，在其成为心灵反映的那一刻和随后，它们就与心灵展开互动，在某种意义上，它们控制了人的心灵，刺激它、使其得到发展，并且使那些得不到启发的心灵固化某种想法。通过这一结构，个人不仅是家庭、阶层和种族的一员，还成为一个更大的历史共同体的成员，前人的思想塑造了这个共同体。他作为一个要素生活在这个共同体中，从中汲取成长的材料，并将他表达的所有思维添加到这个结构中。③

库利发现西方民主的最早形式出现在前罗马的日耳曼部落中，尤其是在他们的家庭、氏族和村落的社会形式中，古代人一起进行面对面传播，在各种文化典礼和集会中表达公众意见。与之类似，现代人也在共同体中通过文化艺术等方式形成个人心灵，并且个人心灵的所有也会融入共同体中。所以，库利相信民主是心灵扩大意识的一般阶段④。他强调传播与交流的存在恰是共同体存在的前提或者说是共同体本身，传播也与民主息息相关。在政治中，传播使得公共舆论成为可能，而公共舆论一旦组织起来就成为民主。民主的起源不是主要由于宪法的变

---

① Pooley, J., "Daniel Czitrom, James W. Carey, and the Chicago School", *Critical Studies in Media Communication*, 2007, 24(5), pp.469—472.

② [美]查尔斯·霍顿·库利：《人类本性与社会秩序》，包凡一、王源译，华夏出版社 1999 年版，第 300—301 页。

③ Cooley, C. H., *Social Organization: A Study of the Larger Mind*, New York: Schocken Books, 1972, p.64.

④ [美]兰德尔·柯林斯，迈克尔·马科夫斯基：《发现社会之旅——西方社会学思想述评》，李霞译，中华书局 2006 年版，第 263、266—267 页。

化,而是人们形成和表达关于当前事务的意识的条件成熟的结果①。

芝加哥学派通过将交往视为理解人类生活的支点,将共同体作为公众政治生活的机制,从而推导出传播在人类生活中居于重要地位的结论,他们相信传播的发展与人类产生互动,并改变了所有人类和组织的生活。因此,他们认为,研究传播的发展是理解与之密切相关的人类思想和社会变化的最好的途径之一,因为这种方法提供给我们一个关于人类思想可感知的架构②。

然而,尽管将公众的存在视作人类行为的必然结果,但是芝加哥学派也意识到美国的民主遭遇到挑战。杜威承认,在当前的美国,公众产生了问题。

一、"共同体"被"社会"取代

杜威认为,由蒸气和电力所创造的"大社会"可能是一个社会,但不是一个"共同体"。现代生活的一个显著事实是新的、相对缺乏人情味的、机械的人类联合行为对共同体的侵蚀。严格说来,共同体对上述人类联合行为既非自觉参与,也缺乏严格管束。然而,这些联合行为恰恰成为民族或地区国家形成的首要因素,而对此类联合行为的某些控制需要就成为使这些国家的政府实现现代意义的民主化或大众化的首要原因③。

共同体是芝加哥学派思想中的一个关键词,公众即以共同体而非个人的形式存在并参与政治生活。但是,共同体不等同于社会。共同体与社会的区分可以追溯到德国社会学家滕尼斯(Ferdinand Tonnies)的《共同体与社会》(*Gemeinschaft und Gesellschaft*)一书,他认为共同体受"本质意志"驱使,由合作、习俗和宗教构成,其典型表现为家庭、村落和小镇的群体;而社会则是在传统、法律和公众舆论基础上建立的大规模组织,比如城市、州或国家等。"社会的理论构想出一个人的群体,他们像在共同体里一样,以和平的方式相互共处地生活和居住在一起,但是,基本上不是结合在一起,而是基本上分离的。在共同体里,尽管有种种的分离,仍然保持着结合;在社会里,尽管有种种的结合,仍然保持着分离。"④杜威已经意识到在美国当时的社会中,共同体已经衰落,公众也随之被遮蔽。在古希腊城邦中,政治共同体的公民公开聚集在一起,直接交流思想,统治者与被统治者轮流执政,但是这种共同体在现代社会中是无法存在的,因而民主的落实也成了问

---

① Cooley, C. H., *Social Organization: A Study of the Larger Mind*, New York: Schocken Books, 1972, pp.85 – 86.
② Ibid., p.61.
③ Dewey J., *The Public and Its Problems*, in *The Collected Works of John Dewey*, 1882 – 1953, 37 volumes, Carbondale: Southern Illinois University Press, 1968, p.96.
④ [德] 斐迪南·滕尼斯:《共同体与社会:纯粹社会学的基本概念》,林荣远译,商务印书馆1999年版,第95页。

题。杜威的目标就是在更大的规模上振兴交流的活力,以矫正"直接社区经验"的消失①。

二、政治专业化对公众的排斥

政党和政治组织的出现,公众对选举的影响力减弱,使公众与政府的关系开始疏离,这为具备政治机器的"大企业"们"插足"公众与政府关系提供了可乘之机,因而公众被遮蔽了。

如何复兴共同体,进而为公众的政治参与提供条件是芝加哥学派试图解决的问题。杜威希望基于科学的新闻业能够服务于参与式民主,并且分享新闻能够取代美国现代多元化社会中分享传统的缺失②。坚信人类行为的社会化本质的杜威对美国民主依旧持乐观态度,他号召复兴人类的社群生活,通过传播激活公众。严格说来,芝加哥学派的传播与交流并不是仅仅指单纯的媒介报道,而是指在积极的社群生活中的公共讨论与交往。

切特罗姆认为芝加哥学派将"现代传播的整体作为社会进步的一种力量"③。19世纪传媒的巨大发展,尤其是新的传媒技术所蕴含的潜力,给了芝加哥派学者们重振共同体、复兴美国民主的希望。库利确信,19世纪展示的现代传播的新纪元使一个真正民主的美国社会的可能性成为现实,因为现代通讯具有可以穿越时空到达所有人群的特征:可表达性,指它能承载的思想和感情的范畴;记录的长久性,指对时间的超越;快速性,指对空间的超越;扩散性,指传达到所有阶层的人。因此,在首属团体中,用手势和讲话所做到的,现代传播一定能为整个社会做到④。在库利的理论中,首属团体在个人的社会化过程中起到重要作用,是社会秩序和个人本性得以实现的基础⑤。首属团体依赖于人际传播而发挥作用,但在库利看来,具有技术优势的现代传播可以像首属团体那样在个人与社会的勾连中起到桥梁作用。他认为,新的媒介技术(印刷、大众书籍、杂志、报纸、电报、电话)使得社会不再是建立在权威、身份和常规之上,而是建立在人类的更高的机能——智识和同情——之上。公众意识将会融入一个更广大和生动的心灵统一体中去。报纸最重要的功能是重要新闻的公告板和意见交换的媒介,

---

① [美] 彼得斯:《交流的无奈:传播思想史》,何道宽译,华夏出版社2003年版,第15页。
② Katz, E., "Why Sociology Abandoned Communication", *The American Sociologist*, 2009, 40 (3), pp.167–174.
③ [美] 丹尼尔·杰·切特罗姆:《传播媒介与美国人的思想——从莫尔斯到麦克卢汉》,曹静生、黄艾禾译,中国广播电视出版社1991年版,第98页。
④ 同上书,第106页。
⑤ [美] 查尔斯·霍顿·库利:《人类本性与社会秩序》,包凡一、王源译,华夏出版社1999年版。

通过这种方式,报纸对于将公共心灵组织起来是不可或缺的①。库利的社会心理学反对自由主义思想中占据主导的个人主义和来自欧洲传统中的都市原子化理论,因为他意识到即使是在现代城市,人性还是能够在本地生活和社会互动网络中形成的②。

杜威同样对新媒介在一个复杂的工业社会中重建地方邻居社区价值的潜在力量表示出极大期待,他认为小的社区传播加上印刷传播就可以解决社会结构变迁带来的麻烦,"在自由与充分地相互交流信息的意义上,可以设想建成巨大的共同体。但是,它永不会拥有组成地方社区的全部性质。地方的周围环境会在印刷传播之外再加上口头的传播。小的社区和较大的有组织信息应当为了使社会信息的真正自由传播而相互补充"③。由此可见,在芝加哥学派那里,由于传播是社会得以可能的基础,是人与人之间关系赖以成立和发展的机制,媒体被直接看作与移民和城市发展有关的社会文化心理现象,是恢复受工业化、城市化和移民侵蚀的大众民主和政治一体化的组织机构。杜威本人还参与办报实践中,他深切体会到"信息的社会意义",希望亲自办报来加速社会有机体思想的流传,进行一场借助传媒的力量缔造一个新社会的实验。因为他们这一群人相信,由于纯粹的事实报道,加上哲学的洞察和科学的精确,并从最近事态的趋势看,报纸注定会带来巨大而迅速的变革④。1892年,杜威与财经记者富兰克林·福特创办了一份名为《思想新闻》的报纸,对于这份名字独特的报纸的宗旨,两人在1892年3月有过如下通告:

> 将要出版的报纸的宗旨是,履行报纸的职能……我们相信,在舆论界,一份不愿背离事实的报纸是有立足之地的;它将注重去报道思想而不是用过去的旧包装将它乔装打扮;它将不再把力量花在仅仅是详细报道伴随着事实的个别进程上,而将事实本身显示出来;它将不再讨论哲学思想本身而是把它们作为解释思想运动的工具;它将把科学、文学、国家、学校和教会问题作为人类变化着的生活的一部分,因而也是大家共同关心的问题来处理,而不是把它们降到仅仅是某个部门的技术趣味问题,它将报道研究和发现的纯粹成果,而不是它们那巨大臃肿的外壳;它将把思想的新贡献——不管它是来自

---

① Cooley, C. H., *Social Organization: A Study of the Larger Mind*, New York: Schocken Books, 1972, pp.81, 83.
② Carey, J., "The Chicago School and the History of Mass Communication Research", in Munson, E. S., Warren, C. A., (ed.), *James Carey: A Critical Reader*, University of Minnesota Press, 1997, pp.29-30.
③ [美] 丹尼尔·杰·切特罗姆:《传播媒介与美国人的思想——从莫尔斯到麦克卢汉》,曹静生、黄艾禾译,中国广播电视出版社1991年版,第120页。
④ 同上书,第126页。

书籍或杂志——作为新闻来报道,而不是从一个赞助者或审查者的立场来报道这些事件。①

杜威和福特赞同报纸职能是报道事实,但是他们眼中的事实却有着特别的含义:首先,这不是普通的事实而是思想的事实,并且这些思想还是被作为解释社会思想运动的工具来报道的;其次,要把种种问题置于正在变化着的社会生活中去报道,换句话说,要把社会看作一个整体。

这一通告很快招致了来自当地报界的愤怒攻击,《底特律论坛报》的一篇头版社论攻击道:"约翰·杜威教授的《思想新闻》的那份不完全清楚的通告显示,《思想新闻》会将已经被其他报纸报道了的新闻都包括进去,可以肯定……这家报纸的思想将仅仅是它的编辑们的思想。"②杜威对报界的反对之声显然始料未及并为此烦恼,他解释道创办《思想新闻》不是要靠引入哲学来改革报业,而是靠引入报纸来改造哲学。此前,福特对于《思想新闻》的目的也有过类似阐述:"社会是一种有机体的观点早已有之,也作为一种观点被接受了。现在要做的事就是指出事实,可见可摸的事实,去表达运转着的思想……这就是《思想新闻》要做的事。"③杜威与福特的初衷是有感事实在其所处时代的巨大影响力,而要通过选择事实并报道来表达社会是个有机体这样的思想。《思想新闻》最终销声匿迹说明杜威设计下的思想与新闻的结合并不那么容易实现。

切特罗姆也认为,芝加哥学派缺乏对于美国媒介运作实际的了解,"在他们的有生之年中,他们对新的传播媒介是如何改善美国人的生活的思索,却更甚于对这些媒介实际上如何发展和运作的研究"④。虽然,芝加哥派学者们对于媒介的具体表现都存在着些许不满,但他们认为"这只是一个极次要的主题"⑤。在谈到库利的时候,切特罗姆认为库利沉醉于现代传播的前景,而对美国的传播媒介在他的时代或在此之前如何发展的严峻事实视而不见。他对于传播的发明和技术上的改进是如何被转变为一套复杂的系统(或者是这一系统的产物)这一过程从未研究。他从不把他对商业主义混乱思想的厌恶与报纸和广播的经济结构联系起来。他从不愿考虑新传播媒介集中经营的倾向或这些倾向如何影响本地以社区为基础的文化活动。

切特罗姆的评价可谓中肯。芝加哥学派的理论更多建于现代传媒的可能性

---

①② [美]丹尼尔·杰·切特罗姆:《传播媒介与美国人的思想——从莫尔斯到麦克卢汉》,曹静生、黄艾禾译,中国广播电视出版社1991年版,第113—115页。
③ 同上书,第116页。
④ 同上书,第100页。
⑤ 同上书,第119页。

和潜力之上,而不是基于对媒介实际运作状况的推演。他们认为既然技术提供了这种可能性,这一目标就一定能够实现,但他们忽略了媒介自身属性、媒介历史发展的延续性与现实制度的制约,使得这种理想状况难以出现。对传播技术与传媒运作实际的疏离造成芝加哥学派理论与实践间的裂缝,也使得其理论往往被人们认为是迂阔而不近于事。杜威想办一份身兼科学之"精确"、哲学之"洞察"与新闻之"真实"的报纸的雄心说明他对于新闻或报纸的理解多少有些一厢情愿,他遭到报人的声讨委实在情理之中。做过记者的帕克对于新闻的理解比要杜威、库利深入,他已经体会到作为知识的新闻具有的某种不同于历史、科学的特性[1],但是媒体的多重角色对他来说依然是道无解的难题[2],所以,他才只能认为"老实说,现在的报纸已经差不多是办得最好不过了了。"[3]。

20世纪,共同体转变为社会是许多研究者的共识。但是,这其中有很多人对复兴共同体与公众抱有与杜威不同的悲观态度。记者及专栏作家李普曼就是代表。尽管研究者对杜威与李普曼之间是否存在着一场关于美国民主现状的论争持有不同意见,但是,二者的观点的确存在显著差异[4]。李普曼认为,基于以下原因,现代社会中共同体无法存在,公众也属幻影。

首先,现代社会已经超越了个人直接经验的范围,因此每一个人做什么并不是以直接和确凿的知识为基础,而是以他自己想象或别人告诉他的情况为基础。因此,决定他们的思想、感情和行动的因素是他们的"虚拟环境"和他们内心对世界的认知。于是,现实世界与人类反应之间的联系是间接和推断的。所以,虽然生活在同一个世界里,但是,人们思考的和感觉的却是不同的世界[5]。既然人们在现实生活中缺乏共享经验,那么共同体自然也就无法形成。

依靠个人直接经验了解并理解社会存在困难,那么作为民主生活中介的媒体是否可以发挥作用呢?李普曼的诊断是美国媒体的运作实际已经糟糕到无法承担民主重任。

李普曼有的正是芝加哥学者们所缺乏的——对于媒体运作实际的了解。他认为报纸或者新闻的片面化特性使得真实无法实现。报刊并不能一版接一版地

---

[1] Park, R. E., "News as a Form of Knowledge: A Chapter in the Sociology of Knowledge", *American Journal of Sociology*, 1940, 45(5), pp.669–686.

[2][3] Park, R. E., "The Natural History of the Newspaper", *American Journal of Sociology*, 1923, 29(3), pp.273–289.

[4] Schudson, M., "The Lippmann-Dewey Debate and the Invention of Walter Lippmann as an Anti-Democrat 1986–1996", *International Journal of Communication*, 2008, 2, pp.1031–1042; Jansen, C., "Phantom Conflict: Lippmann, Dewey, and the Fate of the Public in Modern Society", *Communication and Critical/Cultural Studies*, 2009, 6(3), pp.221–245.

[5] [美] 沃尔特·李普曼:《舆论学》,林珊译,华夏出版社1989年版,第13—17页。

提供舆论的民主理论所需要的大量知识,这并不像激进报纸中的新闻质量所说明的,是由于大财团给报刊的贿赂所造成的,而是因为事实上报刊所报道的社会对其统治势力所作的记录是那么不完整。认为报刊能够自行记录那些势力的理论是错误的。它只能正规地记录一些机构为它准备好了的记载。其他的就是争论和意见,并随着一些变迁、自我意识以及人类理智的勇气而有所起伏。因此,要求这些报纸有责任说明全部人类社会生活,使每一个成年人都能够对各种争论未决的问题得出一种意见,它们做不到,它们必定做不到,人们可以设想在将来任何时候,它们还是做不到的①。李普曼认为从报纸的特性来看报纸提供的知识是片面的。新闻生产的压力使得新闻带有快速、肤浅、标准化的缺陷。片面化的知识必然不能支撑共同体的形成,于是,无法设想在一个劳动分工和权力分散的世界,能够依靠全体居民的普遍意见来统治。美国民主制度的核心是知情的民众就公共事务自由地展开讨论,但在李普曼看来,美国民主的理念范式在直面美国新闻界的现实之后不免显露窘态。美国现代社会的现实是:一方面,依赖面识关系,基于对社区事务充分知晓的面对面传播只能在有限范围内发生,人与人之间不得不更多依赖以媒体为中介的中介化交往;另一方面,人们在政治生活中更加依赖媒体的同时,发现美国新闻界显现出某些致命不足,依靠媒体日常提供的肤浅知识,民主健康运行所需的合意无法形成。

所以,李普曼在《自由与新闻》称"西方民主现在的危机也就是新闻业的危机"②,他诘问道:在一个"民意任由私人企业塑造的世界里,民主体制能够存活吗"③?他感叹,"我们误解了新闻的有限性和社会的无限复杂性,我们过高地估计了我们自己的忍耐力、热心公益的精神和各方面的竞争"④。报纸作为民主政治的工具,却脆弱得难以实现人民主权论的全部义务,难以自发地提供民主主义者所希望的天生的真实,这是李普曼的结论。

民主政治依赖于公众自由而公开的讨论,自由形成公众合意是民主社会正常运作的必要前提。为了令这种合意具有意义,公众必须充分地通过一个不受政府或其他任何力量控制的新闻界来获知信息。托马斯·杰斐逊简洁地表达了这个意思:"如果新闻界是自由的,而且人人有阅读能力,那么一切便是安全的。"⑤文化史学家克里斯托弗·拉希说:"新闻界的工作就是鼓励辩论。"⑥而同时,民主政治又是新闻自由存在的制度保障,是媒体受宪法保护的依据。因

---

① [美]沃尔特·李普曼:《舆论学》,林珊译,华夏出版社1989年版,第240页。
②③ Lippmann, W., *Liberty and the News*. Transaction Publishers, 1995.
④ [美]沃尔特·李普曼:《舆论学》,林珊译,华夏出版社1989年版,第239页。
⑤⑥ [美]孟彻:《新闻报道与写作》(第9版),清华大学出版社2003年版,第234页。

此，民主政治与媒体的命运休戚相关，对二者任何一方的质疑都会动摇对方的根基。

李普曼的结论是当人们面对一个超出自己视野的环境时，当我们的民主寄希望于报纸提供全面的真实破灭时，真理和民主是自发的假设就是错误的了①。真理和民主自发地认为人们可以获知真理，参与民主。但是，现代社会却无法解决使人们了解超越直接经验的遥远事物或者复杂的事物的真相。李普曼认为忽视现代社会的现实，民主政治科学从来还没有使自己从亚里士多德的政治学的原始假设中解放出来，以使政治思想有可能设法解决怎样使现代国家的公民们了解那超越他们视野以外的世界的问题。李普曼的现实主义民主观与杜威形成对比，他已经充分认知到考察民主与报刊的关系不应仅停留于理论或理念层面，而要从现实的报刊的体制和结构入手来思考民主的理想范式如何成为可能。与杜威不同，李普曼提出的解决方案是要将政治专业化，依靠精英治理②。

李普曼的观点在当时的美国社会代表了一种较为普遍的看法。20世纪二三十年代，美国在关于舆论和外交政策的关系领域出现一种观点，即阿尔蒙德-李普曼共识（Almond-Lippmann Consensus），认为公共舆论：是易变的，因此无法成为制定稳定和有效的外交政策的充分基础；缺乏连贯性和结构；对于外交政策影响甚微③。该观点在20世纪五六十年代的美国颇具影响力。虽说越战以后越来越多的学者对"阿尔蒙德-李普曼共识"提出质疑，但这种现实主义的政治观点在美国依然具有影响力。

社会学家米尔斯在其《权力精英》中同样流露出对美国民主现状的忧虑，他阐述了美国社会中"公众"如何变成了"大众"。米尔斯赞同公众在美国政治生活中的伟大作用，他提出在权力和决策的标准图景中，没有什么力量比伟大的美国公众更大的了。公众并不是一个单纯的监督和平衡机构，而是所有立法权力的基础。公众在政治生活中承担着民主力量的平衡角色。所有自由主义理论家都将考察权力系统的焦点放在公众的政治角色上。在18世纪的经典民主中，公众被视作具有类似织布机的作用，他们通过讨论，就像线与梭一样，将公共讨论编织在一起。但是，米尔斯发现，从19世纪中期开始，公众却仅能存在于经典民主理论中，公众已经变成了大众。他着重分析了公众与大众的区别：

第一，舆论的传者与受者的比例，这是表述大众传媒社会意义的最简单的方

---

①② ［美］沃尔特·李普曼：《舆论学》，林珊译，华夏出版社1989年版，第212页。
③ Hosti, O., "Public Opinion and Foreign Policy: Challenges to the Almond-Lippmann Consensus Mershon Series: Research Programs and Debates", *International Studies Quarterly*, 1992, 36（4），pp.439–466.

式。公众必须要参与到讨论与对话中,而大众则往往只是听众。这一比例是民主政治中公众和公共舆论的核心问题。

第二,回应某种观点的可能性,回应不会受到内在或外在的打击。

第三,我们必须考察舆论的形成与社会行动之间的关系,舆论产生强有力结果的决策的容易程度。

第四,机构权威对公众的处罚、控制和渗透,这表明公众独立于制度性权威的自主程度。

米尔斯认为公众和大众最大的区别在于他们的传播方式:在公众的共同体中,讨论是最主要的传播方式,如果有大众媒介,也仅仅是扩大和使得这种传播更具活力;使得一个传播群体能与其他群体发生联系。而在大众社会中,主导的传播方式是主流媒体,公众仅仅是媒介的市场,被动地接受大众传播的内容。要想培养共同体中的公众,必须满足以下条件:人民表达意见与倾听意见的机会均等;对于公共意见,应提供立即和有效的回馈方式;具有社会行动的通道;权威组织不会干涉公众,或者说,公众享有摆脱组织权力自治的程度①。只有这些条件被满足后,才具有一个共同体式的公众,经典民主理论的假设才会成立。但是现实是,在现代传媒体制下,公众被降低为媒介市场。于是,在米尔斯看来,在一个用党派或利益划定的世界中,公众是一群被排斥在外的面目模糊之人②。与李普曼的观点类似,米尔斯认为媒介无法再成为公共讨论的论坛,公众只被当做受众,这就是他眼中的美国媒体与民主的现状。

李普曼和杜威的分歧代表了两类民主观。在杜威那里,自治是个人目的和群体目的和谐交融,是人存在的最根本的善。但在李普曼这样的民主现实主义者那里,自治只是人的众多需要中的一种,而且还不一定是最重要的。李普曼认为,在现代工业化民主社会中,自治只不过是一种需要扩展的次要的好而已。杜威把民主当作一种需要不断注入活力的生活方式和生活理念③。他在考察了李普曼影响广泛的著作之后,对他用精英来取代公众的观点表示反对:"按照持续的研究和对基本状况的已有记录来处理新闻事件的可能是存在的。将社会科学和对事实的了解以及文字表达的艺术这三者结合起来不是轻而易举的事。但照我看来只有这三者的结合才是社会生活的信息导向问题的唯一真正的答案……对我来说,公

---

① Mills, W., *The Power Elite* (*New Edition*): *With a New Afterward by Alan Wolfe*, Oxford University Press, 2000, pp.298–302.
② Ibid., pp.303–304.
③ 徐贲:《民主社群和公共知识分子:五十年后说杜威》,《开放时代》2002年第4期。

众意见的启示仍然占着优先位置,超过官员和首长们的启示。"①

不仅如此,与两人的民主观紧密相关的是他们的传播观。彼得斯认为这两人有着两种传播观:杜威将传播视为社会得以维系的手段,而李普曼将其看作劝说的符号借以管理大众舆论。彼得斯认为,杜威理论体系中的核心概念"经验",晚年又被他自己以"文化"取而代之,交流被杜威视为参与一个共同的世界而不是共享内在意识的秘密,而杜威所谓交流的意义是共同参与创造一个集体的世界②。因此,交流对杜威而言,总是要提出民主的问题,其道理就在这里。这也是以杜威为代表的芝加哥学派传播观的意义。

杜威意识到,美国严重的问题就是如何将一个巨大的社会变成一个巨大的共同体。杜威注意到媒体私有的问题,他承认私人对报刊的控股使得报刊成了私人盈利的企业。在大萧条年代,杜威看到新闻自由的旗帜往往只是为了"企业家的权力服务,使他们能以自己的方式经营企业,谋取私人利润"③。但是,杜威依然相信,社会拥有着前所未有的传播的物质力量,只是与之相应的思想和精神却没有传播,并因此而不为人知。应当设计出沟通思想的最好的传播方式,"我们的伟大目标不是由语言而是由信号和符号构成。没有这种信号和符号,共享体验是不可能的"④,只有发现与现代传播手段相配的信号和符号才能使大众恢复活力。作为这种相互依赖的活动的结果,一种真正的共享利益能够激发意愿和努力,从而指导行动⑤。不过,李普曼却对是否有办法把私有的传播媒介改变成一个真正共同的信息载体深表怀疑。

以杜威为代表的芝加哥学派通过发现个人与群体的不可分割,为传播或交流确立了关键地位,社会就是在交流中存在着的,或者说社会就是交流本身。就像库利所说,在最广泛意义上的此时与彼时、此地与彼地之间的交流,思想的交流,物质日用品的交流。有许多线索将整个社会联在一起,所有这一切离不开交流。帕克曾尝试通过探究新闻的实质来阐释媒体如何能促成共同体的形成。在晚年,帕克又回到了他19世纪90年代曾深思熟虑的更深刻的哲学问题上,他思考的问题包括"新闻本身理应作为一种知识"和在危机时期现代传播媒介的社会凝聚力。受威廉·詹姆斯首先在"略知"(非正式的)和"确知"(理性的、系统的)之间作出辨别的启发,帕克试图在知识系列中为新闻找到位置。帕克描绘了传播的两种典

---

① [美]丹尼尔·杰·切特罗姆:《传播媒介与美国人的思想——从莫尔斯到麦克卢汉》,曹静生、黄艾禾译,中国广播电视出版社1991年版,第119页。
② [美]彼得斯:《交流的无奈:传播思想史》,何道宽译,华夏出版社2003年版,第9、15、16页。
③④⑤ [美]丹尼尔·杰·切特罗姆:《传播媒介与美国人的思想——从莫尔斯到麦克卢汉》,曹静生、黄艾禾译,中国广播电视出版社1991年版,第121页。

型功能,即"参考"和"表达"功能,在参考功能中,传播的是思想和事实;在表达功能中,则表露出感情、态度和情绪①。芝加哥派学者们相信:新闻的更加精确一定与更进一步掌握基本社会进程有关。"有组织的信息"将通过新媒介帮助公众在美国创造一个"伟大的社会"。他们确信一种巨大的运动正在逼近,文艺复兴和宗教改革以来已经聚集起来的信息力量必定要求完全的自由运动。通过现代传播媒介扩散的最新知识和发明将极大地提高理解力高的公众的讨论水平,由此通过自由的思想活动为政治思想的一致提供保证。"我们这一群人相信,由于纯粹的事实报道,加上哲学的洞察和科学的精确,并从最近事态的趋势看,报纸注定会带来巨大而迅速的变革。一旦报纸达到了能够也愿意以报送股票市场和球赛的同样精确来报道政治和社会事件时,就是一场不折不扣的静默而连续的简要革命,这是我们所期待的。"②

杜威对作为共同体的公众的强调是对美国政治思想中公民人文主义传统的接续。杜威始终反对以二分法看待个人与社会,反对以集体主义与个人主义的对立来讨论社群观念。他一直在批评经典的"自由主义"和"个人主义"(他称之为"旧自由主义"和"旧个人主义")。在杜威看来,旧自由主义的根本毛病在于把个人流放在社会关系之外,无论从政治哲学还是政治实践上说,旧自由主义都妨碍真正民主社会的建设③。

17世纪的自由论者,包括霍布斯、洛克等对个人政治生活的公共性及契约特征均有所涉及,但是其理论的立足点是个人自由。美国政治哲学家列奥·施特劳斯(Leo Strauss)称霍布斯为"自由主义之父",认为霍布斯从对个人自然权利的强调到将其作为一项基础的政治事实的陈述,认为只有自我保护的权利才是无条件的或绝对的,"公民社会"的功能和限制必须根据人们的自然权利而不是自然义务来确定④。洛克提到"公民社会",认为在自由人的这个社会中,法律面前人人平等,人们结合在一起没有共同的目标却能相互尊重,而从自然状态过渡到公民状态,人们失去的只是自己惩罚侵犯自然权利者的自由⑤。施特劳斯在对比古典与现代自然权利之时提出古代的自然权利是基于公民义务的,而现代的自然权利理论则把个人自由视为一种权利。法国思想家本杰明·贡斯当(Benjamin Constant)

---

① Park, R. E., "News as a Form of Knowledge: A Chapter in the Sociology of Knowledge", *American Journal of Sociology*, 1940, 45(5), pp.669-686.
② [美]丹尼尔·杰·切特罗姆:《传播媒介与美国人的思想——从莫尔斯到麦克卢汉》,曹静生、黄艾禾译,中国广播电视出版社1991年版,第126页。
③ 徐贲:《民主社群和公共知识分子:五十年后说杜威》,《开放时代》2002年第4期。
④ [英]约翰·格雷:《自由主义》,曹海军、刘训练译,吉林人民出版社2005年版,第14页。
⑤ 同上书,第19页。

持有类似看法,他对自由主义作出了两种根本划分:一种是保障个人独立空间的自由;另一种则是参与政府之权力的自由。赛亚·伯林也认为自由主义理念中存在分野:一方面自由是免于干涉和独立;另一方面是有权参与集体决策①。

杜威相信具有民主权利的个体是同实行民主理念的群体制度同步构建的。杜威去世的时候,已经是一位遭美国思想哲学界遗弃的人物。大多数美国哲学家对杜威关心的伦理、社会和政治的大问题,尤其是"关于人的问题",抱着不屑一顾的态度②。而传播研究领域也经常只是将自己的研究源头回溯至20世纪20年代宣传、公共关系和广播的兴起及30年代经验社会科学对上述变化的回应③。近年来,杜威的思想开始重新引发关注④。而在某种程度上,传播概念的中心地位又"再次回归"⑤。

20世纪二三十年代,由佩恩基金会赞助、布鲁默参与的电影研究显示出与杜威、库利等早期芝加哥学派学者不尽相同的研究旨趣。布鲁默在帕克"群体"与"公众"的协商的社会形式之外又增加了"受众"(audience),以显示他自己对电影如何影响青少年的研究兴趣⑥。

---

① [英]约翰·格雷:《自由主义》,曹海军、刘训练译,吉林人民出版社2005年版,第7、31、81页。
② 徐贲:《民主社群和公共知识分子:五十年后说杜威》,《开放时代》2002年第4期。
③⑤ Michael, S., "Reviewed Work(s): Media and the American Mind: From Morse to McLuhan", *American Journal of Sociology*, 1984, 89(4), pp.991–993.
④ Sandel, M., *Public Philosophy: Essays in Politics*, Harvard University Press, 2006.
⑥ Katz, E., "Why Sociology Abandoned Communication", *The American Sociologist*, 2009, 40(3), pp.167–174.

第五章　电影的兴起与影响

1895年12月28日,卢米埃尔兄弟邀请了世界上首批电影观众到巴黎一家咖啡屋观看包括《火车驶入车站》等在内的一系列电影短片,卢米埃尔兄弟的父亲安东尼亲自向观众们介绍影片的情节。也许是人们完全不能适应这种新鲜事物,当出现火车迎面驶来的镜头时,观众们惊叫不已,仿佛火车真的向他们迎面驶来。就在这惊叫声中,电影走进了千家万户。第二年4月,在纽约的一家名为考斯与拜尔堂的戏院中,美国历史上商业性电影首秀成功上映。到了这一年的夏天,电影这一新奇事物已经走进全美的戏院、剧场、游乐园甚至教会团体。

电影的兴起从表面看只是一次视觉媒介技术的革命,实则包含着无数关键环节的变革,其中重要的包括:1871年,理查德·麦多克斯发明了溴化胶镀干处理技术;1888年,乔治·伊斯特曼发明了胶卷。这两项关键的技术使图像可以从静止转向运动,对于电影的出现具有划时代的意义,因为无声电影本身就是运动的摄影。正如法国著名电影理论家安德烈·巴赞所说:"电影的出现使摄影的客观性在时间方面更臻完善。影片不再满足于为我们录下被摄物的瞬间情景(就像在琥珀中数百年的昆虫保存得完整无损),而是使巴洛克风格的艺术从似动非动的困境中解脱出来。事物的影像第一次映现了事物的时间延续,仿佛是一具可变的木乃伊。"[①]换言之,光的技术开始记录"故事"或"历史"(而这两个词在法语中都是 histoire),而这使得它比摄影更具备显著的文学乃至政治功能。

爱迪生在1877年发明留声机以后,试图将活动照片连接起来改进这项发明,以便产生声像结合的效果。到1891年时,爱迪生向美国人放映了第一部电影短片《弗雷特·奥特的喷嚏》。三年内,这种电影短片被到处推广,并发展成了活动西洋镜。"到1895年底,活动西洋镜已经在各大城市铺开运营。"[②]

几经辗转,卢米埃尔兄弟从爱迪生那里得到了一部活动摄影机,他们在其父的照相器材工厂里对其进行了改造,使这种名为"活动电影机"的新摄像机既可以

---

① [法]安德烈·巴赞:《电影是什么?》,崔君衍译,中国电影出版社1987年版,第13页。
② [美]保罗·M.莱斯特:《视觉传播:形象载动信息》,霍文利等译,北京广播学院出版社2003年版,第315页。

放映又可以洗印,并可以随时随地为观众放映。卢米埃尔兄弟在电影技术的改进上走出了最为关键的一步,这才有了本章在开头所提到的那一幕情景。

此后,随着三色处理技术与维他风(vitaphone)技术的逐渐成熟与推广,彩色电影与有声电影在20世纪20年代登上了历史舞台,并最终为电影技术的重大突破和完善画上了句号。

然而,对于技术的作用到底有多重要,不同学者有着完全不同的观点。巴赞是其中最坚定的人文主义者之一,他认为电影发明过程中的所有决定性阶段都是在技术条件尚未齐备时就完成的。"技术发明为电影的产生提供了可能性,但是据此尚不足了解电影产生的原因。恰恰相反,逐渐的、屡经曲折终于实现原有设想的过程总是在先,而唯一能使这种设想得到实际应用的工业技术差不多都是尔后才发明出来的。"①"倘若把对电影发展起到重要作用的科学发现或工业技术视为电影发明的原动力,那么,至少从心理方面看,就是把具体因果关系弄颠倒了。"②他甚至认为:"与其说技术对研究者的想象有所启迪,莫若说物质条件对设想的实现颇有阻力。"③不管对巴赞的观点有多么大的反对意见,都不能抹杀其中包含的真理,那就是如果只是站在技术的层面讨论电影的发展史,而不从社会意义与价值的层面去分析它,就有可能本末倒置。确实,如果从技术角度来看,电影并非完全是美国人的发明创造,美国甚至在一开始并非电影大国,它在这一媒介领域的崛起得益于"一战"对欧洲各国电影行业的冲击以及美国好莱坞自身的迅速发展。"1914年,全世界上映的电影中,有90%是法国电影,但到1919年时,美国电影则上升到了85%。"④但电影无论如何都是最美国化的文化现象,从格里菲斯所拍摄的别具争议的《一个国家的诞生》开始,大片用英雄的故事炮制着美国精神的神话。所以,电影真是一个了解当时美国社会的好窗口。

第一节 电影:美国大众文化的重要推动者

若要分析电影在美国的社会影响,恐怕得先从电影的本质谈起。作为第七种艺术的电影,自出现以后,就必然要面对其他艺术所面临的各种二元对立问题,比如:是走现实主义路线还是走浪漫主义路线;是追求崇高的审美取向还是追求愉

---

① [法]安德烈·巴赞:《电影是什么?》,崔君衍译,中国电影出版社1987年版,第17页。
② 同上书,第21页。
③ 同上书,第16页。
④ [日]佐藤卓己:《现代传媒史》,诸葛蔚东译,北京大学出版社2004年版,第104页。

悦的审美取向。自然,像所有艺术一样,电影从登上历史舞台的那一天就在这些截然不同的方向上都有所发展。比如,在爱迪生的西洋镜短片中,摄制者常常虚构背景,使影片产生浓厚的戏剧舞台效果,带有浪漫主义的色彩;而在卢米埃尔兄弟那里,影片的写实主义特别重要,因此具有现实主义色彩。电影的两大源头从其产生的第一天起就如此风格迥异。浪漫主义影片也许更能满足那些追梦观众的需求,而现实主义的影片则能实现人们的窥视欲望。"后来的事实证明,卢米埃尔兄弟和爱迪生都犯了同样的错误。对于观众而言,真正需要的既包括记录的手法也包括真实的舞台效果。小说化的电影是远远不够的。"[①]又比如,在爱森斯坦、希区柯克或者安德烈·巴赞这样蜚声世界的著名导演不断在电影崇高的审美取向上孜孜以求的同时,色情影片、暴力影片、科幻影片或无聊喜剧片从来就不乏自己的观众,观众们也许会沉浸在前者所唤起的崇高感中,但他们也从不拒绝后者带来的愉悦感和刺激感。而且,与戏剧不同,电影更突出个体的形象,提供了让人接近舞台明星的机会,而这亦是观众所渴求的一种视觉和心理体验。"特写镜头只表现了面部而排斥其他部位,这样的镜头消除了观众和演员之间的距离,并且体现了超越传统舞台戏剧的重大提升。这也是对真实生活的超越:看电影的人能够不带一丝尴尬地凝视那些有名的面孔,并且研究每个角色和每一种感觉。"[②]可以说从电影开始,人开始作为符号被生产与消费。

然而,与以往所有艺术(甚至与最为接近的戏剧艺术相比)均有不同的是,电影从其诞生之日起,就既有艺术的品质又有大众传播产业的品质,而并非纯粹置身艺术的场域。这与电影的技术有关,也与它面临的游戏规则有关。在美国这样一个市场主导的社会中,电影的艺术性必然要服从其大众性与商业性以取得最大的利润。尽管在美国也有不少声音认为,电影是一种艺术,应给予导演以充分的自由,但事实上这常常是电影批评家一厢情愿的想法。"电影工业中间夹杂的商业因素往往会给电影事业的独立带来相当大的冲击。"[③]从电影进入美国开始,商业化的运作便很成气候,电影业迅速成为一种高利润的重要文化产业,连演员也成为必须被精心培养和管理的"摇钱树"——明星。在20世纪的前20年,当今著名的商业化电影公司派拉蒙、米高梅、20世纪福克斯和华纳兄弟制片公司便已经在美国获得了成功。"对于那时电影制作业来说,商业运作、导演

[①] [美]保罗·M.莱斯特:《视觉传播:形象载动信息》,霍文利等译,北京广播学院出版社2003年版,第315页。

[②] [加拿大]戴维·克劳利、保罗·海尔编:《传播的历史:技术、文化和社会》(第五版),董璐等译,北京大学出版社2011年版,第248—249页。

[③] [美]保罗·M.莱斯特:《视觉传播:形象载动信息》,霍文利等译,北京广播学院出版社2003年版,第348页。

和影星的配合丝毫不亚于今天。"①"影片公司的大量兴起说明了电影事业的繁荣和发展。……同时,制片人、发行人和经营群体的交织也体现了电影工业日益形成的商业价值。"②电影的利润让人垂涎欲滴,一个最明显的早期范例就是《一个国家的诞生》,125 000美元的制作费用,很快就换来了2 000多万美元的进账。为了满足利润至上的原则,处于商业场域中的电影主流,必然要走向娱乐性的大众文化:"电影是群众性的娱乐,因此,它必然要去迎合一般群众的愿望和梦想。"③与其他传统艺术所不同的是,电影必须以大众的审美情趣和口味为导向,而不是去改变大众的口味,必然以娱乐为主,而以教化为辅。电影就此创造了一种媒介文化的惯例,从电影开始,新的媒体技术如广播、电视以及互联网,都像电影一样在商业化传播的语境中,紧密地与大众文化相结合。而在此之前,报纸并非如此,报业存在精英与大众定位的明显区分,如美国的《纽约时报》从来都是以高品位自居,不屑于与普利策的《世界报》等大众化报纸同道。但是,电影不一样,在人类由精英文化走向大众文化的进程中,它扮演了至关重要的角色,它可以被看作多米诺骨牌效应的第一击。作为一种大众艺术和大众文化,电影的开创性特点主要表现在以下四个方面。

首先,电影是一种可以通过机械大量复制、可以重复播放的艺术。需要强调的是,电影可能不是第一种具有复制特征的大众文化产品(大众化的新闻报刊无疑比它问世得更早),但它是第一种具有复制特征的大众艺术。无论是雕塑、建筑还是其他六大艺术中的任何一种艺术,想做到原真性地大量复制几乎是不可能的,因此其原作才会显得那么珍贵,只能被社会的精英阶层所把玩。"即使在最完善的艺术复制品中也会缺少一种成分:艺术品的即时即地性,即它在问世地点的独一无二性。……原作的即时即地性组成了它的原真性。……完全的原真性是技术——当然不仅仅是技术——复制所达不到的。"④而电影则不同,"电影作品的可机械复制性直接源于其制作技术,电影制作技术不仅以最直接的方式使电影作品能够大量发行,更确切地说,它简直是迫使电影作品作这种大量发行"⑤。另外,早期昂贵的制作成本,也逼迫电影大量复制,重复播放,走向大众。尤其是在

---

① [美]保罗·M.莱斯特:《视觉传播:形象载动信息》,霍文利等译,北京广播学院出版社2003年版,第319页。
② 同上书,第320页。
③ [德]齐格弗里德·克拉考尔:《电影的本性——物质现实的复原》,邵牧君译,中国电影出版社1981年版,第207页。
④ [德]瓦尔特·本雅明:《机械复制时代的艺术作品》,王才勇译,中国城市出版社2002年版,第7—8页。
⑤ 同上书,第17页。

美国,电影不是社会的中上层所能养活和愿意养活的艺术,它的存活需要全社会的参与,否则电影将因为其入不敷出而无人问津。在本雅明看来,为了吸引足够多的消费者,电影"只有竭尽全力地通过幻觉般的想象和多义的推测,诱使大众参与进来"①,"电影工业开动了一个巨大的宣传机器;为了做到这一点,它还抛出了明星的发迹过程和艳史,它组织了对明星的公众投票并进行选美比赛,所有这一切都是为了用不择手段的方式去腐蚀大众对电影的那种原始而又合理的兴致"②。电影采用这种方式将精英文化必须依赖的艺术的独一无二性给解构了,因此也就在某些程度上将所谓高雅的精英文化给解构了。电影的这一技术特点是大众文化生存的首要基础,此后所有的大众文化形式都是建立在大量复制基础之上的。

其次,电影的技术特点和收视特点使它无法为精英式的思考提供足够的时间。能够深刻理解传统精英艺术内涵的人,一定要有充分的思考时间对艺术品进行反复把玩和体味。电影是一种运动着的摄影艺术,除非反复收看,否则画面的转瞬即逝使观众无法深入思考画面中隐藏的深意。对于电影而言,在那么短的时间里,观众(专业影评家有时例外)能够注意的注定只是一些具有强烈感官刺激的画面,而很难快速理解或补充某些画面背后的寓意,更不要说一些令人费解的深意了,因此电影更多地作用于受众的情感而不是理智。有评论者竟然如此评价电影的收视:"甚至一个最善于思考的人也会发现自己的思想竟在一堆纷乱的突击式的情绪中推动了力量。"③一般说来,无论是大众文化的支持者还是反对者,大都认为大众文化的特点就是主要着力于人的感官刺激而非理性思考。所以,对于多数观众而言,可以接受的电影只能是那些欠缺深刻艺术内涵和哲思的商业大片。

而在电影院中的观看本身又进一步阻碍了观众的理性思考。电影的观看行为常常并非是纯粹的,它可能仅仅为某种社会交往提供平台,比如男女青年在这里约会。非纯粹的观看行为导致的后果必然是对电影断片式的理解。有人认为,电影诉诸人的情绪,导致了自觉意识的削弱,这与戏剧有着本质的不同。"在电影观众身上,自我,作为思想和决断力的主要源泉,放弃了它的控制能力。"④而在一片漆黑的电影院中,观看的环境使自觉意识进一步被削弱,使人处于一种梦幻的

---

① [德]瓦尔特·本雅明:《机械复制时代的艺术作品》,王才勇译,中国城市出版社2002年版,第17页。
② 同上书,第45页。
③④ [德]齐格弗里德·克拉考尔:《电影的本性——物质现实的复原》,邵牧君译,中国电影出版社1981年版,第200页。

状态。"黑暗使我们同现实的联系自动减弱,使我们丧失掉为进行恰当的判断和其他智力活动所必需的种种环境资料。它催眠着我们的头脑。"[1]这种使人忘记现实的收看环境,可以让人摆脱现实的痛苦,也可以让人摆脱思考的辛劳,从而真正地获得短暂的快乐和放松的感受,很多人因此而痴迷于这种影院效应。这是今天学者们眼中大众文化最典型的社会功能,也是把电影看作一种娱乐产业的重要理由。以情绪为诉求,以引人注目的视觉形象为手段,也是后世多种大众文化的共同特征。

其三,电影尤其是美国的主流商业电影,因其特有的盈利方式而必须迎合观众的需求,甚至是他们的感官刺激。任何一种传统艺术,甚至如百老汇的歌舞剧,均可以不考虑市场价值而追求唯美主义与艺术价值,唯独电影不行,在这个方面,好莱坞的兴起与成功最具有说服力。电影必须考虑绝大多数观众到电影院来的消费动机和需求,必须考虑如何将艺术与商业有机地结合在一起,否则它就难以生存。多数美国观众不是抱着深入思考、认真学习的态度去看电影的(正因为如此,一些把电影看作宣传工具的国家,即使不考虑电影制作的成本与盈利问题,也必须使电影通俗易懂,寓教于乐,否则其传播效果就很难得到保障),他们到电影院来消费,多半是为了暂时脱离现实的社会生活和社会压力,为了获得轻松愉快的情绪或摆脱不愉快的情绪,像做白日梦一样幻想实现自己暂时或永远达不到的境界或理想。如果没有这一切,美国观众才不会拖家带口地光顾电影院。可以说,电影虽然把受众带到了一个"公共空间",但是他们只是为了娱乐观看,甚至没有任何交流,连鲍曼所言的"衣帽间的共同体"都不能形成。跟戏剧不同,若是电影过于追求艺术或思想的境界,让多数观众感到费解或更加痛苦,让他们看不到摆脱现实社会压力的希望,电影就不会在多数人的日常生活中占据一席之地。尽管并不是每一次当电影以商品的形式出现时,利润与市场的标准都会优先于艺术内涵,但从总体上讲,电影的主流必然要成为一种娱乐性大众文化。而电影的这一特征,此后逐渐演化成为各种大众文化形式共有的消费主义特征。

最后,电影所表现出的大众文化的负面特征,也为人类几乎所有的大众文化形式所共有。以法兰克福学派为代表的西方马克思主义批判主义学者,指责大众文化是社会统治集团将趣味与权力强加在大众身上的文化消费形式。"关于大众文化不是大众自己所为,而是政治和商业机制自上而下强加给大众,有血有肉大

---

[1] 〔德〕齐格弗里德·克拉考尔:《电影的本性——物质现实的复原》,邵牧君译,中国电影出版社1981年版,第201页。

都是些声色之娱的观点,在包括西方马克思主义在内的西方学界是一个已成定见的批判传统。"①尽管这种说法多少有些偏激,但并非没有道理。电影的出现,对于大众而言,看上去仅仅是一种娱乐,但实际上它不仅是商业资本用以追求利润最大化的手段,而且在客观上它对于统治阶级的社会秩序有着积极的维护作用,是一种较为典型的"文化工业"。至少,通过看电影,原先无所事事,并对生存状态严重不满的美国社会底层民众尤其是移民变得更容易被同一化,更容易融入美国社会,更容易将注意力转移到其他领域,尖锐的社会对立因而得到一定程度的缓和。而这种易于控制的背后潜藏着更为深层的担忧,即霍克海默和阿多诺所反复提及的革命的、批判的个性的泯灭,在娱乐知识化的文化工业时代,"个性就是一种幻象……个性不过是普遍性的权力为偶然发生的细节印上的标签,只有这样,它才能够接受这种权力"②。事实上正如布茨所描述的:"对于节制的改良者而言,镍币影院是'男劳工俱乐部'或演艺吧的一个愉快的对照物,因为它没有酒精饮料,让男人重归于他们的家庭。"③"在大街上难得一见与妻子同行的男人,现在夜夜带着全家上电影院。"④"镍币影院罕见作为政治活动的场所。有一些影院支持罢工工人……但是没有聚众闹事一类的记录……不像酒吧常常是工会和罢工工人的会场。这也许使它能消除中上阶级对社会控制的担忧。"⑤在电影身上,默顿和拉扎斯菲尔德在 1948 年所指出的大众文化的麻醉功能体现得极为明显,政治参与的热情在渗透进日常生活的娱乐信息流中时被冻结。在这个问题上,连对大众文化有一定好感的本雅明也持较为激烈的批判态度,他认为,在面对打破资本主义枷锁的战斗过程中,大众的革命精神被电影这样的大众文化消解了,大众变得更容易崇拜权威,变得更堕落。他指出:"电影资本把大众这种主宰性的革命可能性变成了反革命的可能性。电影资本所促使的明星崇拜并非单单是保存了早在其商品特质的腐朽暮色中就已存在的那种'名流的魅力',而是对电影资本的补充,即观众的崇拜同时也促使了观众的堕落心态。"⑥从电影问世开始,大众文化的阶级立场就没有发生过根本的变化,在技术高度垄断的美国社会中,以电影为首的大众文化毫无疑问是统治者最唯美的统治工具。

从上面的论述可以看出,是电影技术本身及其商业体制真正推进了美国乃至

---

① 陆扬、王毅:《大众文化与传媒》,上海三联书店 2000 年版,第 13 页。
② [法] 马克斯·霍克海默、西奥多·阿道尔诺:《启蒙辩证法:哲学断片》,渠敬东、曹卫东译,上海人民出版社 2006 年版,第 140 页。
③④⑤ [美] 理查德·布茨:《美国受众成长记》,王瀚东译,华夏出版社 2007 年版,第 140、141 页。
⑥ [德] 瓦尔特·本雅明:《机械复制时代的艺术作品》,王才勇译,中国城市出版社 2002 年版,第 37 页。

人类文化迈向大众文化的进程，电影奠定了大众文化的基本特征。与此同时，传播的娱乐功能也在电影这一媒介上充分地得以体现，这对于人类的传播而言，有着重要而深远的意义。

需要补充的一点是，本书并非无视电影导演们在艺术上的努力。事实上每一时代都有杰出的导演为电影艺术作出永留丹青的贡献。在电影由无声转向有声、从黑白转向彩色的两个关键时期，许多电影业的专业人士甚至如爱森斯坦和卓别林这样的巨擘级导演和演员均出于对艺术效果的考虑而加以反对，他们的理由就是技术的改进有可能会抛弃电影原有技术所蕴含的艺术神韵。然而，大众传播的特性总是能取得最后的决定性胜利。时过境迁，在电视与互联网兴盛的今天，电影似乎开始回归精英艺术的趣味。在很多人看来，与电视相比，电影似乎有着更为精英文化色彩的趣味，似乎更有内涵；而与电影相比，电视又大大地将人类的大众文化向前推进了一步。究其原因，与此后的媒介竞争有着重要的关联。"二战"以后，电视迅速崛起，电影受到电视快速扩张的巨大冲击。"（20世纪）30年（代）及40年（代）是电影黄金时期。平均每户每周购买3.5张电影入场券。如今该数字下降至0.27张。电视出现后，电影便逐渐没落。黑白电视时期尚未造成大威胁，彩色电视的出现才使电影大幅度走下坡。"[1]在电视出现以后，就像麦克卢汉在媒介四定律中所说的那样，电影成为电视的内容，而电视成为电影的形式。为了维持生存，电影制作者被迫重新审视艺术的问题，毕竟电视的娱乐性更甚于电影，其娱乐节目的形式、产量和生产速度都不是电影所能企及的，其收看的便利与休闲性也都是电影所无法比拟的，电影注定不再是大众传播市场的宠儿。而电影的艺术性则是电影能够继续存在的重要基础，电影需要的是让走进影院的观众看到与电视上不一样的内容。市场的细分，使许多引发思考、震慑人心的优秀电影作品开始抓取属于自己的忠实观众，而商业大片则在某种意义上成为媒介事件，在更多重的意义上娱乐着观众。也就是说，当电影从商业化大众传播机制的中心逐渐淡出的时候，它又回到作为第七种艺术应有的艺术轨道上去了。

第二节　美国电影院的受众

电影技术的出现对于美国社会的影响是难以估量的。尽管当时社会也并不

---

[1] ［美］Roshco, B.：《制作新闻》，姜雪影译，远流出版事业股份有限公司1994年版，第33页。

缺乏各种娱乐形式,比如,人们可以到戏院看戏,也可以到酒吧去欣赏综艺表演,一些富有的家庭也许还有钢琴或留声机,但这一切在电影这一新兴的娱乐形式面前,多少显得有些不堪一击。电影是如此的新奇,以至于在爱迪生的西洋镜短片刚兴起的时代就有无可比拟的吸引力,尽管有人认为这些短片纯粹是胡闹,但事实是"人们看到记录在胶片上的烟囱冒烟、海滩涨潮之类的简单物体便兴奋不已"①。

进入 20 世纪,放映机和银幕所构成的电影院开始在美国登堂入室。当时的电影,长度约为 15 分钟,每天一部,从早放到晚,只需要几美分,与用美元为票价单位的戏剧院明显不同,有人干脆把这时的电影院形象地称为"镍币影院"。有学者生动地描述了美国"镍币影院"里的观影情形:"影院落成后首先公演的是爱迪生公司的《火车大劫案》(埃德温·S.鲍特导演,1903 年)。屏幕上出现的是在大平原上疾驶的火车。这部作品之所以能在美国取得成功,也是因为美国没有舞台艺术的传统。被看成是形成了重视速度和节奏的美国电影的传统的这部电影,带动了'镍币影院'的大量兴起。"②

充满新鲜感的娱乐方式,以及价廉物美,使电影观众人数迅速增长,从而使电影快速步入了大众传媒的行业。到 1910 年前后,美国几乎所有城市都充斥着镍币影院,全美国类似的影院在一万家以上。而专门为中产阶级观众而改造的影剧院也纷纷落成。"电影院在 1920 年代变得更加恢宏,镶着复杂奇异的装饰花纹,宽敞的门廊,成群结队穿制服的门房和领座员,多层楼厅,座位达 5 000 之多。"③到 19 世纪 20 年代,电影已经取代其他一切娱乐方式而成为美国主要的家庭娱乐。"看电影成为家庭中最普遍的休闲活动……对于约会的青年男女而言,那也是最佳约会场所,而且父母也多以周末电影来奖赏表现良好的子女。上述因素皆使得电影票房急速上升。1922 年以前尚未有确定的票房数字,而当年每周即有 4 000 万的记录。20 年代末,数目高达 9 000 万!"④观看电影已经成为一种重要的社会生活方式,于是,电影受众开始成为人们关注的焦点。

一、美国电影院观众的社会区隔

众所周知,在 20 世纪初也只有美国将电影产业发展为如此繁荣的大众娱乐产业。在镍币影院的早期,这种倾向已经表现得很明显,而西欧其他国家在这个

---

① [美] 理查德·布茨:《美国受众成长记》,王瀚东译,华夏出版社 2007 年版,第 133 页。
② [日] 佐藤卓己:《现代传媒史》,诸葛蔚东译,北京大学出版社 2004 年版,第 102 页。
③ [美] 理查德·布茨:《美国受众成长记》,王瀚东译,华夏出版社 2007 年版,第 157 页。
④ [美] Roshco, B.:《制作新闻》,姜雪影译,远流出版事业股份有限公司 1994 年版,第 49 页。

方面要逊色很多。在19、20世纪之交,为什么在美国电影会有这么好的大众基础,到底谁在看电影以及和谁一起看电影,他们为什么会看电影,这些是值得关注的重要问题。

有充足证据说明,镍币电影院的主要观众是当时城市的底层,尤其是较为贫困的移民。布茨列举了大量的证据:"足够的证据确实表明了有大量劳工阶级的观众存在以及移民街区内许多镍币影院的存在。镍币影院是劳动阶级移民能负担得起的极少几种娱乐方式之一,而无声电影对他们不懂英语也构不成障碍。"① 在罗伯特·帕克列举的一项关于俄国新移民的调查中,在312个样本个体中仅有16人在俄国有规律地阅读报纸,另有10人不定期地在乡村的社区管理中心看报,而只有10人是周刊的订阅者。而到了美国,所有的上述调查对象都是俄文报刊的订阅者或读者,都是电影的观众②。

这些证据勾勒了当时镍币影院的众生相,同时也向我们展现了当时美国的社会画卷。

19、20世纪之交是美国社会发展的一个重要时期。这时,美国南北战争已经结束了近半个世纪,人口流动的限制已经被彻底打破。随着逐渐成为第二次工业革命的弄潮儿,美国已经俨然成为世界的经济中心,工业化的飞速发展提供了大量就业机会,大量的移民涌入城市。这些移民有一部分来自广大的农村,"1860年,每6个美国人中有1人居住在8 000人以上的城镇中,而到1900年,每3个人中有将近1人住在城镇;到1920年,全国人口的一半以上都是城市人口,一些新的城市居民从农村蜂拥而来,任凭被抛弃的农庄归于荒芜"③。移民的另一部分则来自东南欧和亚洲。在托马斯和兹纳涅茨基对波兰移民的研究中可以看出,于1880—1910年30年间涌入美国的波兰人就有200万之多。移民的电影收看活动,为美国电影的繁荣提供了广泛的市场基础。

移民成为镍币电影的主要观众并非简单的如布茨所说的仅仅是因为价格与语言的问题(当然这个原因很现实,很重要),更重要的原因是一个角色转换后的必然需求。"这些移民在家乡时都是农民,而到了美国他们基本上都是城市的产业工人,他们必须参与美国的城市生活。这种生活方式与其原有生活方式有着很大的不同。"④首先,他们中的一部分人需要成功地适应美国的文化,融入美国社

---

① [美]理查德·布茨:《美国受众成长记》,王瀚东译,华夏出版社2007年版,第134—135页。
② Park, R. E., *The Immigrant Press and Its Control*, New York: Harper, 1922, p.8.
③ [美]弗·斯卡皮蒂:《美国社会问题》,刘泰星、张世灏译,中国社会科学出版社1986年版,第17页。
④ 胡翼青:《再度发言:论社会学芝加哥学派传播思想》,中国大百科全书出版社2007年版,第251页。

会,而电影是习得这种文化的便利途径,也许是他们所能获得的最佳社会化途径。其次,他们都必须学会由一个农民转变为一个市民,而作为市民就意味着他们可供自己支配的时间将非常有限,而只能寻找更符合市民生活的消遣方式,而电影对于他们而言是最有吸引力的形式——自由、随意、轻松,且不会占用太多时间。

当然,对于生活在社会底层的市民而言,电影的这种理性功能远不如它的非理性功能更容易被观察。初到美国的国外移民与初为市民的农民,比社会的中产阶级更容易受到"美国梦"的蛊惑。出现在银幕上的电影明星,常常从一文不名变得事业成功,常常作为一个小人物却赢得了超越阶级的爱情,常常可以不受社会的约束而为所欲为。在电影面前,移民们更容易将自己移情到主人公身上,并被其梦想所感召。镍币电影院也许是在现实社会中生活得并不如意的社会底层市民暂时忘掉现实、麻醉自己的最佳去处。

由于电影是社会底层娱乐的天堂,于是按照社会区隔的规律,多数镍币电影院会天然地将中产阶级区隔在外。正如布茨所描述的那样:"城市镍币影院作为移民庇护所的形象使得它不大适宜中产阶级的顾客。灯光、招牌以及喋喋不休的传声筒,使影院的外面具有马戏团的氛围;而它的里面则黑乎乎、臭烘烘。"①中产阶级是不会到这种地方来看电影的,尽管他们也想看电影。

事实是,除了廉价的镍币影院外,美国当时的中产阶级通常拥有自己的电影院。这些电影院往往设在大城市的商业区或中小城市,由一些原来的剧院、综艺剧场改造而成,所以这些电影院不叫镍币影院,而还是叫剧院。从大城市的情况来看,这些电影院多分布于购物街和交通主干道附近;而在中小城市,电影院的经营必须依靠中产阶级,这不仅是因为经济来源的问题,而是中产阶级作为体面人,他们观看电影本身将极大地支持电影院的经营,使其避免受到社会改良者的攻击和批评。美国电影业明白,中产阶级是必须攻克的堡垒,在美国,不征服中产阶级就代表这个行业没有合法性。因为中产阶级不仅是稳定的票房来源,同时也是美国主流社会的象征,中产阶级的生活方式是众多下层人士仿效的对象,也是上流社会自我伪装最喜欢采取的方式,中产阶级的价值取向在很大程度上代表着美国精神,代表着美国的主导性舆论,代表着主流的口味。有了中产阶级做后盾,可以避免许多不必要的麻烦。所以,"差不多从一开始,电影业就在寻求中产阶级观众"②。

在1910年以后,某些镍币影院老板日渐富裕,投资改造影院,使吸引中产阶

---

① [美]理查德·布茨:《美国受众成长记》,王瀚东译,华夏出版社2007年版,第135页。
② 同上书,第155页。

级观众成为可能。与此同时,一场吸引中产阶级的运动在电影的各个领域开展起来:一些电影制片厂开始根据文学和戏剧的经典作品来制作电影,以区别于下层观众所喜爱的廉价情节剧;一些低档的戏院也改头换面地成为影剧院,并进而在大中城市出现能容纳上千人的豪华影剧院。不少电影院的服务也变得更正规,不但硬件富丽堂皇,而且引座员等服务人员也变得更为专业,连盥洗室也配备了专门的服务人员。这些专业影院的出现,使中产阶级收看电影的兴趣大大提高,并最终成为电影的主要消费群体。专业影院的出现,就像以前的豪华戏院,成为引领时尚的娱乐场所。"它把电影观众的主打阶级向上提升了,并改变了劳动阶层观众与影院的关系。当中产阶级观众可能被他们渴望的奢华所吸引时,劳动阶级却感到无所适从。电影宫坐落在他们的街坊之外,门票昂贵,礼仪和服饰也与他们的口味格格不入。这不是令人惬意而熟识的街坊演出。即使他们光顾也必得受中产阶级的规则约束。甚至在有声电影问世前,随意的交往聊天也受到制约。当年轻的劳工阶级夫妇在某晚可能上城里看电影时,他们的父母会待在他们熟悉的街坊影院里。"①

从上述的情况看,电影院的观众因社会阶层的不同,而天然地形成了某种社会区隔:不同阶级的人在不同的影院看电影。正如布茨所描绘的那样:"所有这些显示出早期电影院的差异:又小又黑又拥挤的街坊镍币影院,仅能坐下一两百人;商业街区的大影院,有些是从前汇艺秀剧场或戏院、简朴但是体面的小城镇电影院。城中商业区的大影院最来钱,但是沿街店铺式的电影院主导了它的公众形象。"②

二、早期美国电影观众的收看行为

对于 20 世纪初的美国人而言,电影绝对是个新奇的事物,但随着时间的推移以及观众媒介素养的提升,收看行为发生了一些微妙的变化。另外,不同的观众到电影院有着完全不同的目的,因此他们的收看行为也迥然不同。

当电影刚刚出现在美国人面前时,观众观看得相当认真和专注。对于看惯了综艺表演或各种戏剧的美国观众而言,即使是无声电影,也是那么新奇,以至于他们愿意全神贯注地去理解电影,去满足他们的窥视欲望。在电影诞生的初期,普通大众还没有做好扮演电影观众的角色,因此为了适应这一角色,他们几乎是全力以赴。然而,这一角色的适应是如此之快,以至于没有两年,电影院中的收看行为就发生了显著的变化。

---

① [美] 理查德·布茨:《美国受众成长记》,王瀚东译,华夏出版社 2007 年版,第 157—158 页。
② 同上书,第 136 页。

当受众逐渐适应了电影之后,收看行为便逐渐多元化了。他们变得不再专心致志,伴随性收看与社交性收看随即发生。"一旦人们对新的媒体驾轻就熟之后,缺乏注意力便成为他们显著的观众行为。"①"劳动阶级观众,无论在19世纪30年代的戏院,或19世纪10年代的镍币影院里,也是心不在焉,不时地忙着唠叨他们自己的家常……在电影的初期阶段,镍币影院的劳动阶级观众用唠家常、吃零食、带孩子作为看电影的点缀。"②在故事情节与现实之间,观众能够很好地扮演自己的角色,并游离于两者之间,也许这就是戈夫曼所说的角色距离。

而电影院也很快适应了这些形形色色的收看方式。放映员、演奏师甚至是经理都与观众有着各种各样的互动。"经理们会剪辑电影来适应观众的品位。有时放映员通过改变放映速度,甚至倒着放映电影来取悦观众……当电影制片人开始为他们的电影伴奏提供提示乐谱时,遭到了许多演奏家的拒绝,并继续按照他们自己的和观众的品位演奏。演奏师和观众如此就能改变一个电影场景的情调和意趣。一个严肃的戏剧能被演变成闹剧。"③

在所有的收看方式中,社交式收看是当时电影院最有吸引力的地方。男孩和女孩以这种方式幽会,街坊邻居以这种方式会亲访友,小朋友更是将一起看电影看作一场集体出席的仪式,看电影在当时成为人们走出私人空间进行社会交往的最佳方式。在一些镍币影院中,社交式收看的价值有时被认为胜过了电影本身。其实,这仍然是在剧院中观看戏剧方式的延续,这种观众仍然具有一定的主动性。当然,这种习惯一直到今天都不同程度地在各个国家延续着,也是在电视冲击下的电影最有吸引力的特征所在。

不过,在中产阶级的电影院中,收看的礼仪性似乎更为重要。在仪式性的收看环境中,走亲访友固然是不允许的,大声喧哗也被禁止,观众只能交头接耳,收看的秩序性得到了强化。个体观众与影片的交流成为收看最重要的内容。随着镍币影院的式微,豪华电影院的收看模式成为电影收看的主导模式。这种收看模式使电影的观众真正成为大众传播意义上的受众。原先那种在剧院和镍币影院中不守秩序且与演员、服务人员频繁互动的"令人生厌"的主动的观众渐渐变成了沉默的、被动的观看者,观看者与传播者之间的距离在无形中被拉开。于是,关于受众在静默中可能受到的损害开始逐渐成为研究者关注的对象。在有声电影出现以后,镍币电影院逐渐退出了历史舞台,音乐伴奏等与观众互动的元素也退出了历史舞台,中产阶级豪华影院的礼仪性收视模式得以最终确立,看电影越来越

---

① [美]理查德·布茨:《美国受众成长记》,王瀚东译,华夏出版社2007年版,第12页。
② 同上书,第13页。
③ 同上书,第140页。

成为一种日常生活中的仪式。由于观众的谈话会干扰电影中的人物对白,因此观众们更加自觉地保持沉默,"无声电影的谈话观众变成了谈话电影的无声观众"①。

更进一步分析,看电影的人群有着迥然不同的人口特征,这些人口特征构成了完全不同的收看模式,特别值得一提的是两类人:儿童和妇女。在看电影的人群中有大量儿童。儿童的比例有时甚至达到观众总人数的2/3。根据戴尔对俄亥俄州50个社区的研究,看电影较多儿童基本上都是学龄儿童,学龄前儿童只是偶尔才看电影。另外,较之女孩,男孩看电影更为频繁②。这些学龄儿童大都不在成年人的陪伴下进场,而且还有不少儿童是通过逃课的方式进入了电影院。当时的许多研究都发现,一般儿童每周都要上一至两次电影院,时间集中于周末的日场和平时的晚场。在周末,他们甚至要在电影院中待上5—6个小时,这一活动已经远远压倒了他们对其他游戏的兴趣。儿童们通常在电影院里比其他观众更活跃,他们会忘情地为男女主演鼓掌、跺脚喝彩,也会为放映时的小错误而嘘声一片,甚至也不排除打闹成一团。父母不在身边的电影观看,对儿童们而言绝对是一场狂欢,即使电影情节并不一定吸引他们的目光。许多负面的证据不断出现,使儿童们在多大程度上受到电影的负面影响成为人们的疑虑。

另一群常看电影的社会群体就是妇女。由于影院无处不在,女工和购物女子可以很便利且不失体面地在商业街和镍币影院打发时间。在家庭妇女居多的美国社会,打发时间对于女性而言是一项重要的工作。相比于儿童的收视,妇女更喜欢与电影情节本身进行交流,更容易因情节感人而潸然泪下。单身的移民女孩尤其喜欢看电影,因为这也许是她们的父母允许她们在工作之外为数不多的娱乐方式之一,也因为这是最好的幽会方式之一。正因为如此,引发了人们对于她们可能遭受的性侵犯的担忧。

看电影的目的是多元的,看电影的收视模式自然也是多元的,不同的人能从中获得不同的乐趣。在很长一段时间里,以看电影的名义,不同的人群以其不同的收看方式获得满足。不过,儿童和妇女尤其是女孩的电影观看,比其他的电影观看人群更受到社会的关注。作为社会的弱势群体,儿童与妇女被看作受到电影伤害并应当受到保护的对象,对他们的担心最终演变成了社会科学取向的传播效果研究。

---

① [美]理查德·布茨:《美国受众成长记》,王瀚东译,华夏出版社2007年版,第163页。
② Dale, E., *Children's Attendance at Motion Pictures*, New York: The Macmillan Company, 1935, pp.30–73.

第三节　电影的效果

电影日渐兴起,其社会影响力引发美国社会的高度关注。所以,对电影的研究逐渐从对电影观众的收视行为关注和电影文本的批评,转向了电影对观众的心理效果研究。"当电影在20世纪初开始流行的时候,公众辩论的焦点从受众行为转向了对电影内容的担心以及它对受众尤其是儿童影响的担心。注意力从剧场转向戏剧,从这些场所里危险人物的影响转向危害性传媒信息对人的影响。受众被重新定义为无助的、依赖的和被动的。"[1]从某种意义上讲,这是一种研究的范式转换,它直接引发了研究者对效果进行科学测量的兴趣。甚至可以这么说,美国传播学研究最重要的领域——效果研究,基本上始于对电影效果的研究。

一、电影强大效果论的兴起

有意思的是,尽管早期的电影研究者五花八门,有着各种各样的学科背景,但他们都得出了一个结论:电影对收看人群的杀伤力是极大的,有着强大和直接的效果。斯坦利·卡维尔就曾说过,他几次都犹豫是否应该把电影看成一种艺术,因为"电影的效果太强、太直接,不能看成是艺术的效果"[2]。

从美学、心理学或哲学角度研究电影的人尤其认同电影的强大效果。一个理由是,他们认为,电影的美感和吸引力是受众无法抗拒的,即使仅仅是纪录生活也会有些让人感到有趣的特质。"任何电影,无论多么没有希望,很可能总会有一些有趣的,甚至是美的片断。如果听任摄影机自行其是,就会是这样的:它为我们拍下的东西就像世界本身一样,自然而然地让人或者是感到有趣,或者是感到入迷、厌烦、无聊、空虚、刺激和恐怖。"[3]即使是最普通的电影,也会在某些方面满足受众的窥视欲,也会让受众移情。另一个理由是,他们认为,受众会受到电影如催眠般的强烈暗示和行为控制,因此电影所具有的传播效果是强大的。"电影观众在很大程度上是个被催眠的人。他们眼前那个亮闪闪的长方块——它很像催眠者手里的发光体——产生的一股魔力,使他们不由自主地屈服于侵入他们空白一片的头脑里来的各种暗示。电影是一个无可比拟的宣传工具。"[4]除了电影本身

---

[1] [美]理查德·布茨:《美国受众成长记》,王瀚东译,华夏出版社2007年版,第10页。
[2][3] [美]斯坦利·卡维尔:《看见的世界——关于电影本体论的思考》,齐宇、利芸译,中国电影出版社1990年版,第114页。
[4] [德]齐格弗里德·克拉考尔:《电影的本性——物质现实的复原》,邵牧君译,中国电影出版社1981年版,第202页。

的效果外,"影院效应"也被看作电影效果的组成部分。"电影院无愧为一个神奇的地方。再没有任何一个地方能像电影院这样让人听到清晰的声音,看到清晰的画面。人们到这里来的原因就是体会那种暗淡的灯光、低沉的声音以及放映机在屏幕上闪现的光亮带来的感觉。巨大的屏幕可以将我们带到任何一个星球、任何一个国家或者一个人的内心世界,电影的效果也得以在人物、场景的共同展现下得以产生。"①研究者一直认为,电影院容易产生群体传播的局面,电影中的暗示比较容易产生效果。这一观点很难被证伪,即使在一些社会科学的研究中都有证据表明,许多观众在电影院里完全被卷入故事情节,致使部分或完全丧失了自控能力,以至于"作出了某些与日常行为相比在不同程度上有些异常的举动"②。

另一个支持电影强效论的理论认为电影通常就是观众的梦想,因此对观众有着较大影响。比如:移民在美国之所以观看电影,是因为这与他们想要实现的"美国梦"有着紧密的关联;许多市民观看电影,也往往会沉浸于电影主人公如何实现自己在现实生活中根本无法实现的梦想。而在社会科学研究的早期,不少证据也有利于证实这种"梦想说"。布鲁默的电影效果研究就发现,因看电影而做白日梦的现象在青少年中十分普遍。在458份高中生的日记中,有66%的受访者提到过因看电影而产生白日梦;在1 200份关于芝加哥地区小学生的问卷调查中,有超过50%的小学生承认因看电影而影响了他们的白日梦③。

今天看来,这些研究的逻辑起点并不在受众这一方面,而是从电影及其传播方式入手来说明问题。而且,这些研究的假说并非是社会科学式的关照,而是具有假设性的特征。这些没有得到科学论证的、模模糊糊的思想主要来自弗洛伊德的精神分析思想、米德的符号互动论和法国的群众心理学。这些分析当然有其一定的道理,但其局限性主要表现在,作为其研究对象的观众从一开始就是缺席的,而电影及电影院却成为上帝般的力量而受到格外的照顾,这就难以避免对电影效果的过高估计。比如,在电影院中发生的移情现象是否一定发生在现实生活中;即使我们承认电影所导致的"白日梦"是存在的,但这种对认知有影响的"白日梦"是否就一定会影响人在现实社会中的行为。所以,早期电影效果研究理论将可能性等同于必然性,而后来备受传播学攻击的"魔弹论"思想就是在这种有缺陷的分析中萌芽的。

早期的研究学者站在精英文化的立场上指责甚至谩骂电影毁掉了受众的鉴

---

① [美]保罗·M.莱斯特:《视觉传播:形象载动信息》,霍文利等译,北京广播学院出版社2003年版,第311页。
② Blumer, H., *The movie and Conduct*, New York: The Macmillan Company, 1933, p.198.
③ Ibid., pp.59－62.

赏力,使他们的头脑中充满了低俗的文化。这种批判的背后,同样也有"魔弹论"思想的影响,似乎电影向受众头脑中灌输的信息和观念会极大地改变受众的行为甚至能力。追究这些说辞的背后动机,会发现许多声音只是在为传统的剧院经济代言,因为后者的经济利益受到了电影的巨大冲击,以至于难以为继。

在美国,另一股非学术的社会势力对电影效果也有着"魔弹论"般的观点,这一势力源自19世纪末美国的"进步运动"。"进步运动"是美国社会各界出于改革现状的目的而进行的各种改良活动的总称,几乎关注当时所有的社会问题。早在1910年前后,没有家长陪伴进入影院的少年儿童就引起了"进步运动"的关注,社会改良者们对当时发生的一系列事件感到十分担忧。比如:为了买电影票,一些儿童偷窃父母的钱;一些儿童直接模仿影片中的犯罪行为;一些少女在电影院受到性骚扰等。同时,他们把当时被称为"迷惘的一代"的青少年所表现出的行为的部分原因归于受电影的影响。他们因此提出建立电影的审查制度以及开设儿童专场等一系列的建议。他们这些分析的前提就是电影具有强大的影响力,并可能对儿童造成巨大的危害。

尽管"进步运动"的观点缺乏科学证据,但它的社会影响力是如此之大,以至于大大提升了对电影效果问题的关注度,形成了巨大的舆论压力。这最终引发了电影效果的社会科学研究。

二、佩恩基金会研究

由于青少年是电影的主要收看群体,而美国社会又对这一群体历来高度重视,认为他们是天真的、可塑的、容易受危害的人群,因此在"进步运动"的舆论压力下,美国电影研究评议会在佩恩基金会的资助下,决定从1929年开始采用实证的科学方法来测量电影对青少年的影响。当时美国电影研究评议会主席肖特(W. H. Short)列举了本项研究的六个目的:观看电影的儿童数量;对电影影响儿童的定量分析;对这些影响的正面、负面或中立的定性;影响归因于性别、年龄、智力水平以及个人'气质'的情况;电影对儿童信息处理、态度、情绪、行动以及审美和道德标准的影响;电影对这样一些重要问题如权威、婚姻、犯罪、健康、英雄崇拜以及对其他国家民族的理解等的影响。

佩恩基金会研究的主持人是当时俄亥俄州州立大学教育研究处处长蔡特金(W. W. Charters),他在芝加哥大学获得博士学位,并曾于1925—1928年任教于芝加哥大学。在他的课题组中,有相当一部分成员是芝加哥大学的教师,但也有不少成员来自其他大学,如哥伦比亚大学和耶鲁大学。整项研究历时三年,规划完成13项角度不同的研究成果。这些成果大致可以分成两类:一类探讨电影的内容及观众的组成;另一类探讨各种类别的效果,诸如电影与态度和行为的改变、电影与情绪的刺激、电影与健康的关联、电影对社会道德的影响等。而后者是研究的重点,可以说,它开创了传播学研究的新范式。在13项研究中,芝加哥大学社会学家布鲁默的研究被认为是最有价值的:"以今天的标准而言,那些研究所使用的实验和量化方式不够健全。此外,他们所强调的刺激与反应概念,短期效果和讯息与反应的直接引证颇值得怀疑。但是,布鲁默的'探测性'研究所采用较详尽、主观、分析取向的方法,与其他的'科学'研究相较之下,的确能获得更丰富和透彻的结果。"①总的说来,这项研究也倾向于赞成电影可能会对青少年产生不良的影响,倾向于大众传媒对青少年有着较大的影响。

佩恩基金会研究开创了许多今后效果研究的范例,比如,如何进行文本的内容分析,如何进行量化与质化相统一的研究等。其结论总体来说是肯定了电影对青少年的负面效果,这种负面效果主要体现在以下两个方面。

一是相较于成年人,电影更容易刺激儿童的情绪并影响其健康。课题组通过对比实验研究发现,电影画面中出现危险、冲突的场景或悲剧色彩时,儿童最容易产生情绪波动②。而布鲁默通过分析青少年研究对象的日记,也发现电影比较容易在多数青少年中形成痛苦、害怕、悲伤、同情和冲动的情绪。"在观看某类电影的儿童、高中生和大学生中,一种害怕、恐怖和痛苦的体验是较为普遍的。"③这些情绪在电影院中就有较为明显的表现,青少年观众会对影片中某些场景感到高度兴奋,他们会在电影院里尖叫、欢呼、咬牙切齿、啃手指甚至将手中的帽子拧成碎片。而且,这种效果常常不是一种短期的表现,它"可能持续一段时间并且以一系列的方式表现出来"④,比如经常做噩梦或者不敢在黑夜里独自行走。因看爱情片而产生激情的冲动或浪漫的体验,以及观影而产生的悲伤与同情都是司空见惯的心理现象:"爱情片除了能够促生我们的情欲体验外,还能让人体验到一种爱的满足感"⑤;"某些特别令人悲伤的影片或场景的刺激,会让个体感动流泪"⑥。在关于电影和犯罪的研究中,布鲁默和豪瑟甚至认为,电影所激发的情绪可能导致犯罪。"令人情绪激动,具有冒险刺激和令人害怕的影片场面看上去最能诱导人们的

---

① [美]希伦·A.洛厄里、梅尔文·L.德弗勒:《传播研究里程碑》,王嵩音译,远流出版事业股份有限公司1993年版,第69页。
② Dyainger, W. S., Ruckmick, C. A., *The Emotional Responses of Children to the Motion Picture Situation*, New York: The Macmillan Company, 1933, pp.110–119.
③ Blumer, H., *The movie and Conduct*, New York: The Macmillan Company, 1933, p.75.
④ Ibid., p.80.
⑤ Ibid., p.107.
⑥ Ibid., p.95.

情感过程,并且因此导致了观众做坏事的倾向。"①甚至许多观众已经体认到电影对其情绪的控制,也意识到这仅仅是一场电影、一个故事,但他们还是沉溺在某种情绪中不能自拔。"实际上,他们(青少年观众)中的很多人都认为他们(受电影影响)的观念与行为很荒谬,但他们也发现他们根本不可能控制自己的情绪和感受。"②这种影响甚至带来了专家们对孩子健康的担忧,他们通过研究电影的收看与睡眠的关系,指出某些影响情绪的电影可能会干扰睡眠,进而影响健康。

二是电影有可能会对社会道德产生负面的影响,甚至有可能诱发犯罪。根据课题组成员彼德斯的研究,电影中的情节所展现的道德水准比观众内心的道德水准要低,这一发现加深了人们对于电影对儿童道德可能造成的不良影响的忧虑。皮特森和瑟斯顿的研究发现,儿童观众比较容易认同影片的观点,因此类似于《一个国家的诞生》这样的影片在很大程度上能够强化儿童种族歧视的倾向。例如,在观看影片之前,受试对黑人的好感平均指数是 7.41(满分为 10),而观看之后变成了 5.93,有较为明显的改变③。另外,布鲁默强调,电影很有可能引发一种不当情欲,从而对社会道德甚至是法律产生了冲击,许多性犯罪行为也因之产生。"从这个意义上讲,……被爱情片诱发的情欲可能会是对当代道德的一种冲击。而且,电影对传统、社会和道德秩序的间接影响是很有可能发生的。"④布鲁默还看到,电影也没有向青少年提供一套正确的价值观,因此对个体社会化也产生了负面影响。他指出:"与其他教育机构相反,电影没有为人的社会行为提供一个明确的目标。它们并不打算建立任何明确的价值观,它们也不努力提供一套完整的人生哲学。从本质上讲,它们的目标仅仅是提供一种情感上的刺激。"⑤在研究者们看来,电影也应对诱发犯罪承担责任。通过对经验资料的分析,布鲁默和豪瑟声称:"从调查中获得的资料表明,电影对坏人坏事和犯罪行为既具有直接的影响又具有间接的影响。"⑥比如,电影容易将犯罪尤其是偷盗的技术技巧直接传播给观众;电影突出了犯罪团伙头目的权力和重要地位;电影经常向观众展示部分罪犯的奢侈生活。布鲁默等研究的部分犯罪分子承认在看了电影以后,想拥有枪械,具有性犯罪冲动;在观影过程中,学会了一些偷盗技术,学会了愚弄警察等。

---

①⑥ Blumer, H., & Hauser, P. M., *Movies, Delinquency and Crime*, New York:The Macmillan Company, 1933, p.47.

② Blumer, H., *The movie and Conduct*, New York:The Macmillan Company, 1933, p.91.

③ Peterson, R. C., & Thurstone, L. L., *Motion Picture and the Social Attitudes of Children*, New York:The Macmillan Company, 1933, p.37.

④⑤ Blumer, H., *The movie and Conduct*, New York:The Macmillan Company, 1933, pp.198 – 199.

在结论中,该研究有一些发现具有理论建构意义,这对后世的传播研究具有重要的启发意义。值得一提的发现主要有以下五个方面。

一是触及了社会学习理论的核心内涵。在研究电影对犯罪所产生的间接效果时,布鲁默等发现,从电影中习得的行为并不一定立即有所体现,它的影响可能会有所延迟,甚至可能始终都没有表现出来。他们描述说:"青少年能在电影上看到并记住许多类型的犯罪行为和犯罪方式,这些行为方式甚至并没有立即或最终被他们使用。但这些行为方式还是存在于个体的记忆和幻想中,只要有机会,个体就不可避免地把这些潜在的手段加以使用。"[1]从这个意义上讲,上述分析已经触及了班杜拉社会学习理论的核心内涵。

二是初步发现睡眠效果。布鲁默等在试图解答"为什么青少年比较容易模仿电影中的犯罪行为而不是好的行为"时指出,部分个案之所以更容易受到电影的负面影响,是因为"学好、犯罪生涯缺乏吸引力并充满危险、对社会惩罚的担心和害怕"这三种电影的正面影响经常"迅速和彻底地被忘却",在所在团体的怂恿下,在外界条件引诱下,这些正面影响无法起到应有的威慑力。这些很有意思的发现实际已经触及了后来霍夫兰的一个重要发现——"睡眠"效果。也许青少年在看电影时还能体会到某些正面的东西,然而随着时光的流逝,他们记住的却往往是对他们具有更大刺激性、可能导致负面效果的那些信息。

三是观察到了"第三人效果"的现象,这是1982年才提出的一个传播效果理论假说。该假说认为,受众总是认为自己不如别人受传媒的影响大,而它的中心内涵在1933年就已经包含在布鲁默和豪瑟的下面这段论述中:"罪犯们经常断言,电影使年轻的男孩与女孩生活在坏人坏事与罪恶的影响下,而与此同时他们则宣称自己并没有受到这种影响。"[2]

四是涉及了有限效果论思想。布鲁默发现,同一部电影对于不同的观众来说,有着完全不同的意义。这不仅是因为电影的内容多种多样,价值取向也各有不同,还因为受众的理解千差万别。也就是说在30年后才被公认的受众差异论,其实早就已经被布鲁默所提出——"电影的影响并不单纯建立在其内容之上,而且它还建立在观众的感觉与气质之上。……有时观众解读同一影片获得的意义完全相反"[3]。能让某些观众感到很兴奋的影片,其他观众可能对此无动于衷。对于有一些观众来说,电影当中传播的生活方式或观念不但是最理想的,而且也

---

[1] Blumer, H., & Hauser, P. M., *Movies, Delinquency and Crime*, New York: The Macmillan Company, 1933, p.63.
[2] Ibid., p.146.
[3] Blumer, H., *The movie and Conduct*, New York: The Macmillan Company, 1933, p.180.

是很现实的；但对于其他观众而言，这种生活方式完全就是一种不现实的幻想。布鲁默已经注意到，受众的差异与其原有的态度、信念、生活经历有关。人口特征也是产生观众欣赏差异的重要因素，同一影片对于不同年龄或不同受教育程度的观众来说，可能有着相当明显的不同含义。他与豪瑟用此观点来解释为什么有些青少年会因电影而犯罪，而另一部分则不会："电影的观众通常有着不同的社会背景并有可能产生不同的兴趣和态度。"①布鲁默尤其注意到了受教育背景的问题，"我们的研究发现，受教育程度高的个体往往受电影的影响比较小。"②这一观点在后来的各种研究中不断地被反复验证。

五是对电影与人的社会化作了深入的探讨，并激发了一系列的理论假说。课题组发现，即使是8岁的儿童也能从影片中获得大量的信息，电影是很特别的学习工具，能导致极高的记忆程度③。布鲁默发现，儿童通过角色的扮演或者模仿把电影的主题变为日常游戏的主题。几乎所有的调查对象都承认：童年时期，他们会在自己参与的游戏中扮演电影中的人物，他们还把电影的情节运用到日常游戏中。"美国儿童都知道将电影中的主题运用到他们的游戏中。其中的几种行为更是显示了电影引人注目的影响力。"通过这种方式，电影让青少年"熟悉和认识一种关于现实的真实感觉和一种快速、实用和重要意义的生活方式"④。电影在青少年社会化的进程中扮演了重要的角色，电影的传播效果甚至比学校、社区和家庭都更加直接。这些研究对后来伯格纳的涵化理论颇有启发。

布鲁默也可能是最早关注电影性别塑造功能的社会学者之一。他认为，对于电影的影响力而言，性别的因素远比阶层、社会地位等因素更重要。他发现，"女孩在游戏中所采用的电影主题通常与家庭主题、化妆主题有关。……小女孩经常在游戏中表演戏剧性的爱情电影主题"，男孩则不同。男孩和女孩在观看电影时很容易"对号入座"，男孩容易把自己想象为片中的男英雄或恋爱中的男主角，而女孩则容易把自己想象为片中的女英雄或恋爱中的女主角。其实，在这一过程中，性别角色差异的观念得到了潜移默化的培养。在比较了男孩和女孩喜欢扮演的角色后，布鲁默作了性别区分："男孩会扮演警察、匪徒、士兵、海盗、剑客、飞行员、'有趣的人'、'坏家伙'、律师、走私者、大学运动员、大猩猩、催眠者等等，女孩则喜欢扮演交际花、热恋中的情人、老妇女、可怜的富家女孩、孤儿、母亲、女冒险

---

① Blumer, H., & Hauser, P. M., *Movies, Delinquency and Crime*, New York: The Macmillan Company, 1933, p.149.
② Blumer, H., *The Movie and Conduct*, New York: The Macmillan Company, 1933, p.193.
③ Holaday, P. W., & Stoddard, G. D., *Getting Ideas From the Movies*, New York: The Macmillan Company, 1933, pp.65-66.
④ Blumer, H., *The Movie and Conduct*, New York: The Macmillan Company, 1933, pp.13, 196.

家、挤奶女工、舞蹈家、电台歌手等一系列电影提供的角色"①。其实,布鲁默已经关注到了电影在性别的社会化进程中所扮演的重要角色,这为今后这方面的传播效果与社会心理学研究奠定了良好的基础。

今天看来,佩恩基金会研究的具体结论已经过时了,它的许多研究设计也值得商榷。但毋庸置疑的是,这是人类历史上第一次全面的电影效果研究,而且是空前绝后的。

三、电影的有限效果理论

第二次世界大战的爆发,使电影效果的社会科学研究得以到达其辉煌的顶峰。由于日本轰炸了珍珠港,美军仓促加入第二次世界大战,大多数新兵没有作战经验,也没有不畏强敌的士气。为了鼓舞士气,美国军方特意委托著名导演卡普拉拍摄了《我们为谁而战》的系列纪录片。他们对该系列纪录片大致有两种想法:"首先,他们希望影片能有效地教导新兵有关战争、敌人和盟国的'正确知识'。第二,这些知识应该可以影响新兵的看法,而能提高新兵服从奉献的精神。"具体地说,他们希望影片能够培养:"① 一种对参战的坚定信念;② 一种对苦战的领悟;③ 一种对将领和自我能力的信心;④ 一种对盟国武力的信心;⑤ 一种对敌人的仇恨心理;⑥ 一种'胜利才有和平'的信念。"②

为了检验纪录片的实际效果,军方邀请美国实验心理学家霍夫兰组织研究小组,对影片的效果进行评估,并进一步研究如何能够提高影片的宣传效果。由于受到军方的大力支持,研究者不但不用考虑经费的问题,而且可以任意地挑选受试对象。"部队训练营地以随机指派实验的和控制的条件的方式,为实地实验提供了近乎理想的环境。"③

霍夫兰的小组作了一系列的实验,但其中最著名的是关于影片《英国之战》的实验。《英国之战》主要用于达成上文所述的第四项目标——对盟国武力的信心。研究者试图通过这个实验了解四项与影片效果相关的内容:"① 这部影片是否增加了对战争事实的了解? ② 影片的内容是否影响到观众的想法? ③ 影片是否增加了观众对英国的好感? ④ 影片是否加强了士兵的士气?"④围绕这四个目的,研究者设计了四个主题的各种问题,其中包括一些选择题,也包括一些量表,以便于

---

① Blumer, H., *The movie and Conduct*, New York: The Macmillan Company, 1933, pp.15, 17.
② [美] Roshco, B.:《制作新闻》,姜雪影译,远流出版事业股份有限公司1994年版,第128页。
③ 转引自[美] E.M.罗杰斯:《传播学史:一种传记式的方法》,殷晓蓉译,上海译文出版社2001年版,第391页。
④ [美] 希伦·A.洛厄里、梅尔文·L.德弗勒:《传播研究里程碑》,王嵩音译,远流出版事业股份有限公司1993年版,第132页。

测量实验组与控制组的差异。另外,值得一提的是,该实验抽样人数大得惊人——前后多达 4 200 人。

该实验由两个步骤组成:首先,将受试者分成两个小组,一为看影片的实验组,一为不看影片控制组,以便于比较研究;其次,让实验组在收看影片前后填写问卷——这些问卷都不用署名,而控制组也同样参加了前测和后测。这尽管是标准的实验研究方法——实验组、控制组前测和后测实验,但实验的设计在当时还是相当有创意的。"这些步骤在今日的研究中非常普遍,但在当时却是崭新的设计。"①

霍夫兰的试验在细节上值得称道。为了避免受试对象了解实验的内容,实验者对他们声称他们所回答的问卷只是一个"一般意见调查"。为了避免受试对象对前测、后测所使用的同样问卷产生怀疑,实验者解释说,第二次调查是因为问卷经过了修正,而事实上第二次问卷只是适当放大了字体。

为了弥补定量研究的不足,霍夫兰还邀请哥伦比亚大学"应用社会研究局"的默顿对小型的抽样组进行了焦点小组访谈。这是因为,"定量的实验设计能够使人们确定总体效果,但是不能对'电影的哪些内容'可能产生可以观察到的效果提供线索"②。这些访谈的结果确实为霍夫兰等人的后续研究提供了很多线索。

在量化与质化相结合的研究方法的指引下,研究发现影片最大的效果体现在认知层面。通过收看影片,实验组的受试者关于战争事实方面的知识明显丰富了。统计显示,在有关认知方面的问题的回答上,实验组和控制组有着巨大的差异——有的问题实验组的正确率高达 78%,而控制组只有 21%。另外,实验组的受试者也确实因为收看了影片而部分改变了自己对战争的观点和看法③。

但是在改变士兵的态度方面,影片的效果则显得差强人意。比如影片在增加士兵对英国人的好感方面,没有取得太多的成效。控制组和实验组在这方面的看法差异很小,最多不超过 7%。从统计学的意义上讲,这些差异可以忽略不计。影片在提高士兵的士气方面所取得的成效则更加微乎其微。问卷中设计了一个问题问受试者是否愿意到海外去打仗,控制组持肯定答案者为 38%,而实验组则为 41%。另外,在测量对敌人的仇恨感的系列问题上,两组差异都不超过 4%。

对于获得的这些数据,霍夫兰等人的结论是:

(1)影片对于增加战争有关知识的效果很大。收看一周后,绝大多数受

---

① [美]希伦·A.洛厄里、梅尔文·L.德弗勒:《传播研究里程碑》,王嵩音译,远流出版事业股份有限公司 1993 年版,第 130 页。
② [美]E.M.罗杰斯:《传播学史:一种传记式的方法》,殷晓蓉译,上海译文出版社 2001 年版,第 392 页。
③ [美]希伦·A.洛厄里、梅尔文·L.德弗勒:《传播研究里程碑》,王嵩音译,远流出版事业股份有限公司 1993 年版,第 132—133 页。

试者仍能清楚记得影片呈现的事实,可见这类的影片应该是颇具功能的。

（2）影片也在意见和对事物的诠释上产生效果。看法的改变可以从影片的内容分析对照得知。但是,这种效果并不如知识增加的效果显著。

（3）影片对于与影片无关的一般几乎没有任何影响。一般意见的测量是作为决定影片效果的标准。

（4）影片对于新兵服役的动机毫无影响力。而这个目标却是新兵训练的最高目标。①

在霍夫兰看来,实验结果证明影片传播的效果在态度改变方面是极其有限的。那么到底是什么原因造成了这种情况呢?研究者考虑,可能是因为实验组的受试者将这些影片视为一种宣传而不喜欢这些影片。因此实验又通过问卷法和集体访谈法专门研究了受试者对影片的评价。结果发现,很少有人(不到10%)对影片表示反感。"多数观众认为,该片以有趣的方式报道有关战争的事实,只有少数认为他们是被当作'白老鼠'来进行实验。"②从这一点上看,影片没有达到预期效果,并非因为受试者不喜欢该片。

于是,研究者又试图对效果问题作出这样的解释:新兵入伍以前可能已经获得了与战争有关的信息,因此两组受试的态度已经形成,不容易改变;而两组受试者可能先前对战争的具体事实了解不多,因此在认知方面传播的效果比较明显。但是,这种解释也仅仅是一种假说,并不能提供肯定的答案。

实验的后续部分主要是研究如何提高影片的传播效果,因此,研究者们一直在试图寻找影响说服效果的种种因素,为此他们又设计了许多方案并获得了很多有价值的发现。

实验首先考察了个人差异在传播效果中所起的作用。实验结果充分支撑了"传播效果受到个体差异影响"这一观点。研究者主要考察了受教育程度(研究者把受教育程度看作受试者的智力水平)对效果的影响。结果发现,受教育程度高的士兵比受教育程度低的士兵能从影片中学到更多的知识。在小学程度的受试对象中,有16.3%的人在看完影片后能够正确回答有关战史知识的29个问题;高中程度的受试对象,有36.6%的人能正确回答问题;而在大学文化程度的受试者中,这个比例高达54.2%。实验还发现,面对较复杂或较难懂的问题,教育程度高者比低者容易改变意见,而教育程度低者则较易对不复杂、缺乏事实支持的议题改变意见。

---

① Hovland, C. I., Lumsdaine, A. A., & Sheffield, F. D. *Experiments on Mass Communication*, Princeton, N. J.: Princeton University Press, 1949, pp.64-65.

② [美] Roshco, B.:《制作新闻》,姜雪影译,远流出版事业股份有限公司1994年版,第137页。

实验又考察了传播的不同内容和形式对效果的影响。研究者向受试者播放一些画面,在受试者的座椅旁设置了一个记录仪器和问卷,受试者如果喜欢影片,则可按下记录仪器上的"喜欢"键,反之则可以按"不喜欢"键,受试者也有不按任何键的权力。结果发现,受试者对只显示人物谈话的影片兴趣较低;而对有作战情节的片断兴趣较高。有没有画外音并不影响受试者的兴趣,但重复的画面往往不被受试者所接受。最重要的一点是,真实的记录现场比演员扮演更受受试者的喜爱。研究者还对三组受试进行了如下的对比:他们在实验一组的影片放映之前安排20分钟影片介绍,在实验二组放映影片之后安排了20分钟影片讨论,而控制组单纯放映影片。结果发现,接受"预习"和"复习"的两组得分均高于只看影片的控制组,但这两者之间的差别不大。这说明,讨论能够加强传播的效果。

在军方系列实验的内容研究中,霍夫兰等人在传播文本与效果关系方面最重要的成果就是"一面理"和"两面理"的研究。这一研究设计了两个实验组和一个控制组,实验组都安排看一个支持"战争将超过一年半"的观点的影片。实验一组所观看的影片只有片面的观点,讲的是"一面理",而实验二组观看的影片则较为客观,讲"两面理"。结果发现两种说服方式都在一定程度上改变了受试者的观点(表5-1)。

表 5-1①

	实 验 组		控 制 组
	一面理	两面理	
前 测	37%	38%	36%
后 测	59%	59%	34%
差 距	22%	21%	-2%
显著度	<0.1	<0.1	—

但是,如果引入"受试者原先态度"和"受试者受教育程度"两项因素对数据进行交叉分析,情况便大不一样。如果受试者原先赞成传播的观点,则讲"一面理"更具说服力;如果受试者原先不赞成传播的观点,则讲"两面理"更具说服力。如果受试者的教育程度较高,则讲"两面理"更有效果;如果受试者教育程度较低,则讲"一面理"会取得更好的效果(表5-2)。"似乎正反意见并陈的评论会把教育程度低的人搞糊涂,反而出现了反效果。"②

---

① 本节以下表格根据 *Experiments on Mass Communication* 一书提供的数据制作。
② [美] Roshco, B.:《制作新闻》,姜雪影译,远流出版事业股份有限公司1994年版,第149页。

表 5-2

	一 面 理	两 面 理
原先持肯定态度	52%	23%
原先持否定态度	36%	48%
受教育程度高	35%	49%
受教育程度低	46%	31%

实验还考察了不同传媒对传播效果造成的影响。研究者比较了电影与幻灯片的效果，结果发现二者在影响受试者时没有明显的差异。

在研究传播的长期效果和短期效果时，霍夫兰等人提出了时间可能对效果产生的影响。为了研究长期和短期效果，霍夫兰等人作了如下的操作化处理。在实验中，研究者特地安排了4个小组，2个实验组，2个对照组。对4个小组前测后，又让2个实验组观看了影片。一周后，对其中一个实验组和一个控制组进行了后测，得出了相关数据；9周后，对另一个实验组和控制组进行了后测。结果发现长期和短期设计之间也有很大的差异。

这种差异首先体现在知识的记忆上。在时事认知方面，9周后才进行后测的实验组，只能记得一周后就进行后测的实验组的一半；其次还表现态度方面，在约1/3有关态度的项目上，长期效果的实验组改变得少，但在另外超过半数的态度项目上，则是长期实验组改变得多。研究者因此得出结论："就态度的改变而言，随着时间的推移，反而增强了。"①霍夫兰称之为"睡眠者效应（Sleeper effect）"，这个概念明确了佩恩基金会研究观察到的某些事实。在此基础上，霍夫兰作了更为深入的解释：受试者已经遗忘了使他们改变态度的影片信息，而把已经改变的态度看作自己原有的态度。"如果受者对信源持怀疑态度或反感态度，一开始应该不会与传者保持一致，但随着时间的流逝，对信源的记忆比内容忘却得更快（或者说与内容分离开来），这样，与传者意见的一致就会与日俱增。"②因此，态度的改变就会更加明显。

这些琐碎的结论，必然导向一个结果，就是电影的效果其实极其有限。这一观点与佩恩基金会研究得出的结论大相径庭，即使后者的研究尤其是布鲁默的研究中包括了有限效果论的思想。这与霍夫兰研究的主要对象是成人也许有一定

---

① [美] E. M. 罗杰斯：《传播学史：一种传记式的方法》，殷晓蓉译，上海译文出版社2001年版，第239页。
② 同上书，第243页。

的关系,与两项研究所受的社会舆论压力不同也可能有一定的关系,但真正影响其结论的可能是研究范式的不同和受众媒介素养的变化。霍夫兰等人的研究从实证主义方法论的角度来看,几乎无可挑剔,可以说,直到今天,这一实验研究仍然是传播学研究方法教科书上的经典案例。但是,这一实验所遵循的方法论本身是有局限性的,它对于长期效果的解释实在是差强人意,相比之下,布鲁默对研究对象日记的解读,并非完全没有价值。另外,霍夫兰的研究主题是说服,用说服研究取代了广义的效果研究,从逻辑上讲是一种偷换概念。

  霍夫兰等人的军方实验基本上肃清了"魔弹论"在效果理论中的影响,使传播效果研究走向了一个新阶段。但是,霍夫兰等人对研究数据的解释存在着局限性,一定要对态度甚至是行为产生比较大的影响才能被称为强效果的看法并不正确。这种以态度为中心的视角过于狭窄,反映出心理学视角对于霍夫兰的传播学研究既有正面的影响,也有负面的影响。这也预示着霍夫兰等人的结论今后将受到各种批评。在军方实验中,霍夫兰等人已经看到,传播对认知、态度和行为三个层面会产生不同的影响,却没有进一步深入下去,确实十分可惜。以后的传播研究效果,正是在这一起点上继续发展,才又提出了更多有价值的中层理论。不过,这样的辉煌已经与电影无关,当人类走进20世纪50年代以后,电影在大众文化中如日中天的地位走到了尽头。有一种叫做电视的大众传媒让受众们从电影院回到了家中,它的影响力是如此之大,使得美国传播效果研究将电影开除出了研究对象的殿堂。在此之前很多年,效果研究的主要领域也已经不再是电影,因为广播看上去更重要。

第六章　广播：天空中传来的声音

1906年圣诞节前夜,在加勒比海的一艘船上,正在测试无线电技术的操作人员躁动起来,"一种人的声音从这台机器中发出,有人说话! 一个妇女唱歌的声音,真是难以相信……人们听到有一个人读一首诗,然后是小提琴独奏"[1]。在一片惊叹声中,无线电广播登上了历史的舞台。

广播是无线电报技术发展的必然结果。1895年,马可尼(Marconi)在无线电通信技术方面的突破使无线电获得了技术专利,1901年,他又成功地将无线电信号从英国发送到加拿大,从此无线电站开始在海岸沿线被建立起来。1906年,美国人李·德·弗雷斯特(Lee De Forest)发明了电子三极管,从而一举解决了无线电信号放大的难题。而正是雷吉纳尔·弗森登(Reginald A. Fessenden)将声音加载到无线电信号的试验成功,才有了本章开头的圣诞节惊喜。

无线电广播辉煌的历史其实非常有限。它的发展一开始受制于海上航运业的规范,1912年泰坦尼克号海难后出台的《无线电法案》便是明证,后又受到战争的影响,如美国参战后强制关停所有无线电站。因此,从弗森登的实验船到世界上第一个电台KDKA在匹兹堡的正式开播(1920)整整耗费了十多年光阴,而广播刚刚在市民的日常生活中开始扮演重要角色不久,其地位很快就被1936年登上历史舞台的电视所逐步取代。从20世纪20年代哥伦比亚广播公司成立到"二战"后电视的迅速崛起,广播的辉煌年代不过就20年左右。然而,就在这短短的20年中,广播曾经万众瞩目,创造过属于自己的辉煌传奇——从罗斯福的炉边谈话到希特勒用广播煽动第二次世界大战——它曾是改变一个国家,甚至改变世界历史进程的大众传播媒介。

麦克卢汉曾将广播视为改写了建筑于书写文化之上的西方文明走向的"爆炸性"媒介,他用吟游诗人般的笔触赋予了它一种与远古巫术相同的力量,"收音机的阈下深处饱和着部落号角和悠远鼓声那种响亮的回声。它是广播这种媒介的

---

[1] 转引自[法] 帕特里斯·费里奇:《现代信息交流史:公共空间和私人生活》,刘大明译,中国人民大学出版社2008年版,第183页。

第六章 广播：天空中传来的声音

性质本身的特征,广播有力量将心灵和社会变成合二而一的共鸣箱。"①不论麦克卢汉的修辞是否过于浪漫主义,亦足以说明,作为听觉的媒介,广播在人类文明史上扮演过重要的角色。

提到广播历史的文献汗牛充栋,不过这些历史叙事似乎只是以一种编年史的方式表述广播技术和广播产业的发展史。这就是编年史最大的问题:它在以一种客观姿态表述历史时,其实就在遮蔽另一些历史,而后者对于人们理解历史的意义可能更为重要。在广播嵌入人类历史的过程中,有着耐人寻味的丰富细节。与电话相反,在广播的社交媒体功能与大众传播功能之间,受众兴趣引发的商业价值强化了大众传播功能。而广播作为一种大众传播平台不断地开疆拓土,又引起了主流意识形态的关注,广播由此成为民族国家对外争夺国际话语权的工具,也成为统治阶级对内推行文化霸权、构建舆论共识、进行现代社会管控的手段。因此,本章将通过重行广播角色的变迁,深描现代性社会的重要阶段——大众传播时代的来临。

第一节　从社交媒体到大众传播

广播并不是天然的"大众传播"媒介,在它问世之时,其技术形态与当下人们的认知很不一样。它有成为社交媒体的潜质,就像电话那样实现一对一的沟通。其实,贝尔在构想电话这一发明的商业前途时,他首先考虑的就是可以通过电话向用户远距离播放音乐,这就是后来广播的主要职能。而事实上,奥匈帝国皇帝在布达佩斯推广普及电话时,就是想将程控电话当成广播来教化臣民。所以,在研读广播历史时,我们不禁时空穿梭般地想到了苹果 iphone 系列智能手机的 facetime 功能。这种在不同 iphone 之间发射与接收的传播方式,与广播最早的媒介应用有着惊人的相似。无线电发烧友通过收音机——所谓的无线电报机——通过空间发送长短点划信号,实现超越地理空间的双向传播。

这些业余的无线电爱好者群体早在无线电技术还不成熟的阶段就已经成为无线电的票友,虽然在技术上,他们没有为无线电广播作出特别的贡献,却是广播创新扩散的早期采纳者,对广播的推广有着特别重要的意义。1900 年左右,这群业余无线电爱好者便活跃在无线电领域,他们多是大学生和中学生,来自美国的中产阶级家庭,对无线电科技有着浓厚的兴趣,甚至是狂热的爱好。他们组建了

---

① ［加拿大］马歇尔·麦克卢汉:《理解媒介——论人的延伸》,何道宽译,商务印书馆 2000 年版,第 369 页。

业余爱好者的地方俱乐部而且很快还组织了美国无线电转播联盟,来推动业余爱好者之间的通讯交流。1902 年,当马可尼成功地用无线电把信号发送到了大西洋彼岸后,美国发烧友对无线电应用的热情达到了顶峰。声音可以通过无线信号传到另一个房间、另一个地区甚至另一块大陆的想法,对当时的美国无线电爱好者而言有着莫大的诱惑。

由于当时的新闻出版业对于无线电报的倚重,导致当时美国的学校教育非常重视对这项技术的传授。受过莫尔斯码发射和接收训练的年轻人很容易在这个领域轻松上手。当时并没有成熟的收音机技术,这些狂热的业余爱好者搜集着各种电子和金属废弃物,甚至把电话也拿来作为无线电的元器件,在自己家里动手制作简单的无线电装置,然后在阁楼、车库等地方搭建自己的电台,去搜索别人的频率,同时也发出自己的讯息。正是通过这个日益庞大的业余爱好者群体,无线电广播的应用很快就为越来越多的美国民众所熟知。

1907 年前后,几种使无线电检波器变得廉价易制的结晶体的发现,使业余爱好者数量猛增。在 1912 年的《无线人》中,弗朗西斯·柯林斯(Francis Collins)就指出:"在整个美国的领土上,无线电报每天晚上都有一个 30 万年轻人的听众群。没有任何怀疑,那是全世界最广泛的听众。没有任何足球赛或棒球赛的观众、任何大会、任何演讲能与它媲美。"①对于这个时期的美国青少年而言,无线电广播实验是一种青年亚文化,他们的行为并不完全是自发的,而是受到社会的认可乃至鼓励。这群业余爱好者甚至成为那个时代的"美国文化象征"。苏珊·J.道格拉斯指出:"1910 年,发送广播的业余爱好者比私人无线电公司和军队广播的数量都要多一些。……从童子军(Boy Scout)手册到《汤姆·斯威夫特和他的无线电消息》(*Tom Swift and His Wireless Message*),再到《纽约时报》上的文章,都将无线电爱好者的广播称赞为'美国男孩的雄心壮志和真正的发明创造天赋'的典范。"②

但是,物极必反。电波和频道是有限的公共资源,数量巨大且不受限制的无线电发烧友很快使"天空"失去了秩序。由于干扰频道的情况变得越来越频繁,美国社会对无线电发烧友的态度也渐渐发生了改变,管理"天空"被提上了议事日程。《1912 年广播法案》不仅要求他们申请被审核的"执照",其发送信号的频谱区域和无线电装置的功率也被一一规范限制。更恶劣的情况是虚假信息在"天空"中的扩散,泰坦尼克号沉船事件中就出现了不少业余爱好者伪造的虚假信息,

---

① 转引自[法]帕特里斯·费里奇:《现代信息交流史:公共空间和私人生活》,刘大明译,中国人民大学出版社 2008 年版,第 188 页。
② 转引自[加拿大]戴维·克劳利、保罗·海尔编:《传播的历史:技术、文化和社会》(第五版),董璐等译,北京大学出版社 2011 年版,第 273 页。

这群在美国各地制造"海盗电台"的爱好者也因而遭到了社会舆论和报刊媒体的谴责。而这一切都非常类似于今天互联网社交媒体的群体传播。

不过,这些措施仍然不能阻止业余爱好者的热情,到1917年,由业余爱好者操纵的发射台超过了8 500个,而接收机则达到了20万—30万个①。这种"捕捉天外之声"的新奇感持续了很长一段时间,甚至在无线电广播诞生之后,业余爱好者们还不肯放弃自己的权益,不时组织发起各种维权活动②。这些发烧友的举动毫无疑问地形塑着广播的社交媒体功能,其功用类似于今天的"三微一端"正在发展的社会功能。

然而,广播最终还是没有被无线电发烧友成功形塑为社交媒体。而且,正是发烧友们的痴迷,断送了广播的社交功能。早在无线电技术时期,一个叫康拉德(Frank Conrad)的发烧友(同时他也是一个唱片收藏的发烧友)坚持每天定时向大家放送自己收藏的音乐,于是有些人开始关注他的频率,为他制作节目时间表,成为他的忠实听众。在美国这样一个商业价值和市场导向的社会中,这立即引起了资本的注意。威斯汀豪斯(Westinghouse)公司立即从康拉德的音乐节目中发现了声音的经济。1920年,这家公司把康拉德的业余电台改造成一个功率强大的电台——KDKA,而它第一次正式广播的内容是报道哈定和考克斯两位总统候选人之间的竞选结果——当时这只是一个不到1 000个听众的夜间广播。

这一简单的商业行为似乎注定要为广播日后的发展方向埋下伏笔。自从"听众"群体渐渐形成,无线电就从全民技术时尚摇身一变为全民娱乐时尚,换言之,广播的社交媒体色彩渐渐淡去,代之以大众传播的角色。广播迎来了所谓的"黄金年代",尽管当时美国正经历着经济大萧条,但是丝毫没有影响广播市场的繁荣。作为全新的"大众媒介",广播得益于自身的技术形态且兼具讯息服务和文化娱乐的功能,它成了渗透日常生活、打发闲暇时间的无处不在的"必需品"。甚至,它还在某种程度上抚慰大萧条所造成的美国人的心灵创伤。与报纸和电影相比,它门槛更低,不存在受众区隔问题,能够将美国民众通过声音联系在一起。

专业电台广播早期的主要内容必然是"音乐",对于那时的美国民众而言,不用花相对昂贵的费用买音乐会门票或者唱片就可以坐在家中椅子上欣赏音乐是一件美事;对于音乐家而言,这不仅是成名的好机会,还是为自己的专辑做宣传的重要渠道;对于电台而言,源源不断的音乐节目既节省了设计其他节目的精力还

---

① [美]丹尼尔·杰·切特罗姆:《传播媒介与美国人的思想——从莫尔斯到麦克卢汉》,曹静生、黄艾禾译,中国广播电视出版社1991年,第73—74页。
② [美]理查德·布茨:《美国受众成长记》,王瀚东译,华夏出版社2007年版,第186—188页。

能吸引大量听众,从高雅的古典音乐到流行的乡村音乐,电台在这意义上的确成为了麦克卢汉口中的"部落鼓",将听众凝聚在一个个不同类型的音乐节目中,使之存在于一个个的空中社群中。

除了音乐,单纯诉诸声音本身的广播,能极大地激发公众的想象力,这使得广播剧随之流行起来。1923年,KDKA推出了舞台剧《朋友玛丽》(*Friend Mary*)的广播版。但是,对于广播发展史而言更重要的是1930年第一部广播"肥皂剧"——《彩绘梦想》(*Painted Dreams*)的播出。此后,这种类型的节目越来越多。广播肥皂剧对听众影响力之大,单从一个事件中便可以看出:1938年万圣节之夜奥逊·威尔斯广播的火星人入侵地球的故事——《世界之战》(*War of the Worlds*)引发了成千上万美国人恐慌逃命的混乱局面。而"火星人入侵"事件常常被看作大众传播具有"魔弹论"效果的一种佐证。

对于播放新闻而言,无论时效性、现场感还是受众覆盖面,广播的优势都很明显。20世纪20年代广播主要运用于体育赛事的直播。1920年WTAW广播了第一场足球赛,KDKA在1921年实况播送棒球赛。直到电视的赛事直播逐渐占据了体育迷的起居室,广播的体育赛事直播才渐渐淡出人们的视野。广播当时也是即时生活资讯如气象、市场行情等信息最重要的发布者。由于当时美国乡村之间信息交换相当滞后,广播对乡村信息传播特别是农场经济更是显得尤为重要,这一点纸媒完全无法望其项背。

但是,真正具备了采写编评等元素的新闻节目是在"二战"前后才成熟起来的。这与哥伦比亚广播公司在广播新闻方面的开拓息息相关。"在步入40年代之前,哥伦比亚广播公司雇用了第一位新闻主任——保罗·怀特(Paul White)。他组织了一批记者来到现场采集报道,随后播音室的评论员将这些新闻报道出去。"①"第二次世界大战前,在美国哥伦比亚广播公司的领导下,4家全国性的新闻广播网都进行了系统的新闻采编工作。"②对于美国人而言,欧洲战场是如此的遥不可及,只有广播新闻和广播评论能让他们便捷地了解那里的一切,因此,广播在战时新闻播报方面大有用武之地,"随着第二次世界大战在欧洲大陆的蔓延,这些评论员的名字早已家喻户晓,广播评论员已经与覆盖全球的新闻收集机构的网络融为一体"③。而哥伦比亚广播公司广播新闻团队中最为后人熟知的莫过于"二战"时被派到英国进行战地报道,广播新闻节目《这里是伦敦》的记者爱德华·默罗(Edward R. Murrow)。

---

①②③ [美]大卫·斯隆编:《美国传媒史》,刘琛等译,上海人民出版社2010年版,第526、528页。

第六章 广播：天空中传来的声音

虽然，发展势头很猛的广播新闻对当时的纸媒形成了一定的威胁，但纸媒并没有陷入绝境，不少报纸用发行特刊和进行解释性报道的方式来与广播新闻较量。到 20 世纪 30 年代，纸媒和广告甚至有大打出手的感觉，"1933 年，竞争达到了白热化，以致报纸开始对新闻来源单位美联社和美国合众国际新闻社施加压力，迫使其撤出电台业务，有几家报纸甚至拒绝刊登广播节目时间表"①。而杂志也并没有受多大影响，1922 年，失业的穷小伙子华莱士创办了《读者文摘》；1923 年，耶鲁大学高才生亨利·鲁斯和布里顿·哈登创办的《时代》正式发行；1925 年，退伍老兵哈罗德·罗斯创办了《纽约客》。这三本杂志的成功实际上也为杂志在广播以及后来的电视时代的生存与发展找到了新模式。

很难从技术的角度解释，广播为什么会从一种社交媒体变成一种成功的大众传播媒体，因为广播同样具备成为社交媒体的属性，但从盈利模式来讨论这个问题，可能就不那么费解了，围绕各种节目建构而成的庞大听众群体，带来了巨大的商业机会。听众是如此之多，收音机的购买量如此之快，以至于收音机成为一个巨大的产业。"从 1922 年 1 月到 1923 年 1 月，销售量翻了 25 番，从 6 万台增加到 150 万台。1924 年，销售的权重从家庭组装机的零部件转向了工厂制造的整机。到 1926 年，18% 的美国家庭拥有一台收音机；到 1931 年，超过一半的家庭有了收音机。"②当然，依靠卖收音机的经济收入仍不足以支撑广播的飞速发展，如何投资广播成为 20 世纪 20 年代的一个迫切命题。

最先发现广播内在商业价值的当然是广告商。这种可以将产品信息迅速无差别地传达到全国听众耳中的媒体，有着可预期的消费动员力。正如威廉·曼彻斯特所说："广播的吸引力之所以重要，归根到底是由于通过它向着操纵消费社会迈出了第一步。"③而且广告意味着不必像欧洲那样向收音机的购买者收取收听税。事实上，听众虽然不喜欢广告，其时美国烟草公司的广告就遭遇不少反感，但是对于他们来说，广告的投放也为他们节省了一笔像英国那样的收听许可费或者说一笔广播税。所以，广告投资的方案在异议中很快得到实际的认可。

20 世纪 20 年代末至 30 年代初，在商业力量的推动下，广告主、广播人与收听人的实践活动渐渐被制度化。以广播网为主导，广播确立了它的商业资助模式。"广播电台也开始雇用专门的广告员，为自己招揽广告生意……成立专门的部门

---

① ［美］大卫·斯隆编著：《美国传媒史》，刘琛等译，上海人民出版社 2010 年版，第 527 页。
② ［美］理查德·布茨：《美国受众成长记》，王瀚东译，华夏出版社 2007 年版，第 174 页。
③ ［美］威廉·曼彻斯特：《光荣与梦想：1932—1972 年美国社会实录》，广州外国语学院美英问题研究室翻译组、朱协译，海南出版社、三环出版社 2004 年版，第 95 页。

来负责将广告时间卖给广告公司和客户。"①在这样一种商业模式的赞助下,各家电台都有了自己的定期节目,播出话剧、喜剧、说唱杂耍等,可以说,正是因为广播具备了自身的盈利模式,才有了上述的多种节目形式的兴起,传播的实践本身才有了更为丰富和多元的成果。"在美国,不是广告与预定的节目联系在一起,而是这些节目从一开始就被设想为是为广告服务的。"②切特罗姆毫不客气地得出自己的观点:"广播的成功并不在于它实现了人们由无线电技术唤起的美好理想,而在于它获得了广告利润的动力。"③

在商业力量的推动下,从20世纪30年代开始,广播就成了美国普通家庭日常生活的一部分,切特罗姆从另一个角度指出,这种冲击的核心在于,无线电广播使现代通信扩展到了一个全新的领域——它把外部世界送进了个人的家庭。而一旦广播拥有了自己的庞大的受众群体,广告商就开始积极地利用这种新的通信工具来为他们的贸易扩张服务。工商界就此掌握了打开美国家庭大门的钥匙,他们的影响力进入了美国公众的起居室,从此他们获得了一种驯服美国受众的工具④。

在广播收听的早期,收音机还是个稀罕物,广播作为大众传播媒介发展了10年即1930年,拥有收音机的家庭还只有40%。一个拥有收音机的家庭往往聚集了他们的朋友和亲戚,成为社交场所,比如一个音乐节目就可以让一个家庭举办一场小舞会。在收听过程中,大家还会对广播节目主持人作出呼应。美国电影《哈拉美发师》中就有大量这样的桥段,描述了几位理发师每天早上在店里收听广播节目,并且以他们的方式回应主持人提出的问题或者话题,就像主持人就在他们中间一样,真实再现了当时的收听盛况。对此,《美国受众成长记》是这样描述的:"观众常常搭腔回话,收听从而是生动活泼的。内布拉斯加州的一个'旅行人'在给编辑的信中声称,他每年至少走访200个家庭,不记得哪怕有一处是安安静静地听广播。"1924年,一个农场主的妻子给《无线电广播》杂志写信表达这种新媒介带来的新鲜体验:"在我们30平方英里的地区仅有6架收音机。所以很经常的,我们邀请朋友一道欣赏好的音乐节目或者有社会兴趣的演说。"⑤可以说,在这个时候,"原子式的受众"并不广泛存在于此时的广播听众群体中。广播甚至

---

① [美]大卫·斯隆编著:《美国传媒史》,刘琛等译,上海人民出版社2010年版,第505页。
② [法]让-诺埃尔·让纳内:《西方媒介史》,段慧敏译,广西师范大学出版社2005年版,第138页。
③ [美]丹尼尔·杰·切特罗姆:《传播媒介与美国人的思想——从莫尔斯到麦克卢汉》,曹静生、黄艾禾译,中国广播电视出版社1991年版,第97页。
④ 同上书,第84页。
⑤ 转引自[美]理查德·布茨:《美国受众成长记》,王瀚东译,华夏出版社2007年版,第185页。

扮演着共同体的纽带,人们更感兴趣的并不是广播的内容本身,而是它带来的社会交往的愉悦。换言之,早期的广播受众依然是积极的和公共的。

随着收音机走进越来越多的家庭,加之广播节目迎合不同受众的需求,在形式和内容上日益多元化,收听行为朝着消极转化。到了1940年,已经超过80%的家庭配备了这一为了适应中产阶级家居条件要求的日益精致的无线电装置。广播从稀缺性商品变成日常生活用品,群聚性的收听便不再是主流。"收听就渐渐成了个人的经验,人人都一头埋进收音机里,和其他人不相往来……电台主持人开始在听众和他们之间培养一对一的私密关系,不再是主持人进入了家中,而是主持人把听众从家里吸引出来,在'广播天地'里进行个别谈话。这种实践使听众进一步远离了集体行动的范畴,也给批评家提供了一个依据来谴责广播对个体的'注射''麻醉'效果。"[1]广播带来的是一种全新的体验,与报纸从印刷到流通需要一天左右的时间也不同,广播的信息制作过程周期更短,受众可以不在现场却收听到现场的状况,这就意味着受众可以离开现场回到自己的家中,外部的世界通过无线电进入家庭、渗透家庭,受众的注意力从自己所处的社群转移到了更大的空间,个人被从自己的情境中拉入了公共的情境中。受众真正成为了"沉默的羔羊"。到了1927年,在广播节目日益丰富多样、收音机的收听功能极大地改善、商业广播电台初具规模之后,个人调频的远程发烧友被认为干扰了多数人的收听,开始遭到大量广播受众和商业电台的驱逐并因此逐渐淡出了无线电领域,广播的"大众媒介"角色彻底完成,其社交媒体的角色几乎被彻底遮蔽。受众的广播收听行为迅速具有了消极和个人的色彩。而且,受众越来越被商业力量看作均质的等着"接收"信息的大众群体。"刊登在《星期六晚邮报》上的另一则RCA的图片广告文字说,'瑞迪欧拉'(收音机品牌)的莫利使你的家庭生活更丰富'。接下来是,'你家中的……娱乐世界'。全家人聚集在收音机旁是一幅到处可见的图画。"[2]在这些信息中,包括在广播的节目中,人们感觉不到阶级差异,似乎所有的美国民众都过着和平的中产阶级生活。这一方面可以说是迎合受众需求,另一方面也是一种意识形态话语的建构。大众传播的观念就这样登上了历史的舞台。广播不仅在更大范围内打造"原子化受众",还消解了阶级差异和社会区隔,使得美国迎来共识时代。

有意思的是,当美国的商业电台随着电视的崛起而明显衰落以后,非商业性的电台却再次兴盛起来:1972年,公共广播电台(NPR)创立,以提供深度新闻节

---

[1] [美]威廉·曼彻斯特:《光荣与梦想》(第一册),广州外国语学院英美问题研究室翻译组译,商务印书馆1978年版,第209—210页。
[2] [美]理查德·布茨:《美国受众成长记》,王瀚东译,华夏出版社2007年版,第200页。

目闻名;1982年,美国公共电台(APR)成立,其特色是古典音乐节目。"美国的杰出人物们被一种忧虑困扰,担心商业动因可能使广播成为最为广泛的大众的专有仆人。由此产生了非商业性的电台,由国家、各种机构及慷慨的资助者提供资金,并且有一种教育性的特点。1986年,80%的美国人可以收听到非商业广播电台。"①这种回归思想性的发展方向在某种意义上与电视大行其道后电影回归艺术特征乃是殊途同归。

第二节 舆论共识制造者

商业和市场强化了广播大众传播媒介的特征。所有大众传播媒介似乎都有这样一种假象:一方面它面对不确定但人数众多的大众撒播信息,从到达率的角度显得十分可观;而另一方面它对于被分割为原子的个体而言,又像是一种一对一的传播,因而可以直接进入受众的心灵。在所有的大众媒介中,广播几乎是将这两种特征融合得最好的媒体,它的边界远远超过地方性报纸,而它的魅惑,则可以通过声音的想象力和静默的个人化的收听抵达人心灵的最深处。

在20世纪20年代末,无线电广播已经不是什么新鲜事物了,联网广播已经成熟,节目形式已经相当丰富,受众也不再为了金属盒子传来的一段音乐激动不已,而开始一边做自己的事一边收听节目,广播伴随性收听的时代来临了。但是,这种看似心不在焉的行为本身并不一定意味着广播的影响力在下降,毕竟影响力的测量指标是多样的、复杂的,甚至不一定是听到火星入侵地球的广播剧就逃跑的即时反应就可以说明的。白天,家庭主妇可以一边做家务一边听肥皂剧;晚上,一家人可以围在炉边吃着晚饭听天气预报、时事新闻和体育赛事直播,孩子还有专门的儿童节目和教育节目时间。1930年,哥伦比亚广播公司甚至推出了覆盖中学课程的"美国空中课堂"(The American School of the Air)。这一年,平均每个家庭每天收听广播的时间已经达到3.9个小时②。而我们亦可以发现,从广播开始,大众传播媒介的统计数据中,"家庭"成为高频出现的单位,换言之,收听广播成为了那个时代的家庭共享经验。

然而,广播并没有仅仅被当成娱乐的玩具,它在公众中的影响力立即得到了政治家们的高度关注,因为广播强大的渗透力在当时无可比拟,而海量的信息和极富感染力的声音又极大地提升了广播的传播效果,广播在政治动员和社会动员

---

① [法]让-诺埃尔·让纳内:《西方媒介史》,段慧敏译,广西师范大学出版2005年版,第239页。
② [美]大卫·斯隆编著:《美国传媒史》,刘琛等译,上海人民出版社2010年版,第505页。

方面的能力逐渐显现出来。这似乎为当时纷繁复杂的社会治理提供了一条新的思路。所以,广播很快就被各种政治势力所运用。由于这些政治势力高度关注通过广播产生的传播效果,继而又因此带动了社会科学界关于效果问题的研究,并由此开创了大众传播学研究。

一、宣传与政治动员

自从广播加入了大众传播媒介行列,它的"地位赋予"功能立即显现出来,一些职业演说家立即成为万众瞩目的偶像,并产生了重大的社会和历史影响。

查尔斯·E.库格林牧师便是广播早期最重要的明星。1926 年的美国,时年 45 岁查尔斯·E.库格林牧师开始使用广播布道。这一年,库格林神父的教堂被 3K 党放火烧了,当地电台经理邀请神父到电台上连续讲道,以募捐善款重建新教堂。底特律的市民第一次通过广播听到了他那悦耳的、被《光荣与梦想》的作者曼彻斯特形容为"声如风琴"的嗓音,并十分着迷。这种神秘的来自"来自天空的声音"与宗教的布道似乎有着一种天然的联系。

事实证明,声音好听的库格林神父和广播一见如故,之后更是一发不可收拾。"到 1930 年底,库格林已搞起了一个广播网,由哥伦比亚广播公司的十七个电台同时广播他的节目,叫做'小花朵的黄金时刻',另外还在星期日美国中部标准时间下午 6—7 时在地方电台穿插一些广播。各地的广大听众不仅能听到这位广播神父的华丽辞藻和高谈阔论,而且只要捐一点钱,还可以得到一件神圣纪念品。"[①]库格林的节目播出三个月之后,反响如潮,据统计,他平均每周收到八万封来信,在广受好评的节目播出后,来信的数量甚至会超过 100 万封,他因此一度成为全国邮件最多的收信人,甚至超越了富兰克林·罗斯福总统。很快,他募集到的捐款足以让他重建了一座高达七层,用大理石和花岗石筑起来的富丽堂皇的教堂。到了后期,他自己的广播网已经有了 60 多个电台,运营经费来自其信徒的捐赠。"《财富》杂志说他'大概是广播史上最了不起的人物'……他每周都收到大量的银币,因此成为全国最大的白银投机商……他接受拜谒,俨如教皇;有时他还赏脸接见总统的私人代表约瑟夫·P.肯尼迪,当时肯尼迪正在尽力斡旋,看库格林和总统是否有意见一致的地方。"[②]但是,这位起初支持罗斯福的神父很快因为总统反对白银投机加之自身势力的膨胀而走上了极右的道路——倒向法西斯的阵营,他甚至成立了"全国社会正义同盟",这个据称有 750 万成员的组织攻击犹太人和美国劳工联合会,狂妄的库格林甚至开始向政权叫嚣,声称要消灭罗斯福。

---

① [美]威廉·曼彻斯特:《光荣与梦想:1932—1972 年美国社会实录》,广东外国语学院美英问题研究室翻译组译,海南出版社、三环出版社 2004 年版,第 84 页。
② 同上书,第 85 页。

这使他最终不敌来自教会和其他方面的压力,从公共舞台上销声匿迹。

而库格林牧师反对的美国总统正是广播史上一位更为重量级的人物——富兰克林·罗斯福。关于罗斯福上台前美国的政治情势,曼彻斯特作出了这样的描述:在经历了胡佛放任自由的政策导致的经济萧条且每况愈下之后,"不少人拥护极权主义的原则……沃尔特·李普曼要求削减国会权力,让总统全权处理国家大事。他说,'危险的不是我们失去自由,而是我们办事不利索,不彻底'"①。这种以强权治乱世的思想在人类历史上倒也常见,然而出现在自1779年建立联邦的美国来说,却的确是开天辟地头一遭,美国人向来以自由民主为国家之灵魂,从"五月花号"抵达新英格兰地区到移民西进,这一传统在美国就根深蒂固。然而,在这种时事纷乱、社会濒临失控之时,美国的当权者不得不重新审视集权主义的合理性,建设一个强有力的政治核心,以形成帝国的认同,结束自进步主义运动以来的多元话语斗争格局。也正因此,"大政府"被提上了议事日程。宣扬治世方针的专家和统治阶层迫切需要一种能够灌输统一的意识形态和团结美国人民以带领美国脱离困境的工具。广播以如此适时的方式出现,便立即扮演起一个全新角色。

今天,在美国首都华盛顿罗斯福纪念馆的广场一角,还摆放着一座青铜雕塑,一个普通的男子,坐在椅子上,身体前倾,凑近桌上的柜式收音机,侧着脑袋,正全神贯注地听着什么。这个场景是"二战"前许多美国人起居室生活的写照,他们在倾听著名的"炉边谈话"。不过,罗斯福实际在上台之前就凭借广播赢得了来自民众的巨大支持。1929年的经济危机让美国经济濒临崩溃,胡佛放任的经济政策无法挽回局势,民众极度失望和消沉。1932年4月7日,"在全国联播节目里突然听到了一个新的声音——富兰克林·罗斯福的热情、洪亮、充满信心的声音。这位州长谴责胡佛政府,说政府专门救济大银行、大企业。他嘲笑那些'肤浅的思想家',说他们不懂得怎样去帮助农民"②。实际上听众并不一定理解罗斯福对经济问题的对策以及政府新方案,但是他们的确在他那亲切的演讲声音中听到了对普通民众的关心。这位一直在广播中给听众走出大萧条信心的州长后来以赢得42州的选票轻松击败了谋求竞选连任的胡佛。

成功登上总统之位的罗斯福进一步发挥广播的政治传播功能。临危受命的罗斯福在就任后的第八天,就在总统府楼下外宾接待室的壁炉前接受美国广播公司、哥伦比亚广播公司和共同广播公司的录音采访,工作人员在壁炉旁装置了扩

---

① [美]威廉·曼彻斯特:《光荣与梦想》(第一册),广州外国语学院英美问题研究室翻译组译,商务印书馆1978年版,第81页。

② 同上书,第35页。

音器。罗斯福希望这次讲话亲切些,免去官场那一套排场,就像坐在自己的家里,双方随意交谈。哥伦比亚广播公司华盛顿办事处经理哈里·布彻说:既然如此,那就叫"炉边谈话"吧。罗斯福在其总统任期内,共做了30次炉边谈话,每当美国面临重大事件之时,总统都用这种方式与美国人民沟通。他的谈话通过广播传进美国的千家万户,让民众体验到"直接参与政治"的现实感。但是,更重要的是,罗斯福通过这种与今天新闻发言人有着共通性的发布机制,让记者在他所透露的海量信息中忙得不亦乐乎,从而主动掌握舆论引导的主动权而不是被新闻界牵着鼻子走。可以说,罗斯福的"炉边谈话"实际上一举多得。

不过,广播的动员角色扮演不仅在选举和推行新政上,更显著体现在战时宣传(propaganda)中。"二战"爆发后,收听最多的节目不仅是默罗的战场实况转播,还有各种战争动员的演讲和募捐等。1941年12月日本偷袭珍珠港后,罗斯福总统对日宣战演说的收听率更是达到83%的历史高峰。政治家们不但看到了广播在宣传与社会动员上的能力,而且也意识到管理好广播的重要性。事实上,在珍珠港事件前,美国已经根据战时的"无限期国家非常事态宣言",由政府统一管理广播设施。1943年,哥伦比亚广播公司推出的凯特·史密斯的战争债券广播就能连续播送18个小时。"这一马拉松式的广播激起了听众的爱国热情,共募集了3 900万美元。"[1]1942年新设的战时情报局甚至利用民间短波广播对欧洲、亚洲和南美洲等地区进行所谓的"对外宣传",而这就是闻名于世、由美国政府直接管辖的"美国之音"(VOA)。默罗后来亦曾任"美国之音"的长官。

在那一刻,广播宣传就是一种战争手段,但是它的作用不仅是迷惑敌人而已,更是动员全国民众,制造一个全美战时"共同体"。尽管拉斯韦尔的《世界大战中的宣传技巧》针对的是第一次世界大战中的宣传和媒体,并没有广播,但是他敏锐地指出宣传有可能制造一个心理共同体:"在大型社会中,战舞的熔炉已不可能熔化个人的随意,必须由一种新的、更加巧妙的工具将成千上万,甚至上百万的人融合成一个具有共同的仇恨、意志和希望的集合体。……这种统一社会的新型锤子和铁砧的名字就是宣传。"[2]而拉斯韦尔笔下的预言,被"二战"时期的广播彻底坐实。尽管宣传而今在美国人看来是个"负面"的词,蕴含着政治和商业精英操纵民众和反民主的意味,但是不得不承认的是,这正是"二战"前后美国社会的重要向面。

---

[1] [日] 佐藤卓己:《现代传媒史》,诸葛蔚东译,北京大学出版社2004年版,第152页。
[2] [美] 哈罗德·D.拉斯韦尔:《世界大战中的宣传技巧》,张洁、田青译,中国人民大学出版社2003年版,第177页。

公共关系之父爱德华·伯纳斯（E. L. Bernays）对宣传颇有研究，"一战"后他通过参加美国军方公共信息委员会认识了李普曼，深受其精英治国论的影响，他的"舆论"（public opinion）研究继承于李普曼，而他所热衷的"公共关系"（public relations）理念本质仍然是宣传，在他 1923 年的《舆论结晶》（Crystallizing Public Opinion）一书中，开始关注广播，广播作为影响舆论的外在因素已经被纳入讨论范围，伯纳斯也是第一个在宣传研究中关注广播这一媒介的学者，他敏锐地感觉到广播将成为一种重要的宣传工具。

"二战"以后，美国人的国家认同和民族认同空前高涨。站在今天回望，"二战"以后，美国真正结束了关于政治原则上的根本性论争，在普遍意义上被描述为一个成功的、有秩序的社会，是西方现代化社会的典范和世界国家未来的标板，公众的国家认同感倍增，压倒性地为美国取得的成就和进步而自豪。有人将这种认同称之为"美国精神"或"美国梦"，有人则将之称为"舆论共识"，但是实际上这种精神与共识早已在进步主义运动中萌芽，只是在"二战"的"宣传"大潮中被强化了。这种国家意识形态的话语表征在 20 世纪 30 年代这个特定的时期得以成形，并且经由广播走进美国的千家万户，"促成了人民与领导人在下列一系列事项方面达成共同的、普遍接受的看法：历史传统、国土资源风貌、经济繁荣、社会制度以及价值观念"①。也就是说，在 20 世纪的 20 年代以后的几十年，广播持续有力地推动着美国社会舆论共识的形成。这种舆论共识按照美国舆论派史学研究学者团体（包括拉尔夫·H.加尔布雷尔、理查德·霍夫斯塔德、丹尼尔·布尔斯廷、路易斯·哈尔兹等人）看来，应表述为："在美国历史上不断出现的争论的背后，美国人就他们民族生活的美德，在意识形态领域已经达成了广泛一致的共识。"②这种舆论共识"把美国表达成一个成功的社会，并为其拥有的实力和取得的进步而感到自豪"③。就连对国内国际主义宣传和贯彻的规模持最严厉的批评态度的人，他们也不怀疑美国的富足与世界权力。"④在舆论共识的背后，广播宣传持之以恒地发挥作用，可以说是功不可没。

无独有偶，在大西洋的另一头，广播宣传的效能经过希特勒宣传团队的打造，造就了传播效果和舆论共识的一个"神话"。至此，广播就变成了洗脑、操纵人心和控制民意的代名词。有历史学家写道："既然社会奖励一致，个人主义便走下坡路了，而偏执也就销声匿迹了。由出版物、电影、广播、学校、商业、城市生活以及其他数以百计的机构和无形的东西所诱发的标准化，已经渗透了美国的生

---

① ［美］唐纳德·怀特：《美国的兴盛与衰落》，徐朝友、胡雨谭译，江苏人民出版社 2002 年版，第 220 页。
②③④ 同上书，第 162、216 页。

活。……尤其严重的,是对思想一致的压力以及对独立思考和不同意见日益增长的不宽容态度。"①来自天空的声音,终于将其神秘感转化成为一种美国的政治传播神话,推动社会舆论走向一统。

二、现代性中的舆论共识

当然,我们不能简单地主张技术决定论。就如拉扎斯菲尔德提醒我们不能认为宣传完全是广播的垄断效应所致,伯纳斯事实上亦指出:"公众舆论可以说是'隐伏宣传'的制造者也可以说是产物。"②舆论共识与广播的关系只是一种有限相关关系,或者说,广播更多是"生逢其时"地被统治者利用并成为传递者与放大器。换言之,在重新审视广播的发展史时,我们既需要从其"效果"出发,亦需要将其放在一个更为广阔的社会历史背景中进行考量。如果将研究兴趣从广播延伸到大众传播,那么就有可能为大众传播的兴衰划定一个历史的框架。大众传播是一种现代性社会的表征,是一种现代生活方式的表征。而广播对于舆论共识形成的推动完全是现代性统治和现代性生活方式共同作用的结果。

也许正如媒介环境学所宣称的那样,媒介本身具有各种偏向,包括价值偏向。但是,这种偏向实际上是由社会力量所形塑的。广播以其社会角色发展变迁的模式向我们呈现了其媒介偏向是如何被建构和不断被强化的:在社交媒体功能与大众传播功能之间,受众兴趣引发的商业价值强化了大众传播功能;而商业平台的不断扩大及其影响力,又引起了主流意识形态的关注和利用,并成为政治统治阶级推行文化霸权的场域。于是广播便渐渐淡化了它在社交功能方面的潜力,强化了在大众传播维度的偏向,并且加快了舆论共识时代的到来。

因此,广播的第一个启示是,大众传播的兴起一定与国家高效的中央集权与民族主义的兴起相伴随,因此对大众传播的研究应当放到民族国家和社会控制的语境中去理解。与广播成为大众传播的历史进程相一致的是,美国当时正处于完成其中央集权和民族国家进程的关键时期。当时,多元化思潮相互冲撞的进步主义运动由盛而衰,而这一进程被看作美国历史上最为重要的社会转型期。经过这个阶段,美国不仅完成了从农业资本主义国家向工业资本主义国家的转型,而且也从一种分散的自治形态逐渐转化为高度中央集权的政治形态,从孤立主义的地区性强国走向了后殖民主义的全球性霸权国家。

---

① [美] H. S.康马杰:《美国精神》,南木等译,光明日报出版社1988年版,第608页。
② Bernays, E. L., *Crystallizing Public Opinion*, New York: Liveright Publishing Coporation, 1961, p.69.

美国的政体就其创立之始,就一直强调地方自治,准确地说,当初美国只是个地理上的概念而非政治上的概念。这种地方自治的观念是如此强大,以至于地方之间的不协调会以南北战争这样极端的方式来解决。事实上,在查尔斯·比尔德笔下的大陆会议时期美国中央政府实际上只是乞求各州联合的可怜的存在,甚至没有拥有直属中央政府的精良部队。由于华盛顿基本无法在军队中驾驭各州的势力,因此如果不是因为英军本身存在这样那样的问题,殖民地可能根本无法赢得战争。而独立战争之后,这种地方力量超过中央政府的情况可以用变本加厉来形容。"邦联条例并没有在实质上改变1774年临时成立的大陆政府的结构或权力。根据条例,管理合众国整体利益的工作仍像以前那样授权一个代表大会处理,这个代表大会由各州议会指派的代表组成,可以随时撤回,并由地方财政机构给予薪酬。"①对此,比尔德的评价是:"在他们的几个殖民地,他们曾经反抗过英政府在财政、商业和政治上实行的控制;通过战争,他们已经审慎地摧毁了那种支配权;他们不愿代之以一个表现为中央政府形式的强大而有效的政府,哪怕是由美国人自己控制的。"②

然而,地方的强大自主权使美国通常无法有效地整合国内资源,但是这个问题在一段时间内被掩盖。在南北战争前的相当长一段时间里,美国一直可以用地广人稀来形容。因此,开拓边疆的农业资本主义暂时缓和了国内矛盾。然而,当边疆的开拓告一段落后,南北战争无可避免地爆发了。经历了南北战争的美国从传统的共同体社会走向了现代社会,从地区自治到建立全国性的社会。这是一次相当艰难的社会和心理适应过程。这也是19世纪末进步主义运动产生的根本原因。各种社会矛盾同时激化,进步主义运动各方反应之激烈便可想而知:"这一总战役的各个战斗,都是由公民的某些活动集团来进行的,他们在这座由300年的大势所造成的巨大建筑中,从不同的射角、棱堡、塔楼或出入口进行攻击。在无数阴暗的角落和公开的大会上,组织了袭击和煽动,例如在市议会、州议院、妇女俱乐部、工会、保护农业社会议会、改良协会、政党核心会议和大会、美国国会、法庭的密室和审判厅、政府大厦以及报刊编辑室内。"③尽管对于当时社会问题的原因解释种类繁多,比如,过快的工业和城市发展,蜂拥而至的移民,明显的贫富差距等,但都没有触及问题的核心。问题的关键在于美国的社会形态正在发生翻天覆地的变化。出于对新秩序的渴望,淡化地方的力量,强化民族国家和大政府的统

---

① [美]查尔斯·A.比尔德、玛丽·R.比尔德:《美国文明的兴起(上卷)》,许亚芬等译,商务印书馆2009年版,第276页。
② 同上书,第317页。
③ 同上书,第1393页。

治可以说是现代性的必然要求。进步主义运动中涌现出的思想多是对于大政府的迷信(比如说哈钦斯委员会),对于英雄的呼唤(比如对威尔逊的幻想),对大共同体的想象(比如杜威与芝加哥学派),这些想法已经为形成共识奠定了思想基础。只是,进步主义时代的"共识"更多是社会治理的需要,而到了罗斯福时代,"共识"已经成为了国家利益。

一方面,社会的各种混乱提醒统治者,新秩序的重建仅仅靠政治国家机器如政府、法律、警察和军队是远远不够的,还需要启动高效的阿尔都塞意义上的"意识形态国家机器",大众传播作为"意识形态国家机器"中重要的控制手段应当受到高度重视。另一方面,只有当民族国家的意识能够进入大众的视野,大众才能具有对国家和世界的想象,才能有一种共同体的想象,大众传播才会产生效果。"炉边谈话"经常被认为是意识形态国家机器运作得最成功的个案,在美国政府看来,"天空传来的声音"不仅鼓舞了美国人民,坚定了人民的信心,而且也宣传了"新政"的货币及社会改革的基本主张,从而赢得了人们的理解和尊敬,对美国政府度过艰难、缓和危机起到了较大作用。而通过这种方式,广播也进而将美国打造成为一个舆论一律、自我感觉良好的意识形态共同体。今天看来,民族国家和大众传播的伴生关系同时推动了两者的发展。民族国家的统治合法性需要大众传播工具在文化和观念上的控制与引导,而大众传播的繁荣与发展也需要民族国家政府在各种资源配给层面的大力支持。

广播的第二个启示是,大众传播的兴起一定与个体化和现代性的社会生活方式紧密勾连。随着世纪之交工业化和城市化的快速发展,人类出现了一次重要的社会形态断裂,现代性生活方式第一次登上历史的舞台。以美国为例,第二次移民潮导致的移民大量涌入,社群化的社会(主要是乡村社会和乡村生活)开始解体,生活节奏的加快与闲暇时间的减少,个人主义与私权利的不断强化,导致现代大众社会逐渐形成。由于社群的瓦解,陌生人社会的来临,传播和交流第一次成为了问题。在个体原子化程度和社会横向流动(空间)不断增强的现代社会中,面对面沟通的主导地位渐渐丧失,大众传播的快速渗透成为可能,社会行为与心理的从众不可避免,占主导地位的舆论便因此可能成为共识或被受众想象为共识。因为个体不可能不需要信息或不需要交流。因此,大众传播绝不仅仅是意识形态国家机器的选择,它同时也是个体现代性生活方式唯一可能的选择。而广播由于其自身的技术形态——穿越时间与空间限制的强大能力,正好满足了这种现代生活的快速变化。因此,当广播的大众传播功能被挖掘,它很快就成为日常生活的媒介——它提供的服务包括从公共资讯(气象、价格变动、疾病预防等)到文化娱乐和时事等不一而足,它可以让东部和西部的美国民众同时见证一些重大新闻,或者同时对一种生活方式产生兴趣。换言之,广播使得曾经局限在一个社区的人们快步携手跨进一种共同的现代生活中。他们不仅有了共同的生活方式——收听广播,而且对这个现代社会有了共同的认知框架,知道了何为典型的美国生活。"全国广播公司(红)所播放的'一个人的家庭'是长期受欢迎的节目之一,这可能有代表性。这个节目是诺曼·罗克韦尔式的典型美国故事,每星期三晚上8时有2 800万个家庭收听。每次开始广播时,总要这样说:这个节目是为青年一代的爸爸、妈妈和他们那些彷徨徘徊的子女广播的。"①

对于广播而言,推进其大众传播功能发展的是1929—1933年的全球性经济危机,后者将现代社会的生活方式进一步固化。萧条的经济状况、低落的社会情绪反而推动了广播的发展。一方面,对政治和时事的关心让人们对新闻的渴求达到一个高潮,快速直接的广播新闻播报备受关注;另一方面,在危机期间,娱乐节目为人们提供了宣泄情绪的"泄气阀"。曼彻斯特曾经事无巨细地描述过1932年冬天美国人的生活,他写道:"收音机往往是起居室里最显眼的一种设备……安排广播节目的人,考虑到家庭的生活情况,所以在白天播送让母亲们听的分段连播节目;晚上播送新闻、滑稽剧和歌舞杂耍,其间穿插一小时的儿童节目。"②这段历史说明广播等大众传播媒介早在20世纪30年代的美国已经成为对现代性社会心理不适应的治疗工具,它被现代美国人所依赖。广播不仅在认知上为"原子式的个体"提供了信息来源,也为他们提供了情感上的心理安慰和心理寄托,而且这种心理安慰和寄托完全可能是下意识的。

事实上,大众传播从来都不仅仅是信息的告知者,它已经是现代性生活方式中个体不可或缺的心理按摩师。所以,麦克卢汉的那句"媒介即按摩"绝不是什么耸人听闻的修辞。这也是为什么对于罗斯福的炉边谈话也好,库格林的煽动性演讲也好,人们往往并不关注广播的内容,而是被他们如何讲所吸引,声音的情绪功能可以说正好安抚了现代性的神经症。于是,广播的功能与统治集团的诉求再一次吻合。商业广播电台成立之初播放的内容就受到政治审查制度的控制,也就是说不符合监督机构标准的内容很难出现在听众的耳朵里。劳工运动的保守势力威廉·格林认为广播节目"帮助受苦的人们忘掉他们肉体和精神上的痛苦,哪怕只是暂时的,那么社会生活的心理状态就会得到改善,对国家利益构成威胁的社

---

① [美]威廉·曼彻斯特:《光荣与梦想:1932—1972年美国社会实录》,广东外国语学院美英问题研究室翻译组译,海南出版社、三环出版社2004年版,第95页。
② 同上书,第49页。

会不安定因素就得以解除。"①

当然,在制造舆论共识的同时,广播在知识生产领域还产生了一个副产品——大众传播学。虽然说早在广播流行之前,李普曼就凭借其公众舆论学说,无意地推开了传播研究的大门,但是具有学科特征的大众传播学是在广播黄金时代形成的。罗斯福在广播上进行政治动员造就了一批后来成为伟大传播学者的策划团队,这里面有为罗斯福写过广播讲话稿的施拉姆,有通过广播研究项目调查"炉边谈话"收听效果的拉扎斯菲尔德、贝雷尔森,有调查战时大众说服的默顿以及整个哥伦比亚大学应用社会研究局,还有验收评估广播研究项目的以拉斯韦尔为代表的"洛克菲勒研讨班"。他们共同创造出一整套行之有效的广播宣传及社会控制模式。这一套模式渐渐成为美国政府制造舆论共识的习惯性方法,并成为此后传播学研究的理论起点——对控制、效果或者其近义词的着迷。这在很大程度上形塑了美国大众传播研究的主导范式——行政与效果的研究。而这种与政治或者商业利益紧密结合的学科起点亦使得传播学迅速崛起乃至成为显学的同时,容易将传播学置于应用与对策研究的范畴。

第三节 广播受众研究与大众传播学的开端

自从20世纪20年代商业电台和联网广播公司如哥伦比亚广播公司等陆续成立,关于听众的市场调研便已经出现。20年代末至30年代,除了委托一些专门的机构测量听众规模等,这些公司还雇用了知名大学的教授进行数据统计分析,这时期就诞生了"霍珀收听率"调查。虽然,这个时期的市场调查只是得到了对于早期听众的描述性数据,但是这些数据足以让广播节目的广告主继续心甘情愿埋单,并且让文化批评家和一些社会学家开始对广播之于听众的效果产生兴趣和担忧,更是让基金会、政府机构等开始斥资进行更为深入的广播研究。类似于《广播心理学》这样的专著开始不断问世。政治权力与商业权力的持续投资,开始孕育一个新的知识领域。

拉扎斯菲尔德的团队自20世纪30年代在洛克菲勒基金会的支持下所做的广播研究项目是这类研究中最有代表性的一个课题。项目本身当然出产了很多成果——据说围绕这一项目先后出版了四部专著和40多篇文章,围绕这个

---

① [美]丹尼尔·杰·切特罗姆:《传播媒介与美国人的思想——从莫尔斯到麦克卢汉》,曹静生、黄艾禾译,中国广播电视出版社1991年版,第88—89页。

项目也产生了很多洞见——尤其是一些重要的认识论和方法论。这些成果和洞见渐渐勾勒出大众传播学的知识领域。值得一提的是,为了评价拉扎斯菲尔德"广播研究项目"的成果,1939年洛克菲勒基金会官员马歇尔专门组织了一个传播研讨班来评估。就是在这个研讨班上,拉斯韦尔提出了"5W"模式和"大众传播"这个概念,他将传播简单地理解为单向的、以效果为核心的线性过程,从传播者、内容、渠道到受众并产生效果,从而确立了以大众传播为主要研究对象的美国传播学的研究框架。后来这个研讨班讨论的重点变成了"研究联邦政府如何能够利用传播,以便对付日益临近的战争"①,而且其报告就提到"如果这种责任的实行是民主的,那么使政府和人民彼此结合在传播之中的更加有效的方式就会被生产出来"②。研讨班表达了这样一种观点:只要条件允许,大众媒体应当帮助政府在民众中制造认同。在这种强烈的目的论中,大众传播研究的主导范式诞生了。

研究广播与美国传播学之间的关系当然不是偶然的,广播是一种真正展现出"传播效果"的媒介,正是这种媒介使"效果"变得可见,传播学才有了展开的起点。

一、广播的强效果论

广播作为一种有"强效果"的新媒体,难免处于讴歌与抨击之间。不过,在阿多诺对美国文化工业发起猛烈抨击前,20世纪30年代美国的知识精英已经一改20世纪20年代对广播的赞美立场,他们原来以为广播可以将文化教育带到每个家庭,让没有条件去接受良好教育或者去听一场歌剧或古典乐演奏会的人也有机会接触到高雅文化,并且假设他们浸润其中就自然能被培养出更高的文化艺术鉴赏能力,从而提升美国民众整体的文化素养。其时,商家也刻意向这个主流社会意见靠拢,这也是为什么古典音乐在20年代初在广播节目内容中占据格外高的比重。"文化史学家马奇安(Roland Marchand)观察到,20世纪20年代中期的收音机'不像其他任何媒体,安享文化提升的光环'。收音机厂商在他们的广告中蓄意培育这一形象,富裕的男男女女穿着正装,在收听歌剧或交响乐。"③

然而,让这些知识精英失望的是,大多数民众并不理会这一"文化提升"言论,他们开始反抗,表示只想享受不想被教育,甚至通过通俗广播、电台广播等平台嘲弄精英的傲慢态度。知识精英们对爵士乐等流行音乐发起猛烈抨击,但民众却以自己的实际行动表达对精英们的不满:"广播爵士乐被文化提升者和

---

①② [美] E. M. 罗杰斯:《传播学史——一种传记式的方法》,殷晓蓉译,上海译文出版社2005年版,第193页。

③ [美] 理查德·布茨:《美国受众成长记》,王瀚东译,华夏出版社2007年版,第233页。

老时光运动看作是一种商业的共谋,来降低美国的审美和道德程度。不过,当时的大多数人无视这一辩论,只是为了放松和自我娱乐拨弄着他们的收音机,就像上一代的劳动人民喜好汇艺秀和镍币电影,才不管社会改良者劝阻他们的努力呢。"①

同样的情况发生在广播剧这一新生事物上,只是一开始对它发起猛攻的是由出身良好的妇女组成的俱乐部,她们认为这些肥皂剧是对妇女的轻蔑,视她们如庸俗的小女人,因此她们用"拒绝收听"的方式进行抵制。詹姆斯·瑟伯(James Thurber)不仅用三明治来揶揄肥皂剧,更是挖苦妇女情绪随肥皂剧波动,分不清现实与想象。对于那时的文化批评家而言,广播剧已经是一种对妇女精神上的腐蚀。广播剧之于儿童则是更让社会精英们感到担忧。父母控诉的是惊险的广播剧折磨儿童的神经,导致他们的孩子备受噩梦困扰。而他们的抗议也得到了社会各界的声援,全国各地召开了如何促进广播改进儿童节目的会议,《纽约时报》更是成为批评的舆论阵地。"1939年,妇女俱乐部总联盟、美国自愿军团、新英格兰妇女全国协会、纽约市父母联合会和纽约市家长同盟等组织,联手反对他们认为是恐怖的、'过度刺激'儿童的节目。"②以上这些批评更多建立在直观感受之上,事实上,就如哈钦斯(John Huchens)在1943年指出广播剧对儿童的负面影响实际上只是臆测,尚未被研究证明。

除了这种伦理道德层面的批评,社会学视野的批判声音虽然并没有在其时引起强烈的反响,却直击美国民主社会的理念——广播的收听场所从社区转入了家庭,不仅是媒介经验私人化,更重要的是人们用"听"代替了"参与"。换言之,建立在社区共同参与讨论的传统民主形式开始土崩瓦解。而这也是布茨所提及的广播收听行为私人化以后的影响,"广播正在侵蚀公民对社区活动的涉入和参与性,使得家庭更加与世隔绝,并如同大众社会理论所陈述的,以国家的精英而不是本地社区的同伴来作为他们的价值取向"③。尽管他同时指出收听行为可能是心不在焉的,但是这并不妨碍广播建立其"传—受"关系,即一种原子化的、脱离集体的媒介接触实践,青少年关在房间里一边收听广播一边做功课就是一个例子。不过,这样一种隔离效果却又与其动员效果相结合,受众的"消极"需要更为辩证地看待。麦克卢汉就曾指出:"广播使人类非部落化的力量——它几乎在转瞬之间使个人主义逆转而为集体主义、法西斯主义的力量,

---

① [美] 理查德·布茨:《美国受众成长记》,王瀚东译,华夏出版社2007年版,第238页。
② 同上书,第240页。
③ 同上书,第202页。

并未引起人们的注意。"①

从心理学层面展开的实证研究接踵而来。早前资助研究电影对青少年影响的佩恩基金会在1931年增设了广播听众研究的项目,以俄亥俄州的儿童收听行为作为这个项目的首个调查对象。只是此时佩恩基金会的钱已经不足以支撑更为庞大的广播研究了,接替它的将是经济后台更为强大的洛克菲勒基金会。洛克菲勒基金会的人文部副主任马歇尔是拥护广播改革的"文化精英论者",他试图与哥伦比亚广播公司和大学的研究者从社会心理学角度出发论证广播对公众的影响。

广播研究项目的首个大型调查再次验证了广播的"强效果"论。1938年10月30日哥伦比亚广播公司的《水银剧场广播》(Mercury Theatre on the Air)被载入了史册,因为在这个万圣节前夜,百万的美国人因为一个酷似实况直播的广播剧《世界之战》受到了惊吓,不少人甚至以为火星人真的入侵了地球而慌忙逃命。由于疯狂行为席卷全国,哥伦比亚广播公司和节目制片方遭到各界谴责,尽管法律途径的起诉由于缺乏先例而没有成立,但是联邦通讯委员会(The Federal Communications Commission)为此召开的听证会至少为此类事件的再次发生作了一个明确规定,即广播剧被禁止用"现场"报道的形式进行播出。不过,这个恶作剧事件虽然告一段落,但是它拉开了深层的广播研究的序幕,或者说为洛克菲勒基金会资助的"广播研究项目"提供了一次演练机会。

关于这一广播引起的恐慌事件的研究是由普林斯顿大学的广播研究室主持的,其经费除了来自洛克菲勒基金会还有"普通教育局"的资助(General Education Board)。这一"广播研究项目"的两位副主任分别是来自哥伦比亚广播公司从事听众动向分析的斯坦顿(Frank Stanton)和在1935年就和G.奥尔波特合作写出《广播心理学》的坎特里尔(Hadley Cantril),只是由于两人均有其他委任在身,主任便由正在纽瓦克大学做研究的拉扎斯菲尔德担当。拉扎斯菲尔德并不关心广播等大众媒介对社会伦理秩序的影响,而是将其目光投得更远。这个项目的早期三巨头的磨合事实上奠定了大众传播研究的方法与框架。在维也纳大学获得应用数学博士学位的拉扎斯菲尔德将趋向于科学范式的量化研究引入了这一领域,坎特里尔则提出了以深度访谈作为数据资料的补充,使得大众传播研究从一开始就走上了定量与定性结合的效果分析框架。斯坦顿1935的博士论文本来就是与广播听众相关,而且他擅长设计小工具,很快就与拉扎斯菲尔德合作制造了昵称

---

① [加拿大]马歇尔·麦克卢汉:《理解媒介——论人的延伸》,何道宽译,商务印书馆2000年版,第375页。

为"小安妮"的"拉扎斯菲尔德-斯坦顿节目分析仪"用以测量广播节目的传播效果。这个看似只是记录"喜欢"与"不喜欢"的木盒子很快就成了测量广泛意义上的大众传播效果的重要仪器。"有几个麦迪逊大街的广告机构开始使用'节目分析仪',先是针对广播和电影,后来则是针对电视。……今天,人们仍在使用拉扎斯菲尔德-斯坦顿的'节目分析仪'来评估新的电视节目的试播节目。"①在"广播研究项目"中开创的这些研究思路后来随着拉扎斯菲尔德成为哥伦比亚大学社会学系教师而被带到了另一个学术科研中心——后来拉扎斯菲尔德和默顿干脆将研究所更名为"应用社会研究局",有了更为制度化的科研管理和人才培养方案,成就了后来所谓的"哥伦比亚学派"。

对于这个在1937年刚成立的研究室来说,1938年这个万圣节夜事件来得恰是时候,尤其是对心理学出身的坎特里尔而言,这是一次调查恐慌心理与行为的千载难逢的机会。坎特里尔领导的这项调查方法和资料来源相当多样化,包括了哥伦比亚广播公司对收听过该节目的920人进行的调查资料、美国舆论研究所对数千名成人的调查、研究团队自身对135人进行的深度访谈、《世界之战》播出后3周内12 500篇来自全国各地的报刊报道以及写给广播公司、节目组乃至联邦通讯委员会的信件。最后,坎特里尔在哥迪特(Hazel Gaudet)和赫佐格的协助下执笔了《火星人入侵》(*The Invasion from Mars*)这份研究报告。报告中详细分析了《世界之战》这个广播剧的独特之处和受众的感觉以及反应,并从中寻找出导致恐慌的原因。如果只是停留在恐慌原因阐释层面,那么这项研究也就只能成为一份给听众一个交代的调查报告,但是它没有,而是进一步提出了选择性影响的观点,即深入到为什么是这些人受影响而其他人则没有,换言之,在坎特里尔等人眼中,受众不再是均质的,而是有个体差异的,这一点事实上挑战了之前统治了大众传播研究的魔弹论。更重要的是,这项调查中突出的个体差异视角被接下来的两项更为大型和基础的广播研究所吸纳,并发展出了至少在传播领域具有强大阐释力的相关理论——"二级传播"和"使用与满足"。但是,值得注意的是,这并不意味着动摇美国社会对广播的强效果认知。"或许这一研究的真正意义,是它再次确认了公众对大众媒介效果的看法。简而言之,它强化了人们长期以来的恐惧遗传(legacy of fear)。……对于许多人来说,它再一次毫无争议地证明了广播所具有的巨大影响力。"②

---

① [美] E. M.罗杰斯:《传播学史——一种传记式的方法》,殷晓蓉译,上海译文出版社2005年版,第243—244页。
② [美] 希伦·A.洛厄里、梅尔文·L.德弗勒:《大众传播效果研究的里程碑》(第三版),刘海龙等译,中国人民大学出版社2009年版,第63页。

二、从"二级传播"到"使用与满足"

假如说针对"火星人入侵"广播剧事件的调查只是"广播研究项目"的一个应景的预热,那么 1940 年开始的拉扎斯菲尔德和赫佐格分别指导的研究项目在方法与理论创新上都称得上大众传播研究的里程碑。前者主要针对选民如何在总统竞选中作出决策这么一个与宣传紧密相关的命题;后者则深入到日常生活中的大众媒介传播效果,探讨为什么听众热衷于日间广播连续剧。乍看上去两者旨趣迥异,但最后都提炼出富有想象力的理论,颠覆了传统的大众传播观念,使得更为生动、异质、复杂的受众概念正式形成。

在伊里县的调查中,拉扎斯菲尔德设计的固定样本组和重复访问法至今仍为社会科学界所津津乐道,因为他在很大程度上解决了动态变化的社会研究问题。在筹得了 10 万美元的经费后,研究小组迅速培训了专业的访员队伍,在 1940 年 5 月对伊里县这个大约有 43 000 人的、白人为主的俄亥俄州小县城的四分之一住户进行了摸底式的访问调查。根据这些人的基本信息,研究小组选出了 3 000 个具有代表性的样本,再从中通过分层抽样抽取 4 个 600 人的样本组(panel),其中,3 个为"控制组"(仅被重复访问一次),1 个"固定样本组"(每月重复访问)。通过为期 7 个月的重复访问和观察,研究小组详细呈现了选民的特点,如他们的社会属性(尤其是社会经济地位即 SES、宗教信仰与城乡差别三个因素)和政治既有倾向指数(index of political predisposition,IPP)。根据后者,研究小组将选民划分为:坚定的共和党人、温和的共和党人、不坚定的共和党人、不坚定的民主党人、温和的民主党人和坚定的民主党人六个类型,并且指出"处于高的 SES 等级、信仰新教、居住在乡下的居民倾向于选共和党,反之,则倾向于选民主党"①。

尽管在这项调查中,广播作为大众媒介信息来源的重要程度已经超越了报纸,但是媒体宣传的作用在这项研究中仍然被认为是"有限"的,事实上,作为"最重要的"来源,也就只有 38% 受访者提出是广播,报纸则只有 23%。造成这样一种出乎意料的结果,首先是因为要这些有着政治倾向的人与媒体发生化合反应,他们必须得有兴趣参与投票,否则一切免谈。因此,研究小组发现"选战经理要持续面对的宣传工作,不仅要针对那部分逐渐减少的选民,也要针对那些对选举的关注和兴趣逐渐消退的选民"②。除了低兴趣者,还有处于交叉压力中而延迟投票的人亦是宣传工作的目标。其次,大量的宣传并没有扩大选民的接触面,研究指出在投票前夕的演说和报道约有一半选民没有在意,"政治宣传的洪流远远没

---

① [美]保罗·F.拉扎斯菲尔德等:《人民的选择——选民如何在总统选战中做决定》(第三版),唐茜译,中国人民大学出版社 2012 年版,第 24 页。
② 同上书,第 48 页。

有把人们淹没,甚至连他们的脚都弄不湿"①。通过对报纸、广播、杂志等信息来源的接触调查,研究小组发现事实上这些不断增加的政治宣传事实上只是传达给相同的群体,而这个群体的听众早已决定了自己的选择,这些信息不过是强化他们的认知。最后,在选战中改变自己的选择,即倒戈者是出现频率最少的,而且与一般人的假设相反,这些改变立场的人几乎没有接触选战的政治宣传信息并且属于低兴趣或者处于交叉压力中,更为重要的是,四分之三这类选民是受到人际传播影响而最后作出决策的。因此,拉扎斯菲尔德等人提出,大众传播在政治宣传中起到的效果主要有三种形式:激活、强化和改变,尽管事实上三者的实现条件都更为苛刻,却足以推翻魔弹论的强效果说法,让人们看到了受众本身具有高度选择性。

与大众传播相比,他们进一步指出,人际关系由于具有更广的覆盖面(触及未接触宣传者)和特殊的心理优势(用"分子压力"形成社会群体的政治同质性)而比大众传播具有更强的潜在影响。在他们看来,信息不再是直接从大众媒介抵达受众,而是先流向了高度参与选战的"意见领袖"(opinion leader),再传达到那些很少接触相关媒介信息的人。这就是所谓的"二级传播流"(two-step flow of communication)。所谓的"意见领袖"不同于社区中本来就具有声望的领袖角色,他们是对某个领域和公共问题上最为关心并且讨论最多的人,具体到选战,他们试图劝服别人接受自己的政治观点,以及有人向他们征求政治问题上的意见。通过这个二级传播模式的发现,"人际关系"开始受到大众传播研究的重视,而个体差异讨论的加入亦使得传播研究变得有血有肉,尽管这里的个体依然被视为社会的有机体,是功能性的存在。而这个二级传播理论亦在随后的迪凯特研究中得到了深入的阐释。

正如上文所述,广播在20世纪三四十年代已经是人们日常生活的必需品,而其时文化精英已经对广播剧发起了猛烈的抨击,但是对于继承了欧洲文艺理论的学院派人士而言,广播剧尤其是日间肥皂剧难登大雅之堂,将其作为正式的研究对象有损严肃学问的形象。对于直接依靠商业资助的广播研究所而言,这却反过来证明了研究的价值。正是为了了解受众如何选择广播节目,为何被节目吸引以及从节目中获得了什么这么一个看似最基本不过的问题,成就了大众传播效果研究的另一个里程碑。赫佐格将来自四个独立研究的数据综合起来写就了一份报告,开启了"使用与满足理论"(uses and gratification theory)的探究。这四个研究包括对4 991个非农村妇女的调查、对艾奥瓦州的5 325个妇女的调查、伊里

---

① [美]保罗·F.拉扎斯菲尔德等:《人民的选择——选民如何在总统选战中做决定》(第三版),唐茜译,中国人民大学出版社2012年版,第104页。

县1 500个妇女的调查(作为拉扎斯菲尔德领导的伊里县调查一部分)以及由哥伦比亚广播公司对纽约的塞拉库斯、得克萨斯州的孟菲斯、明尼苏达州的明尼波里斯这三个社区的妇女的访问。

  在调查之前,赫佐格曾经提出了关于肥皂剧听众与非听众的区别的假设——经常收听者倾向于自我封闭、知性方面(intellectual interests)兴趣较低、不太关心公共事务、更加容易焦虑、偏爱收听所有广播娱乐节目。事实上,在验证这些心理特征假设上,研究结果颇为模糊,在公共事务关心程度上更是出现了难以解释的点。首先,她通过实际调查数据发现这些经常收听肥皂剧的听众在社会活动参与方面并没有比非听众少,自我封闭的假设并不成立,同理,关于她们相对更容易焦虑的说法也被数据否定了,但是能够肯定这些肥皂剧粉丝更常使用广播,而且虽然她们也经常阅读杂志等,但是由于她们中的大部分受教育程度较低,她们阅读的杂志一般没有多大的智力挑战,换言之,她们更喜欢"True Confession"这类生活猎奇的读物而非《纽约客》这种刊登较高层次文章的刊物。有意思的是,这些经常收听者在评价自己的公共事务关注方面往往比较积极,但是事实上她们与非听众相比更少参与到实际投票中。

  不过,赫佐格所作出的贡献远不止首次系统地描述广播听众心理,更重要的是,她通过前三项研究中的定性调查部分数据,提炼了"使用与满足"的理论,而理解受众的偏好仍是迄今大众传播研究的一个重要任务,尤其是对于资助这些研究的信息生产者而言。在赫佐格的研究中,"使用与满足"的形式主要有三种:情感释放(替代性的感情)、愿望的想象(替代性的圆梦)、得到有用的生活建议(不管是否真的有帮助)。在赫佐格之后,这个研究框架很快也被应用到其他媒介的研究中,如贝雷尔森于1945年在纽约报纸罢工后对报纸产生的"使用与满足"进行了调查。而这个理论框架后来也为卡茨、麦奎尔等人所进一步精细化,后者更是提出了一个包括4个维度、16个项的使用动机矩阵。

  值得注意的是,虽然赫佐格所提出的"使用与满足"理论具有浓厚的功能主义色彩,而且这个理论本身往往导致人们产生这样一种认知:传播对应特定需求,而这事实上是先入为主的。但是,这并不意味着赫佐格将这个理论视为维护现有秩序的研究工具,她敏锐地觉察到肥皂剧等大众文化产品对国家问题的遮蔽,她提醒人们,现实的改变并不是通过愿望的想象就可以实现的,广播应该成为推动社会积极变迁的能动者而不是将这个问题抛到脑后。正如后来洛厄里所言:"虽然它们(日间广播连续剧)有时也会展现人性的弱点和一些社会问题,然而它们只不过是不太高级的通俗文化的一种形式而已,其首要目的并不是改良社会、解决问题或者提高受众的艺术品位。它们是为电子媒体的投资者服务的,他们把它们看做是搭载广告信息的交通工具,并期望从中获得商业利润。"①只是学科的发展并不是赫佐格等个人所能主导方向的,"使用与满足"理论不仅日益精致化,而且由于其容易理解和落实到具体的节目分析中,最后不可避免地被轻易挪用,而忘记了它所引申的社会批判问题。

    这些基于广播的著名研究项目使大众传播学快速起步,然而,广播却因为电视的兴起而渐渐被边缘化。尽管今天由于汽车和公路交通的不断发展,广播仍然是一种具有影响力的媒体,但毕竟它不再是媒介族群中的明星。此后一系列"使用与满足"理论的研究都围绕电视展开,然而大众传播学的几乎所有著名的研究假说,似乎都不可避免地打上了广播的烙印。这种来自天空的声音,既是现代社会的结果,又是现代社会的原因,并最终融入现代社会的日常观念之中。

---

① [美] 希伦·A.洛厄里、梅尔文·L.德弗勒:《大众传播效果研究的里程碑》(第三版),刘海龙等译,中国人民大学出版社2009年版,第102页。

第七章 现代性视野中的电视

1960年9月26日,美国民众聚集在电视机前观看总统选举第一次辩论,他们看到的是健康自信的民主党候选人肯尼迪以及与之形成鲜明对比的面容憔悴的共和党候选人尼克松。尽管对于广播听众而言,尼克松的表现略胜一筹,然而,上百万的观众已经因为电视前的荧屏形象作出了决定。同样是这一批民众,在三年后通过电视收看了遇刺身亡的肯尼迪总统的丧礼转播。而就在刺杀当天,在枪声响起10分钟后,"观众看到神情沮丧的沃尔特·克朗凯特转播了史密斯关于三颗子弹的报道"①。在20世纪60年代以后,电视的崛起,已经重新制定了大众传播的游戏规则,它不仅成为美国社会写照的一部分,并且也用其自身的媒介语言改写着社会本身。

电视作为一种技术同时在大西洋两岸起步。电视史研究者认为,没有人可以被看作电视的唯一发明者,这是一个世界性的构想:

> 电视的起源是极其复杂的,那种独自一人发明电视的神话,是与孕育电视这种革命性的新传媒所必需的不断延伸的关系网络绝不相符的。近年来许多国家的电视支持者们都已经提出了各自的"电视之父",包括英国的约翰·L.贝尔德、德国的卡尔·布劳恩、俄国的鲍里斯·罗辛、日本的高柳健次郎,以及美国的戴维·萨尔诺夫、弗拉基米尔·兹沃雷金和菲洛·T.法恩斯沃斯。电视的观念从一开始就是一个国际性的构想,电视观念的出现主要应归因于存在一个队伍不断壮大、范围与影响力也不断增长的国际科学群体。②

1884年德国工程师尼普可夫(Poul Nipkow)发明了尼普可人转盘,这种机械扫描技术能够传送活动图像,这为机械电视的发明奠定了基础。40多年后的1926年,英国"电视之父"贝尔德(John Logic Baird)于1月26日,在伦敦向英国皇家学会和新闻界展示了他用尼普可夫原理制造的机械电视机,并播放了世界上的第一段电视影像———段反映办公室勤杂工的活动影像。此后,贝尔德及其

---

① [美]威廉·曼彻斯特:《光荣与梦想:1932—1972年美国社会实录》,广东外国语学院美英问题研究室翻译组译,海南出版社、三环出版社2004年版,第774页。
② [美]加里·R.埃杰顿:《美国电视史》,李银波译,中国人民大学出版社2012年版,第13页。

公司"贝尔德电视发展公司"不断推动着机械电视的发展:"1927年,他将电视信号从伦敦传到格拉斯哥;1928年,他使用漂浮在大西洋的汽船作为中继站,将图像从伦敦送到纽约;1941年,他发明了三个螺旋孔加上红绿蓝滤色器的机械电视系统,可以播出彩色电视。"①

美国的机械电视研究同样领先于世界。"美国发明家詹金斯不太走运。他的电视研究几乎一直与贝尔德并驾齐驱,但他从未得到贝尔德式的荣誉。"②然而,美国人似乎很早就意识到了机械电视存在的问题,他们转而关注开发电子电视。美国无线电公司(RCA)的CEO萨尔诺夫(David Sarnoff)全面组织了电子电视的研发。1928年,美国无线电公司研发出了显像管,这项技术在1931年通过美国无线电公司占股的公司——百代公司(EMI)引入英国,并在1937年2月在BBC这个世界上最早的电视台中最终击败了贝尔德的机械电视。

但是,美国电视的发展似乎不像广播那么顺风顺水。20世纪30年代初,由于众所周知的原因,电子电视的研发受到经济大萧条的影响而陷于停顿,直到1939年4月,美国无线电公司的电子电视系统才真正问世。此后便是联邦通讯委员会与像全国广播公司这样的电视经营商之间关于电视商业化程度的拉锯战,几经波折,联邦通讯委员会才将1941年7月1日定为美国商业电视的开办日。这已经到了珍珠港事件的前夜。之后,"二战"再次叫停了美国电视技术的发展,电视台数量被冻结,大量电视业中的年轻人参军入伍,其中也包括萨尔诺夫本人,他因此还成为了一位将军。电视的受众与电视机的生产都停滞不前。事实上,珍珠港事件发生时,尽管美国已经已经有了NBC、CBS等电视运营商,但美国个人拥有的电视机还不到10 000台,甚至不如业余爱好者时代的无线电装置的数量。不过,相比于战火纷飞的欧洲,美国人还可以骄傲:除了英国当时可能有5 000台左右的电视机外,德国、法国、俄国和日本都只有不到500台,一切国家的电视机生产"实际上都停止了"③。

然而,战后不久,电视便进入飞速发展时期。随着科技的进步,电视从黑白到彩色到高清、从2D到现在的3D,电视呈现的世界越来越接近可以直接接触的真实,而且电视节目的多元化远超广播节目,它甚至让人产生一种错觉——个体能够通过电视体验到社会生活的方方面面,乃至超越时空限制。"电视综合了音乐与艺术、语言与修辞、修饰与色彩。它更倾向于声音和视觉形象的同步性。""电视是一个小盒子,盒子里挤满了活生生的人;电影给了我们一个广阔的世

---

①② 郭镇之:《中外广播电视史》,复旦大学出版社2005年版,第9页。
③ [美]加里·R.埃杰顿:《美国电视史》,李银波译,中国人民大学出版社2012年版,第43—44页。

界。……与此形成对照的是,电视屏幕在只有两张至多是三张脸的时候看起来才舒适。电视更接近于舞台,但是与舞台不同。"①

然而,电视作为新生的媒介,它的意义远不是创造新的传播手段或者新的艺术形式那么简单,它的黄金时代正是美国社会的一个转型时期,用吉登斯的术语来说,那就是进入晚期的现代性,是现代性高度发展的时代,而用利奥塔等人的词汇来形容,那就是后现代性的到来。电视与社会公众的关系处于一种一方面个体的受众被赋予了更多的解码能力,另一方面整体的受众却被认为是从公共领域退回到私人领域,是被媒介建构起来的。与此同时,在这个晚期现代性中占据了主导政治经济话语的新自由主义对社会科学的渗透以及新左派运动(反主流文化运动)的一度上扬,使得信息与文化的地位与作用愈加被凸显。

围绕电视的繁荣,大众传播研究亦进入一个新的学术话语时代——尽管哥伦比亚学派所奠定的效果范式依然是主导,但是政治经济学、文化研究、媒介环境学等思想开始日益受到学界的关注。电视作为新的学术灵感刺激着学术研究,美国传播学的知识生产在电视时代可谓有了一次"大跃进"。在"电视与社会行为"这样的传统研究范式之外,还有赫伯特·席勒高呼的"文化帝国主义"、尼尔·波兹曼对电视时代"娱乐至死"的哀叹以及费斯克对电视节目编码的沉迷。

第一节 从沉默的羔羊到沙发上的土豆

正如我们在前文所展现的,在电视兴起之前,电影和无线电广播的技术与市场已经发展得相当成熟。大家的业余生活如果不是在起居室听广播就是在电影院看电影,这曾经是美国人生活的标配。然而,电视的出现彻底改变了人们的生活方式。从1950年开始的很长一段时间中,美国家庭平均收看电视的时间就从来没有低于过每天3个小时。于是,去电影院的人大大减少了,而在起居室里,如果有可能看电视,大家通常不再收听广播。在1960年,美国人电视的收看时间已经是广播的三倍之多。正如施拉姆所言,广播花了24年(1922—1946)才达到90%的美国家庭,电视却只花了14年(1948—1962)②。在美国,人们习惯把长时间看电视的人称为"沙发上的土豆"。他们的几乎所有业余时间都被看电视这一行为所霸占。"电视是观众时间的饕餮者,观众是电视的饕餮者。……电视

---

① 转引自[加拿大] 戴维·克劳利、保罗·海尔编:《传播的历史:技术、文化和社会》(第五版),董璐等译,北京大学出版社,2011年版,第332、333页。

② Schramm, W., Roberts, D. F. (eds) *The Process and Effects of Mass Communication*, Urbana: University of Illinois, 1971[1948], p.343.

威力巨大,将把休闲、文化和教育撑得天翻地覆。"①巨大的阅听人市场、现代性生活方式与电视技术和节目之间的相互建构,成为20世纪60年代以后美国大众文化史中一道现象级的景观。

美国的电视都是在原有的无线电广播电台的建制和机构基础上发展而来的,因此,它更像是将视频元素叠加到了广播节目之上。"广播节目和电视节目(包括卫星和有线电视节目)具有许多共同性,它们相互模仿,相互借鉴,是最具有跨媒介'传染'性的。"②当然,这种视频元素的叠加倒也并不完全强化了广播节目的魅力,但多数广播节目确实通过这种叠加而变得对公众更加具有吸引力。

如上一章所述,音乐节目是广播中最重要的节目类型,尤其是在广播节目的早期,它的重要性无以复加。但音乐与视频相结合的音乐节目并没有成为最重要的电视节目,除了MTV外,现场音乐会的直播和音乐的选秀类比赛如"美国好声音"是为数不多的成功的电视音乐节目,这还是因为竞赛类节目的吸引力所引发的结果。视频非但没有给广播音乐节目带来有力的促进,相反还削弱了单纯诉诸声音时音乐的魅力。在电视上,音乐似乎永远只能成为视频的配角。不过,如果将歌与舞结合在一起,结果就大不相同,因为这直接激活了百老汇歌舞剧的传统。全国广播公司就是靠歌舞综艺类而奠定其老大电视台地位的。米尔顿·伯利主持的《德士古明星剧院》在当时取得了巨大的成功,在20世纪四五十年代之交,该节目长期处于收视的全国前三,并一举奠定了歌舞综艺节目在电视节目中的地位。

电视注定了是一种更偏向于视觉的媒介,这一点可以从电视剧的发展上得到验证。当视觉的元素被注入广播剧后,广播剧的黄金时代便结束了。美国的第一个电视剧出现在1928年9月11日,J.哈特利·曼纳斯的独幕剧《王后信使》在历史上第一次同时被广播和电视播出,电视当时还处于实验状态,图像模糊而混乱,但这一事件不仅在新闻媒体上引起轰动,而且体现了电视剧与广播剧以及戏剧表演之间的复杂关系。美国的电视剧也因此继承了早期广播肥皂剧的光辉传统,长篇累牍的电视连续剧按生活的周期有规律地拍摄着和安排着,一季又一季,目标通常也是无所事事的家庭妇女。从早期有西部片、冒险片、情景喜剧到后来的警匪片、科幻片、室内剧,题材不断拓展,牢牢地将观众锁定在电视机前,让其始终生活在电视叙事中。哥伦比亚广播公司在情景喜剧上的巨大成功,使之从名不见经

---

① [美] 理查德·布茨:《美国受众成长记》,王瀚东译,华夏出版社2007年版,第250页。
② 郭镇之:《中外广播电视史》,复旦大学出版社2005年版,第52页。

传的无线广播网一下子变成了美国的第一大电视网。"对哥伦比亚广播公司攀升到黄金时间的最高地位起到最大作用的系列节目也是20世纪50年代最受欢迎的节目——《我爱露西》。"①

动画片是美国电视文化中值得大书特书的节目类型。动画片的兴起与迪斯尼公司的想象力紧密地联系在一起,但它的兴起其实与电视的主要受众——儿童的趣味息息相关。动画片可以呈现许多难以拍摄的场景,从而在剧本的想象力与电视的表现力之间架起了一座桥梁。动画片的成功,强化了儿童收看电视的习惯,使广播的市场几乎完全失去了未来——孩子们的支持。美国广播公司就通过与迪斯尼的合作,一举摆脱了自身的经营危机而跻身全国三大电视网之一。

现场直播各种活动的做法尽管也来自无线电广播,且广播在直播方式上也远比电视更简便,但有了视觉元素的现场直播显然比广播有更大的震撼力。美国早期的电视剧便曾经是百老汇剧场演出的直播版。后来,这一技术被广泛运用于体育赛事的直播。美国有着大量的职业体育赛事,如职业棒球联赛、橄榄球联赛、冰球联赛与篮球联赛。体育节目在白天和周末通常有大块时间完整播出,吸引了大量体育迷的观看,这甚至减少了前往现场的观众的数量。体育比赛也因为电视的直播要求而发生了规则上的改变,比如为插播广告而增加了赛间休息的时间。许多男性受众也由此被邀约到电视机前,有线电视和卫星电视还为此为他们开设了各种类型的专门体育频道。

在"二战"前后,广播一度成为主要的新闻媒介,然而一旦电视新闻节目登上历史舞台,广播新闻便立即落了下风。在电视新闻方面,全国广播公司一直是一个先驱,它早在1948年2月16日便开办了第一个连续的晚间新闻节目《骆驼新闻影院》。此后,尽管其他电视网也在努力学习并试图超越,但全国广播公司始终在现场报道和与海外交换新闻片方面走在电视业的最前列。最迟到20世纪50年代中期,电视已经超越报纸和广播成为美国公民最主要的新闻源。其中一个风向标式的事件便是广播新闻的象征性人物爱德华·R.默罗转而成为电视新闻主播。1951年11月18日,默罗在他负责的电视新闻与纪实节目《现在请看》的第一期节目中,以其特有的简洁和直率向哥伦比亚广播公司的电视观众说:"这是一支尝试学习新行业的老队伍。"②默罗的转型是一种重要的象征,它意味着第一大众传播媒体的权力转移。

---

① [美]加里·R.埃杰顿:《美国电视史》,李银波译,中国人民大学出版社2012年版,第85页。
② 同上书,第93页。

电视新闻显然具有巨大的传播优势。画面极大地增加了新闻的真实性和冲击力,使新闻更具有实证性。有一种观点甚至认为,电视给新闻业带来的最大贡献在于,自新闻画面出现以后,真实性就被看作新闻的第一属性,而以前在报业时代并没有这么明确。报业是在电视出现以后,才不断标榜新闻的真实性的。换句话说,是电视新闻改变了新闻的自我认知,使原先以讲故事为主的美国新闻业增添了更多的专业气质。当然,画面的吸引力是随着技术的发展不断变化的。早期的电视新闻只是在播音之外加入一些静止的画面,有点像照片与广播的结合体,因此电视新闻在形式上的优点并没有得到彰显。但是,随着电视信息采集技术的不断进步,画面的摄录与采集变得越来越专业,画面在电视新闻中的重要性也在不断增加。电子新闻采集(ENG)在20世纪70年代的兴起,卫星新闻采集(SNG)在20世纪80年代的兴起,使电视新闻直播变得越来越方便,也使得电视新闻报道成为电视台最重要的节目形式之一,甚至连专门的新闻频道如CNN也涌现出来,电视台之间关于新闻节目的竞争变得越来越激烈。

因为能同时利用画面、声音与文字进行传播,电视可以开发的节目类型比报纸和广播要多得多。电视的综艺类节目、竞赛类节目、谈话类节目、电视纪录片和电视真人秀节目等更是由电视首创的多元化节目类型。而且随着电视业的不断发展,尤其是不同电视台之间因收视率而发生的战争,电视节目的形态变得越来越多元化。电视台为了吸引受众的注意力,不断充分利用电视的技术潜能,开展电视节目创新,以区别于当时的其他媒体。所以,一个全面而有针对性的节目计划对于电视网的发展至关重要。在美国,全国广播公司在20世纪四五十年代由西尔威斯特·韦弗担任总裁的时代,便确立了全方位的节目战略。韦弗"强力提倡各种类型的现场直播节目,包括综艺、戏剧、音乐、喜剧、儿童节目、新闻与公共事务、谈话等","他认为这是电视区别好莱坞制作模式之所在"[1]。这些不断创制出来的电视节目立即牢牢地吸引了公众的目光,成为他们现实世界之外的另一栖居之所,成为他们最为需要的伙伴。"电视为电报和摄影术提供了最有力的表现形式,把图像和瞬息时刻的结合发挥到了危险的完美境界,而且进入了千家万户。我们现在有了电视时代的第二代观众,对于他们来说,电视为电报和摄影术提供了最有力的表现形式,在他们中的很多人看来,电视也是他们最可靠的伙伴和朋友。"[2]

正因为如此,电视普及得如此迅速,甚至超过了创造纪录的广播。在"二战"

---

[1] [美]加里·R.埃杰顿:《美国电视史》,李银波译,中国人民大学出版社2012年版,第103页。
[2] [美]尼尔·波兹曼:《娱乐至死》,章艳译,广西师范大学出版社2004年版,第104页。

以后,无线电广播曾经历了两到三年的黄金发展期,然而电视在1948—1949年发起了一场对广播电台的人才战斗。"经过一个对一流节目和人才的激烈争夺战之后,无线电广播最终屈服于电视。"①在迈过了广播这道坎以后,电视的发展更是一发不可收。1952年,联邦通讯委员会解除了电视台创办的战时禁令,美国电视立即走向繁荣兴旺。1952年联邦通讯委员会的解冻令使得三年后美国电视台的数量就达到了450多个。在1947年,当时电视观众主要集中在美国的11个大城市中,而且主要就是在纽约市区,电视机的普及率在1947年底不到0.6%,电视机不过25万台;而到了1955年,普及率就到了64%,电视机数量已经超过3000万台。"全国范围的电视观众在20世纪50年代后期连为一体,其在全国分布的广度和对电视的忠诚度让人感到震惊:美国家庭拥有电视机的比例从66%上升到了90%;观众通常每天平均看3—3.5小时的电视。电视广播在全国的扩展更加彻底,深入到各州的中型和小型城市。"②自此以后直到20世纪90年代,电视机使用的平均小时数一直在增加。与之形成鲜明对比的是其他媒体所受到的巨大挑战:1950年底,全美电影院的入场人数就下降了30%;而到1951年底,纽约市的电视观众已经是广播听众的4倍,所占份额上升到受众总人数的80%。

　　正如我们在上文讨论有声电影时所说的那样,通过镜头语言构建故事并引导观众关注正在呈现的内容,除了出现在电影幕布上的有限部分,其余都被省略,观众从现实世界被转移到了内心世界。因此,电影虽然是最后的"公共空间"中的媒介,但是观众从来没有形成一个哪怕短暂的"共同体"。有声电影的出现更是将观众建构为"受众"。有声电影用自己的声音彻底抑制了观众的声音,包括在廉价镍币影院,它进一步压制了观众在影院的交流行为,声音和黑场从一定意义上决定了电影的观看方式和受众的特性。"无声电影的谈话观众成为了谈话电影的无声观众。"③自此,沉默的羔羊逐渐成为对于群体的通常看法。广播在制造沉默受众的过程中也扮演了重要的角色,它将公众的一部分闲暇时间从影院的公共空间中拉回了起居室,使公众在沉默的同时更加地个人主义。不过,由于广播单纯诉诸听觉的特性,使人们还是需要仪式性地回到影院的公共空间中去。

　　如果说电影开始创造沉默的"受众",广播接续和发展了这一"伟大传统",那么电视则是更进一步强化了受众的特性。尽管在电视机较为昂贵的早期,尤其是20世纪40年代末,美国的社区居民还喜欢在酒吧等社交场所里一边社交一边

---

① [美]加里·R.埃杰顿:《美国电视史》,李银波译,中国人民大学出版社2012年版,第76页。
② 同上书,第68页。
③ [美]理查德·布茨:《美国受众成长记》,王瀚东译,华夏出版社2007年版,第163页。

看电视,但这种收看的社区性行为没有能维持多久。随着电视的快速普及,精彩纷呈的电视节目将观众牢牢地局限在起居室里。

受早期电视技术的局限,人们在观看电视时要隔绝光源形成黑场以取得更好的观看效果,与高清晰度的电影不同,电视的收看必须高度卷入。后来,当麦克卢汉将电视与电影按照受众卷入度的不同划分在冷热媒介的不同阵营时,还让后世百思而不得其解。其实,面对满是雪花霜的黑白电视和彩色电视时,不高度卷入是不可能的。这种观看使人们的注意力高度集中在屏幕上,具有"镇静效果"的观影方式从电影院转移到了家庭,并因此成为电视收看的主要方式。由此一来,电视把受众吸引在家中,用静默的影院观看方式和各式节目把他们培养成"沙发上的土豆"。

技术总是在社会、文化和历史关系中发展,美国也不例外。战后的美国,在种族、阶级、性别和城乡等社会结构上发生了巨大的变化,进一步推动美国社会向现代性社会发展。而电视的发展正是嵌入了这一社会历史进程中。"二战"后美国兴起的城郊化和生育高峰一定程度上促进了电视对受众个体主义现代生活方式的形塑。第二次世界大战结束,大量人员从战场返回美国结婚生育,导致了全国住房紧缺的情况,一些企业家在城郊购买耕地通过工厂预制构件的流水线方法建造了大量标准化城镇,中产阶级和工人阶级离开城市来到郊区,以核心家庭的方式(由一个工作的爸爸、一个家庭妇女的妈妈和一个或几个孩子组成的家庭结构)生活,战后人们渴望回归家庭的倾向让公众寻找一种以核心家庭为中心的娱乐方式,孤立地使用休闲时间,电视恰好迎合了这种愿望。电视成为战后美国核心家庭休闲时间的组织者,并有助于推动核心家庭自此成为美国的社会基本单元。可以说,它创造并维系了这种现代性的社会基本结构。而核心家庭也在电视的组织下用一种新的家庭价值观来重塑美国的中产阶级家庭。他们坚信:"当所有家庭成员都聚集在起居室的新'电子壁炉'前时,他们就会形成更强的情感联系和共同的兴趣。"[1]

然而,打着团结家庭的旗号,电视虽然起到了推动回归家庭的作用,但它并没有很好地促进家庭成员之间的沟通交流。电视技术重塑了观众的生活,这个成功的起居室入侵者把外界的信息一股脑儿地以简单易懂的方式呈现给观众,用外部包括战争、政治、经济的信息压制了个体间的日常交流。于是关于家庭和睦的吹嘘遭到了来自各方的质疑。社会批评家们认为,整天待在厨房的家庭主妇们可能希望在闲暇时间出门寻找快乐,而劳累了一天的丈夫们则希望躲进起居室电视的

---

[1] [美]加里·R.埃杰顿:《美国电视史》,李银波译,中国人民大学出版社2012年版,第59页。

怀抱,这便可能导致家庭的不和谐。

就如广播那样,无所不在的电视很快也遭到了文化精英的批评,尤其是20世纪50年代电视刚兴盛的年代,可以看到大量的报道和专栏除了对电视节目的质量低下发起猛攻,还对电视之于家庭生活的影响表示极大的忧虑。这些忧虑表现在各个方面:电视不利于儿童的学习和父母的威信,电视可能诱导青少年犯罪,电视可能会带来色情和暴力……"所有这些公众的顾虑,都证明了一个信念:电视威力巨大,将把休闲、文化和教育搅得天翻地覆。"[1]而且,阶级的区隔也很快渗透入这种被民主寄予厚望的媒体中。中产阶级的话语再次成为主导,或者说中产阶级的受众规范再一次得到加强。"为了避免电视玷污一个人的文化资本,人们必须展示出'积极'观看的特征:不把电视放在娱乐来宾的地方或藏在机柜的门后;仅仅为资讯和文化提升节目有选择地使用电视;限制儿童看电视的时间,选择有教育意义的节目。中产阶级偏好的风格同劳动阶级/下层阶级的有害收视模式形式相互对照。"[2]

电视可能产生的最大负面影响还是来自它的商业化运作。电视机构与广播机构类似,电视机不过是一个接收装置。受众被抽象为尼尔森公司统计的抽象数据,电视台通过节目争夺观众注意力,从而出售广告时间获得利润。无论电视提供给观众再多的节目,受众看似拥有了选择权,事实上不过是电视目标市场的一员。电视维护现有体制回避社会矛盾,当个体花费越来越多的时间在电视上时,个体对于外部世界的认知很大程度上被电视不断提供的信息所支配,个人的主动性被埋没。在政治和商业目的推动之下,收音机和电视机进入了绝大部分人的私人生活空间。电视比以往任何一种媒介都更接近米歇尔·福柯所说的"全景监狱",更类似乔治·奥威尔笔下铺天盖地的电子屏幕世界。在大众传播的时代,统治者可以利用大众媒介进行社会控制,通过各种方法包括全民娱乐来塑造舆论共识的愿望和想象图景,而电视可能是其中最合适的媒介。

有意思的是,电视在现代性社会推进的角色扮演上比精英们想象得要丰富。当美国的权力精英以为战后婴儿潮的年轻人会被电视绑在沙发上时,他们万万想不到这一代人竟然学20世纪50年代的"垮掉的一代"走上反主流文化的道路,自称嬉皮士,不仅迷恋上摇滚,还"变本加厉"走上街头游行,形成了席卷全美的新左派运动。而且,这些在电视的包围中长大的年轻人还主动与各种媒体尤其是电视媒体打交道,擅长用媒体为自己造势,有很强的电视媒介素养。在这个时期,自

---

[1] [美]理查德·布茨:《美国受众成长记》,王瀚东译,华夏出版社2007年版,第250页。
[2] 同上书,第274页。

我认同似乎与现代社会结构断裂,对于后现代主义学者来说,1969年的伍德斯托克音乐节(Woodstock Music Festival)也是现代性走向终结的仪式。从电影时代开始建构的"受众"观念和"舆论共识"渐渐走向衰落。

第二节 新自由主义与电视业的商业扩张

在世界的三大电视运营体制中,美国是私营制的代表:"在世界广播电视的历史上,曾出现过几种以民族国家为单位大致区分的广播电视体制类型:一种是私营商业占主导地位的体制,以美国为典型;一种是公共服务的广播电视体制,以早期的英国和德国为标本,其中又可分为英国全国独占式的广播体制和地方分散式的广播电视体制;还有一类是苏联式的社会主义国营体制。"①尽管如此,这种商业化的运作并非是完全自由的。正如赵月枝指出,即使看似自由如美国其实也相当重视对大众传媒的管制,强调公共利益——独立、平等、全面、多元和不迎合的原则,"20世纪80年代以前,广播电视被认为是公共讲坛。作为广播电视业追求的目标,社会政治文化发展的需要高于商业利益。公共或由国家严格管制下的商营广播电视被认为是保障西方民主制度、维护公共利益的必然要求。"②而这一游戏规则的裁判是联邦通信委员会。这一成立于1934年的部门通过发放许可证、设置收费项目和规定并执行通信制度等来调控包括广播、电视、卫星和无线电在内的媒体,其委员直接由总统提名。

尽管美国电视的商业化运作在今天看来是非常成功的,但在电视登上历史舞台之时,情形并没有那么有利于其商业化进程。

20世纪30年代末,世界上第一批问世的电视机构如英国BBC,采取的是公营体制。而导致美国从1929年经济危机中走出来的罗斯福新政,又奉行的是干预经济的凯恩斯主义。因此,尽管在1939年纽约世博会之后,萨尔诺夫一直要求联邦通讯委员会尽快将实验电视转变为商业电视,联邦通讯委员会直到当年12月1日才在压力之下提出了开办商业电视的新规则,并于1940年1月通过听证会的方式确定了有限商业化的电视管制政策。然而,萨尔诺夫则希望电视业能够快速进入全面的商业化,他在各个媒体上通过新闻和广告的大肆轰炸标榜电视时代的到来,结果愤怒的联邦通讯委员会立即作出了反应,暂停商业电视的进程并另择时日召开听证会。理由是"美国无线电公司目前的推销宣传表明它完全不顾

---

① 郭镇之:《中外广播电视史》,复旦大学出版社2005年版,第40页。
② 赵月枝:《传播与社会:政治经济与文化分析》,中国传媒大学出版社2011年版,第104页。

本委员会的看法和建议",尤其是"无视应慢慢来的建议"①。

当时的联邦通讯委员会主席詹姆斯·弗莱是一位来自德州的新政开明人士,是一个"根深蒂固的反垄断主义者","他认为自己作为联邦通讯委员会主席,职责就是要确保将听众的权益作为主要关注对象"②。于是,他所领导的机构与商业公司之间的矛盾就显得不可避免。这场漫长的争斗到 1941 年告一段落,联邦通讯委员会在美国实现了电视的有限商业化,任何公司不能同时拥有两个以上的广播网。这个限定在以后很长一段时间成为美国电视业发展的基本框架。在反复博弈之后,1941 年 7 月 1 日,全国广播公司的实验电视台 W2XBS 正式改为电视台 WNBT。然而,就在 1941 年的 12 月 7 日,日本偷袭了美国的珍珠港,电视的商业化进程再次受挫。1942 年 5 月 12 日,美国战时生产委员会在全国禁止电视的扩展,电视迎来商业化大发展的年代只好延迟至战后。

战后相当长一段时间,联邦通讯委员会一直在电视商业化的进程中设置各种障碍,以保证电视业的公共性。为了使得广播电视业的三大巨头——美国广播公司(ABC)、哥伦比亚广播公司(CBS)和全国广播公司(NBC)能够在保持寡头垄断地位的同时兼顾公共利益,联邦通信委员会在媒体内容和产业结构上都提出了相关限制。1949 年,委员会颁布了所谓"公平原则"(Faireness Doctrine)的政策,明确规定"获得许可证的媒介公司'必须将合理的广播时间用于谈论与其电台所服务的社区利益相关的话题'。其次,公众有权听到对与该社区公众利益相关事宜的不同声音。"1970 年,委员会更是通过了所谓的"Fin-Syn"(财政权益与辛迪加组织)准则强制三大巨头只能购买独立节目制作人的电视节目③。这些原则不仅保证了电视节目的多样性,使其不至于沦为纯粹的娱乐,对于保障电视新闻的平衡原则有一定的作用。此外,联邦通信委员会推动了美国公共电视台(PBS)的成立,主要制作相对不盈利的文化教育和社会时事节目。委员会还禁止任何公司拥有 12 个以上的电视台,而且它们不能对超过 25% 的国家人口的受众进行广播。在 20 世纪 80 年代之前,委员会还限制了电视业的波段,这些限制导致波段完全不能满足电视持续增长的需要。

联邦通讯委员会的强势,与战后凯恩斯主义在美国的长期宰制及这种主张治下的经济繁荣有关。然而,20 世纪 70 年代,美国经济走向滞涨,股市暴跌,金融危机爆发。通货膨胀、环境污染、罢工、失业、暴乱撕毁了在富足中成长起来的美国

---

① [美] 加里·R.埃杰顿:《美国电视史》,李银波译,中国人民大学出版社 2012 年版,第 41 页。
② 同上书,第 42、41 页。
③ [美] 大卫·克罗图、威廉·霍伊尼斯:《媒介·社会——产业、形象与受众》(第三版),丘凌译,北京大学出版社 2009 年版,第 120、112 页。

民众。1969年上任的尼克松接手了一个走下坡的美国,1971年,他实行新经济政策,停止履行美元兑换黄金,布雷顿森林体系瓦解,美国从此走向了所谓的"失去的十年"。正是在这样的经济衰退环境里,凯恩斯主义遭到质疑,以哈耶克等人为代表的"新自由主义"得到日益广泛的认可,1974年,哈耶克获得诺贝尔经济学奖便是明证。虽然,新自由主义是一个内涵极为丰富的思想体系,但是本文所指称的是一个政治经济范畴的概念,特指1980年里根政府上台而被加冕的新自由主义,这种意识形态强调用自由市场经济保障政治自由,实现新自由主义者所认同的最大的人类福祉。大卫·哈维就认为新自由规划的标志性特征是公共资产的"企业化、商业化和私人化"①。

新自由主义和各种最新通信技术登上历史舞台,使电视业走上了商业化的坦途。1979年CNN的建立成功突破了美国广播电视业内三足鼎立的局势,1980年开始,在卫星通信技术的帮助下,CNN更是走出美国,成为世界性的有线电视台。"此外,CNN还根据个人的兴趣,对电视节目进行了分解,开设了电影频道(HBO)、音乐频道(MTV)和体育频道(ESPAN)等收费节目频道,再加上录像机与电子游戏的普及,电视愈来愈成为'个人的媒介'。"②公共利益在这里已经完全为公众的个人兴趣所取代。而在里根政权下,个人自由与商业消费已经成为社会新意识形态,联邦通信委员会先后取消了对广播电视节目的内容限制和对儿童节目的指导性规范,在1987年亦识时务地废除了"公平原则"。更有甚者,联邦通信委员会将自身的功能定位从维护公共利益转向商业利益。

在产业结构上,走上了自由化的美国广播电视业甚至无法拒绝默多克的FOX电视网的进驻,对媒介产业集中化的限制渐渐形同虚设。Fin-Syn准则也很快随着有线电视台、新的电视网等的崛起而备受动摇,最终于1995年被取消。到了1996年,新《电信法》(*Television Act*)出台明显放松了对媒介所有权的控制。自此,全国性媒介公司的电视台拥有数量不设限制,覆盖率从25%增加到了35%。随着管理的放松,所有权遵循资本的逻辑,日益集中。"维亚康姆公司和哥伦比亚公司的合并使得单一公司同时拥有了CBS和UPN网络的控股权,随之而来的是,联邦通信委员会最终允许了一个公司可以同时拥有两个广播网的所有权,而这在先前是违法的。"③而且新《电信法》还为有线电视的发展扫除了障碍——1992年

---

① David Harvey, "Neoliberalism as Creative Destruction", *Annals of the American Academy of Political and Social Science*, 2007, 610, p.35.

② [日]佐藤卓己:《现代传媒史》,诸葛蔚东译,北京大学出版社2004年版,第208页。

③ [美]大卫·克罗图、威廉·霍伊尼斯:《媒介·社会——产业、形象与受众》(第三版),丘凌译,北京大学出版社2009年版,第111页。

国会通过的《有线电视消费者保护和竞争法》不顾1984年的《有线电视法》的放松限制原则,收回了部分控制权。经过多方博弈,1996年,有线电视基本费率被重新放开,与传统电视业展开了全面的竞争和融合。

然而,开放并不意味着多元,事实上是正好相反。其中的显著表现是媒介产业内部疯狂的交易行为。市场的开放和所有权的放松导致的直接结果是汹涌而来的兼并重组以及随之出现的传媒帝国,如时代与华纳的合并造就的时代华纳集团。"自从美国国会放宽对电台所有权的限制后,到1997年,就已经有2200多家电台易主,交易额超过150亿美元。"而且传媒开始跨界与不同领域的企业合作,形成庞大的商业链条。这种垄断背后意味着互相渗透和单一性。"默多克的新闻公司拥有的《电视指南》杂志极力宣传兄弟公司FOX网上的电视剧,《时代》杂志在显著地位报道华纳公司刚刚推出的一部电影的原小说作者,NBC把自己拥有布恩所有权的电视剧编排在最好的时段,迪士尼以低价把节目卖给自己拥有的ABC网,各大电视网更多播放自己拥有的节目,减少购买独立制作人的节目等,这是美国近年来出现的各大媒体集团违背公平竞争和客观公正准则的例子。"①

对于新闻生产而言,这些限制的放松使得美国媒介产业商业化取向进一步加深。管制年代所担忧的泛娱乐化一发不可收拾,甚至出现了极端价值取向的节目。假如说20世纪六七十年代的新闻节目相对于纪录片的生存状态尚算可以,那么到了80年代,不仅新闻节目的制作团队遭到大幅度裁员,甚至也充斥着娱乐精神。"进入20世纪90年代以后,美国电视新闻史更可以形容成一部小报式新闻崛起的历史……在追逐轰动效应的过程中,本来就不那么清楚的事实与非事实间的界限变得越来越模糊,职业道德成了牺牲品。"②事实上,正是全面的商业取向,对新闻生产造成了巨大的打击,除了时效性和新鲜性,美国电视新闻基本步入了一个泛娱乐化的时代,对于此时媒体的新闻价值而言,克林顿的政策还不如他的桃色新闻来得显著。

美国电视的商业化显然并不仅仅只在美国产生影响。对于世界而言,伴随着新自由主义而来的是全球化,在电视领域这就意味着美国电视节目的泛滥以及背后的美国电视业的资本渗透。美国的大众传播产品走遍全球早在新自由主义占据话语霸权之前已经形成。然而,电视的出现加剧了这一文化侵略的进程:"如今,加勒比海沿岸国家,80%的电视节目为来自美国的娱乐节目,就是加拿大这样的发达国家,在英语节目中,本国创造的也只占30%。"③事实上,就连对本国语言

---

① 赵月枝:《传播与社会:政治经济与文化分析》,中国传媒大学出版社2011年版,第116页。
② 同上书,第117页。
③ [日]佐藤卓己:《现代传媒史》,诸葛蔚东译,北京大学出版社2004年版,第208页。

文化保护高度警觉的法国也出现了美国电视节目热潮。假如说资本的交易是经济霸权的实践方式之一，那么这种"媒介教育"则是"文化霸权"最直接又有效的表现。虽然说到了2002年，美国电信业终因对网络市场的疯狂投资造成泡沫，酿成了新自由主义媒介经济政策的破产，但是新自由主义背后的政治与文化信念已经深入了整个美国乃至全球。随着新自由主义和媒介产业化浪潮在全球的兴起，世界各地的商业电视均出现井喷式增长，而世界各地的公共电视台则普遍进入了一种大萧条的状态。

第三节 不同学术话语中的电视研究

就如同电影、广播兴起时所引发的担忧一样，电视不可避免甚至由于它的技术形态引起美国社会各界尤其是家长们更为深刻的焦虑。正如上文所述，电视将孩子都固定在家里，可以说在20世纪五六十年代，电视是儿童最主要的娱乐来源，令大人们不安的来由从电视是否对儿童眼睛有害到他们是否会受电视上的暴力情节影响不一而足。可以说，在这种社会氛围下，从50年代开始到70年代，探讨电视对儿童的影响是驱动传播研究向前进的最大动力，而这一阶段依然以实证研究为主。但是，从20世纪70年代开始，随着电视事业的扩张以及社会的激烈变化如民权运动、妇女运动、嬉皮士的反主流文化运动引发的社会动乱，更多的矛盾涌现且它们已经超越了实证研究的阐释能力，政治经济学和源自英国的文化研究等迅速成为电视研究的新星。正是在电视的黄金时期，美国传播学见证了爆发式的学术繁荣。

一、实证研究的新阶段

电视的出现，激发了更大规模的受众调查和效果研究，这直接导致传播效果理论在20世纪六七十年代的勃兴。使用满足理论、社会学习理论、培养理论、知沟理论……这些围绕着电视而兴起的受众理论和效果理论给实证主义传播学带来了春天，甚至一度还有力地回应了贝雷尔森1955年关于"传播学已经死亡"的论断。

1951年，美国国家教育广播协会（National Association of Educational Broadcasters）已经对电视节目中的犯罪和恐怖内容的比例进行了一系列调查。也有社会科学家对电视是否对儿童日常活动产生影响进行了零散的研究。但是，称得上第一次大规模的电视调查研究是在1958—1960年间，由施拉姆、杰克·莱尔和爱德温·帕克等人关于电视对北美儿童的效果研究。这项研究先后由旧金山的学校系统和全国教育电视与广播中心（National Educational Television and Radio Center）资助,横跨美国和加拿大10个社区。施拉姆等人遵循着广播时代赫佐格开创的"使用与满足"研究框架,试图解释为什么儿童要观看电视。在他们的成果《儿童生活中的电视》(Television in the Lives of Our Children)一书中,儿童成为了能够根据自己喜好使用电视的能动者。施拉姆等人指出,"孩子们看电视的主要原因有三:① 为了娱乐;② 为了获得信息;③ 因为它的社会效用(social utility)"[1]。所谓的社会效用就如提供社交谈资等。不过,这项研究虽然提供大量的量化数据,但由于内容过于庞杂且没有在效果研究上有显著的发现,以至于它只能提供一个较为全面的描绘性结论,如大多数情况下电视节目既无害亦无益这样的模棱两可的说法。

1969年对美国的电视研究而言是里程碑式的一年。这一年3月12日,美国卫生局长威廉·H.斯图尔特宣布组织一个专门的委员会研究电视节目的暴力内容究竟对儿童有没有以及有多大程度的负面影响,并让国会拨出了100万美元用于资助此项研究,同时纳入了早期由"暴力原因与防范国家委员会"(National Commission on Causes and Prevention of Violence)的媒体特派小组研究的数据。而且,这个项目后来又多了个升级版,即《电视与行为:10年的科学进展和对80年代的启示》。事实上,假如从1967年媒体特派小组的研究开始算起,整个关于电视暴力的影响研究可以说成为了一个马拉松式的国家调查。在这项研究中,既诞生了具体的媒介效果理论如"培养理论"(cultivation theory),也检验了在美国心理学领域提出的一些相关理论和假说,如班杜拉的"社会学习理论"(social learning theory)。事实上,整个研究项目在某种意义上可以看做是对新行为主义的理论实践,其理论立场区别于魔弹论所植根的"刺激-反应"的行为主义逻辑。媒体特派小组的成果《暴力与媒体》实际上探讨的正是"社会学习理论"的核心议题——长期的、非直接的社会化问题。

"培养理论"的提出者乔治·格伯纳(George Gerbner)在20世纪60年代就以内容分析法研究闻名,其时任教于宾夕法尼亚大学安南堡传播学院(Annenberg School of Communication),他一开始是被媒体特派小组邀请去为电视节目的暴力表现做内容分析的。在这个阶段,格伯纳及其助手主要获得了电视节目暴力内容的数量和质化特征。例如,他们一共调查了183个节目,记录了1 215处暴力情节,而且455个角色中有241个角色有暴力行为。而且这些暴力情节主要是用武器伤害陌生人,使用暴力的"好人"基本都得胜,而相对的"坏人"则自食恶

---

[1] [美]希伦·A.洛厄里、梅尔文·L.德弗勒:《大众传播效果研究的里程碑》(第三版),刘海龙等译,中国人民大学出版社2009年版,第221页。

果。1969年加入了卫生局所发起的大型研究计划后,格伯纳继续做类似的内容分析工作,而其时他所参与的这项研究最终成为一份长达五卷的《卫生局长报告》。

五卷内容分别聚焦不同问题:媒体内容与控制、电视与社会学习、电视与青少年攻击行为、电视与日常生活以及电视的效果。从五卷研究中我们可以得出三个主要结论:"电视内容已经被严重地渗透进了暴力。儿童和成人接触暴力内容的时间越来越多。总体来看,调查证据支持了收看电视暴力节目会增加暴力行为的可能性的这一假说。证据既来自实验室实验,也来自调查;前者允许因果推论,后者则在日常事件中提供了与现实生活相关联的证据。"①不过,由于实验样本数量与代表性问题,如调查偏向与关注年龄较大、擅长表达自己的儿童,这份报告遭受了不少质疑和批评。但接下来的10年里,一些实地研究(field studies)如J. L.辛格和D. G.辛格对三四岁儿童的为期一年的实地研究、E. D.麦卡锡及其同事对732个儿童进行的持续五年的实地研究,强化了电视暴力与青少年攻击行为的因果关系的结论。对于培养理论影响最深的是,格伯纳所在的研究团队都在关注电视暴力内容如何使得儿童的攻击行为增加。在这个问题上,观察学习、态度改变、生理唤起和合理化过程四种阐释被提出来了。

通过长期参与到电视暴力研究中,格伯纳及其助手开始提出,"对大量看电视的观众来说,电视实际上主宰和涵盖了其他信息、观念和意识的来源"②。换言之,大量看电视的观众被培养了共同的世界观和价值观,而他们把世界看得比现实世界更恐怖暴力正是这一培养效果最显著的表现。而在1980年,面对赫希(Paul Hirsch)等人对其变量控制问题的批评,格伯纳等人修正了其培养理论,电视的培养效果也因群体差异而不同。"当大量看电视导致不同社会群体的意见趋同时,就会发生主流化(mainstreaming)的后果。……当教养效果在人口的某一特定群体中非常突出时,就会产生共鸣(resonance)。"③此后,格伯纳继续修订他的理论。1986年,他又将培养效果分为两种类型:第一级信念(first-order beliefs)和第二级信念(second-order beliefs)。前者是指对事实的如真实社会中的暴力受害者数量的看法,后者则是基于第一级的推论。"有证据显示,看电视影响到第一

---

① [美]希伦·A.洛厄里、梅尔文·L.德弗勒:《大众传播效果研究的里程碑》(第三版),刘海龙等译,中国人民大学出版社2009年版,第311页。
② [美] Werner J. Severin、James W. Tankard, Jr.:《传播理论——起源、方法与应用》,郭镇之主译,中国传媒大学出版社2006年版,第232页。
③ 同上书,第233页。

级信念,但第二级信念则受电视和其他因素的影响,如某人生活的街坊。"①后来赛托(Saito)在格伯纳的理论基础上补充了个体与社会层次,建立了一个四重的模型。而培养理论的一个假设前提是电视节目的内容具有同质性,充斥了暴力情节;1994年,格伯纳等人又进一步对这个前提从经济维度进行了论证,即电视业为了吸引观众眼球大量制作这些高度一致的节目。在他们看来,事实上观众自身也在追逐这类暴力节目,比如用录像机录下的节目正是他们喜爱的这些具有暴力情节的节目。"利用家用录像机改变观看节目时间,实际的结果可能是降低了观众观看节目内容的多样性。"②

1969年11月10日,美国政府的学前启蒙(Head Start)项目的使者《芝麻街》(Sesame Street)在国家教育电视台首播。该节目旨在通过木偶表演、动画、真人演出等形式传播基础知识以及日常生活常识等,帮助儿童尤其贫困儿童学习。对于这个节目的影响实证分析让信息传播研究中著名的"知识沟假说"(Knowledge-gap hypothesis)脱颖而出。"知识沟假说"最早由蒂奇纳、多诺霍和奥里恩(Tichenor, Donohue, Olien)在1970年发表的《大众媒介流动和知识差别的增长》(Mass Media Flow and Differential Growth in Knowledge)正式阐发。在文中,蒂奇纳等人表示,"随着大众媒介对社会传播的信息日益增多,社会经济地位较高的人将比社会经济地位较低的人以更快的速度获取这类信息。因此,这两类人之间的知识沟将呈扩大而非缩小之势"③。而知识沟之所以出现,或者说社会经济地位较高的人之所以在这个方面存在优势,蒂奇纳等人给出了五个理由,一是这类人受教育水平通常较高,而信息处理能力也随之较高;二是他们对问题的了解可能由于其知识储备更多而更深入;三是他们可能与更多有接触这些信息的人来往并且就此进行过讨论;四是他们对知识类的信息更感兴趣,更容易触发选择性接触和记忆机制;五是大众媒介本身以他们的趣味来导向的。

《芝麻街》播出一年后,虽然官方的报告显示有助于缩小弱势与优势儿童之间的知识沟,但是库克(Thomas Cook)及其同事根据节目评估数据作了重新的分析,尤其是将家长的受教育程度与节目收看频率联系起来,发现两者是正相关关系。最后,库克他们得出一个结论:"这些数据隐含的意义就是,在不同经济收入

---

① 转引自[美] Werner J. Severin、James W. Tankard, Jr.:《传播理论——起源、方法与应用》,郭镇之主译,中国传媒大学出版社2006年版,第234页。
② 同上书,第235页。
③ 同上书,第214页。

或文化层次的群体之间,试图以《芝麻街》节目缩小知识沟极为困难。"①

不过,卡茨曼很快就推翻了库克的说法,相比起收看频率,他更关心的是实际的效果。为此,他分析了不同收视频率下弱势儿童与优势儿童的成果得分,发现,随着弱势儿童的收视频率接近于优势儿童,两者的成果得分越来越接近,而且经常观看《芝麻街》的弱势儿童的得分高于不常看的优势儿童。因此,他认为只要接受的信息量充足,知识沟也可能被缩小到最低程度。当然,知识沟的前提本身就是值得怀疑的,因为用社会经济地位高低来做唯一变量未免过于绝对。为此,吉诺瓦和格林伯格(Genova,Greenberg)在 1981 年就指出,知识沟的成因在于受众自身的兴趣需要,包括个体情感层面的兴趣和社会效用层面的兴趣。"他们的研究结果表明,不是文化程度,而是两种兴趣在更大程度上决定着受试者了解程度的高低。而且,在这两种兴趣中,社会利益与知识获得之间的关联更为密切。"②但是,在这里,研究者却忘记了兴趣本身只是一个表象,它可能由更多因素所决定,例如受教育程度或者说阶层出身。在这里,更多社会结构层次的问题被遮蔽了。

有意思的是,蒂奇纳等人在 1975 年开始亦试图推导一些能够缩小乃至消除知识沟的条件,其中一个就是用关切到受众重要利益的信息议题引起大家迅速的反应和讨论。此外,还有不少专家学者努力寻找方法克服知识沟,其方法之多与杂让人眼花缭乱。赞鲍尔和费洛甚至认为双语传播信息也能缩小知识沟,威斯瓦那斯及其同事在 1993 年就提出让受众融入各种团体以减少知识沟。事实上,"知识沟"本来的政治经济学潜力就在人们不断努力用各种方法来填补的过程中不断被削弱,最后"知识沟假说"被反复修修补补,变成了一个如何有效控制信息传播的理论。

二、文化研究的进入

1968 年 3 月底,位于纽约的哥伦比亚大学深陷新左派运动的泥潭。激进学生反感大学成为越战帮凶,同时宣称校方的购置土地交易损害了黑人和少数族裔的利益,在"学生争取民主社会"组织(SDS)支部负责人马克·鲁德(Mark Rudd)的领导下,他们发起了抗议活动,要求驱逐"国防分析研究所",并且一度控制了学校。这一举动在媒体的推波助澜之下轰动全美,从此,所谓的"哥伦比亚事件"不仅刺激了欧美学生运动的大规模爆发,更是拉开了西方文化史上所谓"多元化时代"的序幕。当时在传播学领域执牛耳的哥伦比亚学派也元气大伤,毕竟他们的

---

① 转引自[美] Werner J. Severin, James W. Tankard, Jr.:《传播理论——起源、方法与应用》,郭镇之主译,中国传媒大学出版社 2006 年版,第 218 页。
② 同上书,第 221 页。

核心支撑——应用社会研究局——也未能在这场运动中独善其身。

对于传播学科建设而言,20世纪60年代末意味着重重危机。一方面,激烈的社会运动引爆了诸多社会问题与现象,传播学乃至整个社会科学面临着自身理论阐释的挑战。另一方面,传播学的主导范式自身已经走入创新瓶颈期。事实上,从上述对电视的实证研究可以看出,相对于电影与广播的研究,它们要么是继续沿用而且没有超越前人的理论框架如"使用与满足",要么满足于理论的修补,如"培养理论"和"知识沟假说",锋芒已经大不如前。而且在这个时候,拉扎斯菲尔德已经对传播学失去了所谓的"兴趣",无论是个体情感还是社会效用层次,他很快就离开了这个新兴的领域和被他一手打造的学派,而他的拍档默顿也跟随他的脚步,哥伦比亚学派顿时失色。

并不满足于现有媒介研究的学者们开始将目光投向了大西洋彼岸,其中就有20世纪50年代开始涉足传播学的詹姆斯·凯瑞(James Carey)。70年代,凯瑞在雷蒙·威廉斯所代表的英国文化研究中找到了他想要的前进力量——重构以芝加哥学派为基底的美国媒体研究。有意思的是,就如芝加哥学派的知识生产背景是理解美国社会变迁的问题,英国文化研究的初衷也大概如此。至少在后来的文化研究集大成者斯图亚特·霍尔看来,文化研究的开端源于对战后英国现代性冲突的阐释,"(文化研究)是去应对传统文化尤其是传统阶级文化的明显断裂,去记录新的富裕形式和消费社会对等级的、锥形结构的英国社会的影响"[1]。不过,20世纪70年代的美国所经历的现代性与50年代的英国有着相当大的差别,凯瑞这一代学者需要解释的不是什么传统的断裂,而是对有着后现代性色彩的新生文化话语的理解问题。

对于凯瑞而言,将传播置于文化中进行理解本身就是尚未开垦的新天地,且不论他从中提炼的仪式观所带来的争议,他至少摆脱了当时大众传播研究的明显的控制管理取向,开始调和实用与批判的理论视野。他在《传播的文化研究取向》中就直言:"我们所有的经验塑造了我们的思想和生活——更准确地说来是经验的表征(威廉姆斯就把这种经验成为传播)塑造了我们的思想与生活。如果把社会当作一种传播形式加以考察,那么就可以把它看作是一个从中创造、分享、修正、保存现实的过程。"[2]但是,凯瑞更多的是美国文化研究的一个引路人而已,主力军是继承了霍尔之后的文化研究框架的学者。例如,凯瑞的得意门生劳伦斯·

---

[1] Stuart Hall, "The Emergence of Cultural Studies and the Crisis of the Humanities", *October*, 1990, p. 12.

[2] [美]詹姆斯·凯瑞:《作为文化的传播:"媒介与社会"论文集》,丁未译,华夏出版社2005年版,第21页。

格罗斯伯格（Lawrence Grossberg）。后者就用他的硕士导师霍尔青睐的符号学重新阐释了前者的话。"生产和传递文化就是生产和传递现实。人们总是生活在代码建构的世界里,而代码使得世界变得有意义。……在我们的社会中,理解那些以最公开、最常见的传播方式流通的代码和意义非常重要,它们就是大众媒介和流行文化的不同文本。"①

不过,文化研究虽然携带欧洲理论大举登陆美利坚,但是也迅速被学科体制化,成为了美国传播学的补充物,它所扎根的工人阶级语境被搁置一边,成为了研究媒介意义生产尤其是流行大众文化的意义生产的新的"专家"。有意思的是,推动美国文化研究发展的几位学者,包括凯瑞、吉特林、凯尔纳都对美国主流传播学的研究范式进行了批判,但是同时都将文化研究建构成主流传播学所希望的本土流派。"美国文化研究对传媒领域一切产生意义的东西都感兴趣,以往认为最没有价值的文化,如中间阶层、中等阶级的文化等,也变成了研究的对象……而英国文化研究对自己所认为的流行大众文化并不本真的流行或大众文化的态度相对冷漠,他们认为正宗的流行大众文化就是工人阶级的文化。"②

就如 20 世纪 70 年代的英国文化也全面关注电视媒介,美国的文化研究同样如此,而且霍尔在 1973 年所提出的编码/解码理论在这个时候成为了后者最重要的理论武器。而正是 80 年代对电视的分析使得美国文化研究开始成熟起来,无论是理论上还是方法上。在此期间,我们可以看到,在 50 年代与拉扎斯菲尔德合作写出《人际影响》（Personal Influence）的卡茨（Elihu Katz）在 1983 年和泰玛·利贝斯（Tamar Liebes）开始着手研究电视剧《达拉斯》（Dallas）,并于 1990 年出版了《意义的输出:〈达拉斯〉的跨文化解读》。虽然同样使用了霍尔的理论,但是与洪美恩（Ien Ang）1985 年出版的硕士论文——《观看〈达拉斯〉》（Watching Dallas: Soap Opera and the Melodramatic Imagination）相比,卡茨和利贝斯并不在意电视节目与意识形态的关系,而是试图将编码理论与焦点小组访谈方法结合,用数据来检验其时走红的"文化帝国主义"理论。因此,卡茨的研究可以说是效果研究与文化研究的接合。同样,我们可以看到熟读法兰克福学派理论的凯尔纳也开始对影视产生了兴趣,尽管他此时的研究是否从属于文化研究尚有争议,如他在 1988 年已经与迈克尔·莱恩（Michael Ryan）合著《摄像政治》（Camera Politica: The Politics and Ideology of Contemporary

---

① ［美］劳伦斯·格罗斯伯格等:《媒介建构:流行文化中的大众媒介》,祁林译,南京大学出版社 2014 年版,第 169、170 页。
② ［法］埃里克·麦格雷:《传播理论史——一种社会学的视角》,刘芳译,中国传媒大学出版社 2009 年版,第 115 页。

Hollywood Film），探讨了好莱坞电影意识形态，两年后又出版了《电视与民主危机》（Television And The Crisis Of Democracy）。

要说这个时期最"纯正"的电视文化研究，应该是接受英国教育，来到美国威斯康星-麦迪逊大学的约翰·费斯克（John Fiske）。可以说，他在1987年所著的《电视文化》已经成为美国电视文化研究的关键性文本。不过，这并不是说费斯克能够代表美国的文化研究，毕竟这一领域在本土化过程中与多种学术话语如芝加哥学派、效果研究等产生了一定程度的化合反应，《电视文化》只是观察美国电视研究的一个窗口。

在费斯克的观念中，电视不再是技术或商品，而是文化的组成部分，它跟其他媒介一样维系着社会结构生产与再生产。不同的是，电视是一个具有意义多样性的媒介，而这正是费斯克建构其文化理论的起点。他一方面认同阿尔都塞和布尔迪厄等人的思想，将社会结构置于意识形态与文化资本的维度中，认为"电视是一种复杂的、充满矛盾冲突的文化媒介，一方面，它是在为少数人的利益服务，提倡少数人的意识形态，另一方面，它又在为我们这个等级社会中占绝大多数却处于受支配地位的各种群体倡导相反的、不妥协的或者至少是不同的文化资本"①。另一方面，他的研究聚焦于对电视文本多义性的解读之上，将社会结构的权力赋予了解读者（观众），将一个弗洛伊德式的概念"快乐"视为激活文本的重要动力以及人们参与电视文化意义建构的重要表现，或者说，快乐已经成为抵抗的源泉。"快乐源自所生产的关于世界的意义和关于自我的意义，它给人的感觉是在为读者的利益服务，而不是为支配者的利益服务。……对权力的抵制就是一种力量，保持自己的身份与主流意识形态所倡导的相反，就是一种力量，断言自己不入主流文化的亚文化的价值，就是一种力量。"②在他看来，电视文本中的反语、暗喻、玩笑足以产生爆炸性的意义，它们作为电视的多元声音使得文本能与观众产生对话，让观众有快乐的体验。

费斯克对文本意义的强调以及对观众能动性的凸显，使得他的理论成为文化研究民粹主义的代表。在他那里，大众通过对文本解读创造的意义来抵制或回避社会结构的主流意识形态。葛兰西的霸权理论虽然为他所用，但是在前者看来建立在政治经济框架之上的文化霸权却彻底变成了意义斗争的场所。"霸权理论把社会关系描述为一系列的权力斗争。文化研究对文本的看法与之类似，认为文本是一系列意义斗争的场所。处于不同社会地位的读者，可以在不

---

① [美]约翰·菲斯克：《电视文化》，祁阿红、张鲲译，商务印书馆2005年版，第31页。
② 同上书，第29、30页。

同程度上对通过文本形式发挥作用的主流意识形态进行抵制、回避或与之协调。"①

而费斯克进一步从游戏论中寻找自己观点的合法性。他认为电视产生的快乐主要是游戏性的,"游戏的实质是：它是资源的,因而是自由的；而且它能产生秩序。它产生的秩序体现在玩家们的控制之中,至少这种秩序是他们自愿接受的……游戏的主要结构原则就是社会秩序与无政府的'自由'或与机会的'自由'之间的紧张关系"②。更重要的是,费斯克从这种游戏性中发现了符号民主,因为在他看来,玩家们的关系是平等的,即电视将所谓的意义与快乐的生产权赋予了观众。

费斯克这一思想遭到了多方的批判,吉姆·麦克盖根就在《文化民粹主义》中指责他将各种理论的概念含义颠倒,过于关注受众与文化意义,称他为"新修正主义者"③。不过,费斯克的文化理论所存在的争议实际上跟其时走红的后现代理论是一致的,即将政治伦理问题审美化。换言之,当他将音乐电视(MTV)视为后现代主义的电视形式之时,将麦当娜的表演视为一场狂欢时,他已经遮蔽了真正的社会参与与社会抵抗。不过,虽然说从社会运动整体来看费斯克的电视理论会认为他相当天真,但是他至少是将电视研究的可能性拓宽了。

三、从"媒介帝国主义"到"娱乐至死"

在电视黄金时期,美国的传播政治经济学派与媒介环境学派同样发出了重要的声音。

对于政治经济学派的传播学者而言,电视作为一种媒介更多被置于一个经济政治制度变迁的语境中进行考虑,它的媒介特性往往并不重要。这一流派主要两大批判对象——文化帝国主义和新自由主义下的全球化,而这些内容尤其是后者在本章第二节中已经有所探讨。本节主要是补充对文化(媒介)帝国主义批判的内容,关键文本正是赫伯特·席勒在1969年出版的《大众传播与美利坚帝国》。其时,他已经接替了传播政治经济学奠基人斯麦兹(Dallas Smythe)在伊利诺伊大学传播研究所的职务。

赫伯特·席勒本身并没有直接阐明"媒介帝国主义"一词,他更多是将传播与那个时代美国以地缘政治为基础的世界性扩张联系起来。"通过直接的经济控制

---

① [美]约翰·菲斯克：《电视文化》,祁阿红、张鲲译,北京：商务印书馆2005年版,第59页。
② 同上书,第339页。
③ [英]吉姆·麦克盖根：《文化民粹主义》,桂万先译,南京大学出版社2001年版,第84页。

以及间接的贸易和外国的仿效,传播已经成为美国世界权力扩张的决定性因素。"①就跟默顿与拉扎斯菲尔德在 1948 年的文章《大众传播、流行品位与组织化社会行为》中所表示的"促成了大众媒介效果最大化的条件是为了维护现有的社会和文化结构,绝非为了变革"②那样,席勒认为包括电视在内的大众传播都起到维持现有的经济政治制度的功能,在反叛乱作用上更是如此。

席勒的"媒介帝国主义"有两层含义。第一层是指"军事—工业传播联合体"的形成。他认为"二战"之后可以观察到的变化有三,"其一是军事力量对美国政府通信机构的影响不断增强。其二是'民用'军事—工业传播集团的不断扩大。其三是美国军事传播在维护国际社会现状中发挥特殊的作用"③。而且这种合作在电视业形成三巨头垄断时期更加是强强联合,既能对内形成统一的信息发布与控制,又能对外占据更多的市场,尤其是当时对于发展中国家而言,无论是政府还是民间都对电视节目有着极大的需求但是制作的资金和其他条件都存在诸多限制,这就迫使这些国家大量输入三大巨头的电视节目。

"媒介帝国主义"的第二层含义是相对隐性的涉及观念的"殖民"。席勒指出,"强大的传播机构要保护的不是勉强的服从,而是通过把美国的形象就代表自由——贸易自由、言论自由和经营自由——的方式在它所渗透的领域获得心悦诚服的忠诚"④。换言之,"媒介帝国主义"输出的还是美国的世界观和价值观,实质上是一种文化的驯服。

媒介环境学也看到了电视是如何将世界变成一个"小村落"的。在 1964 年出版的《理解媒介》中,麦克卢汉就已经将电视视为"中枢神经系统最新近、最壮观的电力延伸",它的效果"影响到我们的整个生活,包括个人、社会和政治的生活"⑤。与麦克卢汉不同的是,波兹曼似乎对于电视没有那么多的好感。在 1985 年的《娱乐至死》中,波兹曼中将印刷机统治的美国称为"阐释年代",而大众传播时代为"娱乐业时代",并且宣称"随着印刷术退至我们文化的边缘以及电视占据

---

① [美] 赫伯特·席勒:《大众传播与美利坚帝国》,刘晓红译,上海译文出版社 2006 年版,第 156 页。
② P. F. Lazarsfeld, R. K. Merton, "Mass Communication Popular Taste and Organized Social Action", in Schramm, W., Roberts, D. F. (eds), *The Process and Effects of Mass Communication*, Urbana: University of Illinois Press, 1971, p.578.
③ [美] 赫伯特·席勒:《大众传播与美利坚帝国》,刘晓红译,上海译文出版社 2006 年版,第 29 页。
④ 同上书,第 3 页。
⑤ [加拿大] 马歇尔·麦克卢汉:《理解媒介——论人的延伸》,何道宽译,商务印书馆 2000 年版,第 390 页。

了文化的中心,公众话语的严肃性、明确性和价值都出现了危险的退步"①。事实上,他对电视媒介的理解在某种意义上只是借用了麦克卢汉等前人的术语,套上了早期文化精英的批评框架,认为电视剥夺了人们的理性思考能力,并且将严肃的结论落在了赫胥黎的《美丽新世界》所预言的未来上,"人们感到痛苦的不是他们用笑声代替了思考,而是他们不知道自己为什么笑以及为什么不再思考"②。

也许可以这么说,在互联网之前,电视是最能激发传播学想象力的媒介。

---

① [美]尼尔·波兹曼:《娱乐至死》,章艳译,广西师范大学出版社2004年版,第36页。
② 同上书,第211页。

第八章 公共新闻理念

第一节 公共新闻的兴起

20世纪80年代末,美国新闻界开始出现一种新的新闻报道方式,这一被称作"公共新闻"的新闻改革运动①在美国新闻从业者、教育者与学者间引发了一场争论。公共新闻还有"市民新闻""公民新闻"和"社区新闻"的别名。名称如此之多,主要是因为公共新闻并无明确的概念界定。公共新闻的倡导者之一杰伊·罗森曾试着为"公共新闻"下了一个定义,作为一种日常报道方式的"公共新闻",它要求新闻工作者:

1. 在报道中将人民视为市民、公共事务的潜在参与者,而非受害者或旁观者;
2. 帮助政治共同体针对问题而采取行动,而非仅仅知晓问题;
3. 改善公共讨论环境,而非对它的被破坏袖手旁观;
4. 帮助改善公共生活,使得它能被人们关注。②

罗森的界定更多是在阐述公共新闻的原则与目的。他进一步强调,公共新闻应具备这样的核心特质:

公共新闻是一场辩论,通过它可以思考在记者所处困境和美国公共生活现状的前提条件下,记者应该做什么。

公共新闻是一场实验,为了回应上述辩论而在美国上百社区尝试的新闻实践,记者们试图突破既定惯例,为公共生活作出新的贡献。

公共新闻是一场运动,是实践它的记者、学者、给予经济支持的基金会、智库,还包括那些支持改革的人组成的松散网络。

公共新闻是一场争论,是在美国媒体和民主出现问题时媒体内外就媒体

---

① Glasser, T. L., "The Politics of Public Journalism", *Journalism Studies*, 2000, 1(4), pp.683-686.

② Rosen, J., "The Action and the Idea: Public Journalism in Built Form", in Theodore L. Glasser(ed.), *The Idea of Public Journalism*, New York: The Guilford Press, 1999, pp.21-48.

角色进行的争论。

公共新闻是一场探险,开放、没有固定的目标、清晰的模式以及与其他公共工作绝对的边界。①

如若按照记者指导手册的要求看,罗森的定义不算合格,因为这一定义缺乏可以指导新闻编辑室工作的流程与细则。这也就难怪《今日美国》前编辑史蒂夫·戴维斯(Steve Davis)禁不住抱怨,没有人能为"公共新闻"下一个清晰的定义。尽管不少编辑声称在领导自己的新闻编辑室从事公共新闻的实践,却很少有人能真正清晰地界定它,戴维斯认为这是"公共新闻"的问题②。

而罗森相信公共新闻还在发展中,实践形式会更加丰富多元,所以他认为并不能简单地将"公共新闻"视为理论在实践中的运用,而更确切的说法是实践对理论的作用③。这也是许多研究者的观点,作为一套理念、一项运动和一群记者的实践④,公共新闻是一场正在进行的实践。正因为如此,作为一种新的报道方式,罗森认为公共新闻是现有理论所无法涵盖的,而它却可以丰富现有的新闻理论。罗森亦多次指出,记者们的实践活动将不断地扬弃和修正公共新闻的某些理念⑤。

公共新闻并非始于学界理论的指引,而是源于业界的尝试,它始于一家报纸的试验,随后又有其他媒体跟进。《维奇塔雄鹰报》(Wichita Eagle)在1990年当地州长的竞选报道中进行了一次全新尝试,报纸报道的重点不像通常的选举报道那样放在竞选活动本身,诸如候选人的活动和得票变化等,而是把候选人的施政纲领与当前存在的社会问题联系起来进行报道。该报在这次选举报道中一共讨论了10个问题,每个问题都配以详细的背景分析,连续在星期日的报纸上以名为"他们的立场"(Where They Stand)的专题形式推出,报纸将两个竞选对手的不同观点放在一起进行对比性报道。为了选择这10个问题,报纸进行了民意调查,搜集了大量相关资料。该报的目的非常明确,即"给读者以机会在最大程度上了解竞选者在与堪萨斯人利益相关的每一个主要问题上的立场",同时,也告知竞选人"你要说对于核心事件最有意义的内容,我们将报道它并会持续报道它"⑥。1993年,一家名为《夏洛特观察者》(Charlotte Observer)的报纸报道一场当地种族冲突

---

① ③ Rosen, J., "The Action and the Idea: Public Journalism in Built Form", in Theodore L. Glasser(ed.), *The Idea of Public Journalism*, New York: The Guilford Press, 1999, pp.21 – 48.

② Davis, S., "Public Journalism: The Case against", *Journalism Studies*, 2000, 1(4), pp.686 – 689.

④ ⑤ Voakes, S., "A Brief History of Public Journalism", *National Civic Review*, 2004, 93(3), pp.25 – 35.

⑥ 蔡雯:《美国"公共新闻"的历史与现状(上)——对美国"公共新闻"的实地观察与分析》,《国际新闻界》2005年第1期。

时,对这个地区的居民进行了全面细致的调查,对冲突双方当事人、目击者、白人家庭、少数族裔居民,还有这个地区相邻地区的居民们进行了采访。报社对此进行了专题报道,所有人的观点都在报纸上得到了反映。在报社的努力下,居民们开始选派代表组成代理机构,专门讨论解决问题的对策,并采取措施使这场冲突没有进一步激化。1994 年《威斯康星日报》(Wisconsin State Journal)编辑弗兰克·登滕(Frank Denton)与密苏里学院的院长助理埃塞·撒尔森(Esther Thorson)合作进行了一次关于州民选举的报道试验。这一报道活动由多家媒介和社会组织合作进行,包括《威斯康星日报》、威斯康星公共电视台(Wisconsin Public Television)、威斯康星公共广播电台(Wisconsin Public Radio)、伍德传播集团(Wood Communications Croup)等。他们合作发起名为"我们人民/威斯康星"(We the People/Wisconsin)的活动。在该活动中媒介发起关于在选举中提出的各种公共问题如公共卫生改革、财政赤字等的讨论,他们组织普通市民参加市政会议,并追踪报道公民的讨论和活动;并且,媒体通过对选举的报道,对公民进行教育,使公民了解自己的权利,以及如何理解政治竞选中真正值得他们关注的事。媒介将给公众的忠告印在报纸的社论版上,甚至还编印了名为《选民的自我防卫手册》的小册子。这些都是公共新闻的范例,从这些范例中可以看出,公共新闻与以往的报道方式,特别是客观报道方式存在明显不同。

首先,公共新闻的报道事件通常是那些与社区生活密切相关的问题。即使是早期的竞选报道,报道选择的事实也都是与选民自身生活有关、能引起选民兴趣的话题。为了寻找这样的事实,公共新闻强调记者要直接参与到社区生活中去,记者要走进社区,与居民沟通交谈,寻找居民关心的话题。媒体会采取民意调查,邀请焦点小组做访谈等形式来确定哪些问题是居民最关注的,随后媒体会进行采访调研试图解答这些问题。除了组织报道外,媒体会经常采取赠送礼物、举行聚会、发起各种论坛、召开公民会议等形式吸引社区居民的参与。

其次,要在新闻报道中体现和表达出民众的观点,报道他们对公共事件的意见、建议和愿望,并且要试图提出解决问题的方案。在语言上,要做到表意清晰,菲利普·梅耶强调公共新闻报道要易读,"事件坐标"要清晰,以便于选民在做选择时对事件有明晰的认识①。并且,公共新闻报道要注意做到富于人情味,因为报道的最终目的是吸引公众的兴趣使其参与到公共事件中来。

---

① Meyer, P., "Evaluating the Toolbox", *American Journalism Review*, 2000,22(2), pp.42-45.

此后不久，就有若干报纸开始跟进从事公共新闻报道。据"皮尤公共新闻研究中心"（Pew Center for Civic Journalism）收集的资料显示，从1994—2002年，提交研究的公共新闻项目共有652项；据麦迪逊大学发表的一份研究报告估计，在1994—2002年间，至少有1/5的美国日报，即1500家日报中的至少322家已经尝试了某种形式的"公共新闻"报道①。在2004年美国总统大选的报道中，很多媒体已经不再像过去那样单纯做"赛马"式的报道，只关心竞选人的活动和得票变化，而是提供更多的版面和时段让公众讨论在选举中争论最激烈的问题，如伊拉克战争、税收政策、社会保险等与公共利益密切相关的论题，比较布什和克里的不同竞选主张及其可能带来的社会影响。

公共新闻也得到了某些基金和组织的赞助和支持，比如皮尤公益信托基金（Pew Charitable Trusts）、凯特林基金会（Kettering Foundation）还有奈特－里德（Knight Ridder）集团已故总裁詹姆斯·巴藤在内的公司领导的支持。其中，"皮尤公共新闻研究中心"通过为公共新闻报道项目提供基金、举办研讨会和为优秀的公共新闻报道设立"詹姆斯·K.巴滕奖"（James K. Batten Award）而大力促进公共新闻的发展。公共新闻的报道内容也有所拓展。威斯康星大学的列维斯·夫雷兰德（Lewis Friedland）及其同事考察了600余个公共新闻项目后发现，早期公共新闻报道主要是与选举有关，而后扩展到社区问题，一般是社区的长期规划或者是诸如种族关系、青年或移民等特殊问题，而最近几年的公共新闻又增加了基于网络技术的公共地图和互动项目②。

第二节 公共新闻理念及论争

尽管罗森强调"公共新闻"运动是由新闻实践引领并修正新闻理念，然而在围绕"公共新闻"展开的论争中，为其辩护者还是从美国民主政治的思想传统中寻找思想资源并串联成一条未曾断裂的线索，以此做为合法化"公共新闻"的话语策略。罗森指出公共新闻的目的就是媒介通过报道带动公民讨论和促成社区问题的解决，媒介以此"重获公众的信任，重建与逐渐远离的受众的关系，重新点燃专业理想，从而以一种更根本的方式，促进美国民主的健康发展"③。克利福德·克

---

① 陆银昧：《美国"公共新闻事业"的实践与理论探析》，《甘肃社会科学》2005年第1期。
② Voakes, S., "A Brief History of Public Journalism", National Civic Review, 2004, 93(3), pp.25-35.
③ Rosen, J., "The Action and the Idea: Public Journalism in Built Form", in Theodore L. Glasser(ed.), The Idea of Public Journalism, New York: The Guilford Press, 1999, pp.21-48.

里斯琴斯(Clifford Christians)强调"公共的善"是公共新闻的首要原则。公共新闻的未来取决于"公共的善"的理念——取决于如何阐述它,在哲学上为其正名,建立其逻辑和理性原则。公共新闻意在形成共同体,它寻求在政治和社会层面上赋予共同体以活力,然而只有将"公共的善"带入共同体,激活公众才能获得方向感。因此,公共新闻的意义绝不在于仅仅是复兴新闻实践的技艺,而是意识到"民主和新闻业的根本联系"并坚持"民主要履行其历史目的"。公共新闻更多地是关注公共生活而不仅是新闻业,因为它追求的是某种"公共的善",为健康的民主、共同体的联系、公共参与提供支持[1]。当"公众""共同体""参与"和"民主"这些字眼频繁出现在"公共新闻"支持者的话语中的时候,不难想象,杜威的名字会被他们反复提及。罗森认为"公共新闻"中蕴含着的理念由来已久且延续至今。杜威在20世纪20年代对李普曼的回应,"哈钦斯委员会"在40年代提出的"社会责任论",我们所处时代的哈贝马斯所做的历史分析,凯瑞及后续者的努力都是公共新闻的思想源泉[2]。裴瑞认为达尔文、杜威、米德等人的理念将影响公共新闻的走向[3]。克里斯琴斯更将公共新闻的理念渊源上溯至亚里士多德:"公共的善"是西方政治哲学中的重要理念,亚里士多德、西塞罗(Cicero)、托马斯·阿奎纳(Thomas Aquinas)、洛克、卢梭对此均有论及[4]。

倡导者认为通过推进公民公共参与的公共新闻,可促使现代传媒业中的读者角色发生根本性变化:公众不再是被动的信息接受者,而是通过参与新闻报道成了公共议题的建构者。公共新闻讲求与公众的互动,较之客观报道的方式,这的确是很大的不同。人们被视作公众而不是观众、读者和听众或者是无差别的大众[5]。舒德森曾将美国历史上媒介服务于民主的模式概括为三种类型:市场模式(媒介取悦受众)、鼓吹模式(媒介从政党的角度提供新闻)和托管模式(作为专业组织,媒介向受众提供他们认为受众应该知道的新闻)[6]。詹姆斯·凯瑞认为托管模式的弊端即托管者——媒介不可避免地将注意力放在媒介的权力而不是

---

[1][4] Christians, C., "The Common Good as First Principle", in Theodore L. Glasser(ed.), *The Idea of Public Journalism*, New York: The Guilford Press, 1999, pp.67-84.

[2][5] Rosen, J., "Questions and Answers About Public Journalism", *Journalism Studies*, 2000, 1(4), pp.679-683.

[3] Perry, D. K., *The Roots of Civic Journalism: Darwin, Dewey, and Mead*, University Press of America, 2003.

[6] Schudson, M., "What Public Journalism Knows about Journalism but Doesn't Know about 'Public'", in Theodore L. Glasser (ed.), *The Idea of Public Journalism*, New York: The Guilford Press, 1999, pp.118-133.

公众的权力上①。而长期以来,媒介在构建议程时习惯于以具有政治经济权力的个人或群体为导向,忽视公众议题成为媒介议程设置的常态。所以,罗森说,形成真正的公众是伟大民主的目标,特别是在大众媒介时代,媒介是这一目标中的重要部分,然而实现这一目标要意识到需要对媒介现状展开批评②。

  大众媒体在"公共新闻"中的角色也发生了转换,媒体也不再是单纯的信息发布者,而是新闻事件的推动者。虽然,推动者的媒体角色迥异于客观报道中媒体的旁观者角色,但在美国新闻史上,这种媒介角色并不是第一次出现。早在黄色新闻时期,《新闻报》就曾宣称行动是新式新闻事业的最大特点,"它不会等着事情改变,它会让事情改变"③。实际上,公共新闻与新式新闻事业倡导的公共改革有相似之处,列奥纳德认为促使读者成为公民其实早已有之,赫斯特和普利策的新式新闻事业就是如此④。公共新闻和新式新闻事业都重视城市或社区的建设,都强调媒体的主动性。不过,新式新闻事业倡导公共改革主要是通过揭丑的调查性报道进行的,报道集中于展示冲突,而公共新闻的注意力在于解决问题⑤。

  迈瑞特和麦考姆斯认为,依据美国现实,可将公众划分为三类:"找寻信息者"(information seekers),经典民主理论中的理想型公众,他们会长期主动关注新闻;"监听者"(monitors),有选择地关注自身感兴趣的新闻,此类公众数量最多;"旁观者"(onlookers),与公共生活关联不大,偶尔关注新闻。他们提出,新闻媒体有责任与这三类公众都进行有效的交流,现实中存在着对每日新闻需求不同的三类公众。这要求媒体就每天的媒介议程认真地进行专业反思,准确测量公众对于媒介议程的反应以衡量记者作为承担重要社会角色的公共传播者的有效性。至于媒体在报道中如何更好地服务与这三类公众,这二人又重申《一个自由而负责任的报刊》中提出的 5 项原则:

  (1)一种就当日事件在赋予其意义的情境中的真实、全面和智慧的报道;

  (2)一个交流和批评的论坛;

---

  ① Carey, J., "In Defence of Public Journalism", in Theodore L. Glasser(ed.), *The Idea of Public Journalism*, New York: The Guilford Press, 1999, pp.49 – 66.
  ② Rosen, J., "Questions and Answers About Public Journalism", *Journalism Studies*, 2000, 1(4), pp.679 – 683.
  ③ Bleyer, W. G., *Main Currents in the History of American Journalism*, Cambridge: The Riverside Press, 1927, p.371.
  ④ Leonard, T., "Making Readers into Citizen—The Old-Fashioned Way", in Theodore L. Glasser(ed.), *The Idea of Public Journalism*, New York: The Guilford Press, 1999, pp.85 – 96.
  ⑤ Voakes, S., "A Brief History of Public Journalism", *National Civic Review*, 2004, 93(3), pp.25 – 35.

(3) 对社会组成群体的典型画面的反映；

(4) 对社会目标与价值观的呈现与阐明；

(5) 充分接触当日消息。①

凯瑞在撰文为公共新闻辩护、点评美国媒体的表现时，认为现代传媒在美国的大部分政治危机中都表现不错，它应造就它的环境而变，应对新的政治挑战，无愧于最高法院给予它的保护。但是，就像生活中的大部分事情一样，它被自己的成功所损毁。为了对抗现代政治权力和适应现代经济形势，传媒不得不增强其规模和实力。为了有效地代表公众，传媒却不得不与其代表的公众日益疏远了。广播与电视真正地将公众变成了受众：公众的社会参与变得越来越不积极，对公共事物越来越冷漠。在过去50年中，不断有改变这种局面的尝试出现。第一次是哈钦斯委员会的《一个自由而负责任的新闻界》，该报告针对美国媒体出现的集中趋势，提出不仅政府，还有以自由媒体面目出现的企业自身的利益都成为自由的威胁；第二次是新新闻主义，试图通过更加迅疾和个性化的新闻报道实践方式缩短媒体与受众之间的距离；第三次是国家新闻委员会的建立，意图通过一种法律之外新的责任义务将新闻业与社区和报道主题重新联系起来；第四次改革尝试即是公共新闻，与前三次不同，这是媒体内部自发组织的集体行为②。

凯瑞认为公共新闻是美国媒体克服职业困境的一次改革，那么，此时的美国媒体究竟出现了什么问题？

首先，美国公众的政治冷漠和媒介接触的减少。20世纪70年代，特别是1973—1975年的经济危机，是资本主义经济发展史上的一个重大转折，自此，新自由主义形成一股强大的思潮。20世纪70年代末80年代初，新自由主义成为美国的官方经济学。新自由主义极力宣扬私有制，反对公有制；主张自由经营，反对国家干预；主张自由贸易，鼓吹经济全球化。在新自由主义主张采取市场作用和利益的最大化、非市场制度作用的最小化政策的推动下，美国新闻业向受市场利益驱动的产业方向发展的趋势日益明显，新闻业的商业主义倾向日趋严重。一股公开将市场策略运用于新闻部门的潮流席卷美国新闻业。新闻业的经营人员们发明了"整合新闻纸"的概念，即将编辑、广告、发行、市场研究、促销全面统一在利润最大化的目标之下，使报纸最大程度地获得利润。20世纪90年代美国新闻媒体刮起了兼并、联合的风潮，使新闻业的垄断加剧，利益集团的影响成为新闻

---

① Merritt, D., & McCombs, M., *The Two W's of Journalism: The Why and What of Public Affairs Reporting*, Mahwah, New Jersey: Lawrence Erlbaum Associates Publishers, 2004, pp.57-59.

② Carey, J., "In Defence of Public Journalism", in Theodore L. Glasser (ed.), *The Idea of Public Journalism*, New York: The Guilford Press, 1999, pp.49-66.

业的主要控制体系。为追求商业利益,新闻的娱乐化倾向加剧,广告时间和份额增多。并且,几乎很少有报道关注社会生活中与公众利益相关的重大问题。受成本核算的影响,硬新闻比例大为下降,在20世纪70年代至90年代这20年间,报纸在国际新闻报道方面的投入大幅下降,媒体监督批评的声音也十分微弱。总之,唯利是图使得媒体的公共性极度衰落。

政治冷漠是这样一个以经济利益为唯一指挥棒的社会的必然产物。因为,新自由主义还有一套政治理论,它认为在经济统治一切、政府干预经济尽可能少的情况下,社会运作才能达到最佳。新自由主义深信市场比其他任何途径都更有能力采用新技术来解决好社会问题。简言之,新自由主义民主就是那种政治机构控制少、辩论甚至更少的制度①。美国各种选举投票率在过去的30年中急剧下降,民主成了"没有公民的民主"②。杜威发现的公众的问题不仅没有得到解决反而愈加严重。虽然,媒体并非是民主衰落的唯一或主要的原因,但是,它们是问题的一部分,而且与其他导致民主衰落的很多因素联系紧密③。在美国,大众媒介一直是民主政治制度的一部分,媒介的使命是提供信息与分析以培养民主社会所需的知情的选民,而这也正是《权力法案》为新闻自由提供保护的前提。但如今,传媒公信力的下降使得受众逐渐地远离了媒介,媒介也成了"没有大众的大众传播媒介"④。失去了公众,大众传媒也就丧失了其在民主社会具有合法地位的前提。哈佛大学的罗伯特·普特南(Robert Putnam)将公众信任看作大众媒介的社会资本——社群解决公共问题的社会信托网络,而失去了公众的信任,媒体也就失去了它的社会资本⑤。

在这种情况下,媒体不得不积极寻找出路,吸引公众并重新获得公众的信任。而20世纪90年代成为美国政治哲学潮流的社群主义成为公共新闻的理论来源。社群主义是在对新自由主义的反驳中逐渐形成的,1991年,50位学者和政治家签发了一份名为"负责的社群主义纲领:权利与责任"的宣言。社群主义认为个人的存在离不开社群,社群的属性是自我的本质。从这里我们可以找到社群主义与芝加哥学派的某些共通之处,他们都强调个人与社会的互相依存。

---

① [美]罗伯特·麦克切斯尼:《富媒体穷民主:不确定时代的传播政治》,谢岳译,新华出版社2004年版,第11页。
② Entman, R. M., *Democracy without Citizens: Media and the Decay of American Politics*, Oxford University Press, 1989.
③ [美]罗伯特·麦克切斯尼:《富媒体穷民主:不确定时代的传播政治》,谢岳译,新华出版社2004年版。
④ [美]巴格迪坎:《传播媒介的垄断》,林珊等译,新华出版社1986年版,第211页。
⑤ Voakes, S., "A Brief History of Public Journalism", *National Civic Review*, 2004, 93(3), pp.25–35.

其次,多年来美国媒体的政治报道不尽如人意,尤其是选举报道已沦为远离实际生活的圈内人自己的游戏,也是公共新闻出现的原因之一。1988年美国媒体在总统选举报道中的糟糕表现更是直接诱因。在1988年的选举报道中,媒体与政治体系形成了惊人的默契,二者完全回避自由国际主义、国家福利、国家安全等当时美国面临的重大问题。而与公众自身利益十分相关的储蓄和信贷危机之后的银行体系问题也在竞选运动和媒介报道的议题之外,公众真切地感受到媒介再也不是代表和保护其利益的看门狗了①。于是,在公众积聚的不满的压力下,某些报纸开始尝试新的报道方式。

再次,美国报纸面临巨大生存压力。21世纪的美国报纸可谓内忧外患,追逐利益的商业化报纸以牺牲自己的公信力为代价,但面临电视、互联网等电子媒体的强大竞争优势,报纸的盈利能力也在不断地萎缩。根据"美国报业协会"的数据,在1984年达到高峰的美国报纸的发行量在2003年跌幅近13%,跌至5 520万份。同时,刨除物价上涨因素,报纸广告收入总额几乎没有变化。在1985年,刨除物价上涨因素,报纸广告收入为430.4亿美元,比2003年的449.4亿美元少不了多少,18年间报纸广告收入的纯增长只有4.4%。而同期的GDP按现价美元计算,却增长了161%②。2004年,《新闻日报》等美国报纸相继卷入虚报发行量的丑闻,美国报纸的生存压力可见一斑。并且,报纸对年轻读者缺乏吸引力,多项调查显示现在的年轻人已经远离报纸,他们更多的是从互联网上获得新闻。2004年,美国只有39%的18—24岁的年轻人每天接触一份报纸,而20年前这个数字达到59%。新闻集团总裁默多克警告说,年轻受众接触新闻的方式正在发生"革命",他们主要依靠互联网获得新闻,如果报业认识不到这些变化就将"沦为出局者"③。作为美国历史最悠久的大众媒介,美国报纸确实面临转型。

虽然,美国传统媒介遇到了困难,但是公共新闻出现后,依然在新闻界引发了针锋相对的争论。支持者认为这是挽救美国公民政治冷漠和疏远媒介的有效方式④;而反对者认为公共新闻违背客观性理念,他们认为新闻业的首要职责是提供

---

① Carey, J., "In Defence of Public Journalism", in Theodore L. Glasser(ed.), *The Idea of Public Journalism*, New York: The Guilford Press, 1999, pp.49 – 66.

②③ Angwin J., & Joseph T. H., "Newspaper Circulation Continues Decline, Forcing Tough Decisions", *The Wall Street Journal*, May 2, 2005.

④ Rosen, J., "The Action and the Idea: Public Journalism in Built Form", in Theodore L. Glasser(ed.), *The Idea of Public Journalism*, New York: The Guilford Press, 1999, pp.21 – 48; Carey, J., "In Defence of Public Journalism", in Theodore L. Glasser(ed.), *The Idea of Public Journalism*, New York: The Guilford Press, 1999, pp.49 – 66.

准确的信息,而非倡导社会政治运动,媒介要独立于其他社会服务性的组织或结构①。《纽约时报》的前主编马克斯·弗科尔(Max Frankel)把公共新闻事业称为"修理新闻事业",他认为,新闻工作者的任务就是告知事实,并使其客观和公正,社会变革的任务应由改革者进行,而不是新闻业的职责②。《华盛顿邮报》主编列昂那德·冬尼(Leonard Downie)也对"公共新闻"提出了疑问,他认为这个被称作"公共新闻"的东西,更多像是报社发展推广部门要做的事,而不是记者应该做的事③。《今日美国》编辑戴维斯也提出质疑:"公共新闻"的操作手法将客观报道置于何地呢?"④《纽约时报》第一位非洲裔都市版编辑、副编辑部主任杰拉德·博伊德(Gerald Boyd)在圣路易斯大学作讲座时,有听众就几天前纽约警察将一名未携带武器的黑人马杜·迪亚洛(Amadou Diallo)开枪击毙一事引发了纽约非洲裔群体与警察的紧张对立问了一个问题:"你们的报纸《纽约时报》是如何降低持续加剧的纽约城黑人社区中的高度紧张情绪的?"作为最早接受并提倡"公共新闻"的编辑之一,克尔·坎贝尔(Cole Campbell)⑤认为听众提出的问题反映出:人们希望媒体可以帮助其社区解决问题,并不是直接为社区解决问题,而是帮助社区解决自己的问题。但是,博伊德的回答却反映出大部分记者的观点:"作为记者,我们的角色是基本的,老一套的,发布新闻。《纽约时报》就是尽量翔实迅速地发布新闻事实,而判断需要读者自己作出。"⑥由此可见,虽然公共新闻风行一时,但许多传统大报都未接纳它。正如瓦霍沃所说的那样:这种思潮(指公共新闻)在美国的兴起,与人们对当前事物运转的方式有挫折感有关。它并不是从《纽约时报》或《华盛顿邮报》兴起的,而是先从一些地区性报纸中生长起来的。这些地区性小报既对新闻理念负责,又有责任促进本社区事情解决得更好,并真正认识到,过去解决事情的方式并不永远就是事情应该被解决的方式,而是可以有所改变⑦。一方面,这些大报的读者群并非仅限于当地,而公共新闻多局限于社区的范围,并

---

① Voakes, S., "A Brief History of Public Journalism", *National Civic Review*, 2004, 93(3), pp.25 – 35.

② 陆银昧:《美国"公共新闻事业"的实践与理论探析》,《甘肃社会科学》2005 年第 1 期。

③ 蔡雯:《美国新闻界关于"公共新闻"的实践与争论》,《新闻战线》2004 年第 4 期。

④ Davis, S., "Public Journalism: The Case Against", *Journalism Studies*, 2000, 1(4), pp.686 – 689.

⑤ Johnson, D., "Cole Campbell, 53, Editor and Journalism Educator, Dies", *New York Times*, JAN. 8, 2007.

⑥ Campbell, C., "Citizens Matter: And That is Why Public Journalism Matters", *Journalism Studies*, 2000, 1(4), pp.689 – 694.

⑦ [美]谢丽尔·吉布斯、汤姆·瓦霍沃:《新闻采写教程:如何挖掘完整的故事》,姚清江、刘肇熙译,新华出版社 2004 年版,第 4 页。

不适合这些报纸;另一方面,这些报纸一直有着客观报道的悠久传统,他们对于公共新闻的主观性十分反感。

但是,值得注意的是,记者大多对公共新闻持肯定态度。密苏里大学的彼得·盖德(Peter Gade)及其同事对来自开展公共新闻的报纸和并未开展公共新闻的传统报纸的各20名记者展开的研究显示,尽管发行人对公共新闻持批评态度,但大部分记者对此持肯定态度。而鲍尔·沃科斯(Paul Voakes)的研究也证明大部分记者赞同公共新闻的基本操作方式①。对于记者来说,强调记者主观能动性和参与精神的公共新闻报道是建立个人职业威信和获得职业归属感的有效方式,而他们在当前日复一日缺少创新的报道工作中很难获得成就感;但对于发行人来说,公共新闻是一项耗时耗力的工作,成本太高,它需要通过民意调查来准确把握公众的观点和需要,需要大量研究来探讨形成公共事件的深层原因及解决办法,这是以多快好省为生产原则的媒体所不能接受的。戴维斯不认可"公共新闻"的很大原因是这会花费大量的时间和精力,当然还有金钱去研究和理解公共新闻,然后从上到下地解释和教授给新闻采编人员。这需要耐心和金钱来进行有意义的对话、辩论及在当地市场提供个性化服务②。

虽然,目前对于公共新闻效果的调查较少,但某些研究显示公众在报道前后对于公共事务的认知和态度确实有所改变。《威斯康星日报》的编辑弗兰克·登滕和密苏里大学的埃塞·塞罗森的研究发现,凡是注意到"我们人民"(We the People)这个报道项目的人,对于政治的兴趣和知识都有所增长。而弗雷兰德也发现虽然公共新闻本身并不能创造社会资本,因为这需要很长时间,但公共新闻确实加强了社群网络的联系,有时会产生新的联系③。但并非所有的效果研究都这么乐观,也有研究发现读者的兴趣和知识并未发生显著变化。不过,弗雷兰德对三个城市的居民所作的访谈显示民众对公共新闻并不反感。沃科斯也认为虽然公共新闻的反对者不乏洞见,但对公共新闻的反对并不致命,公共新闻与传统新闻在某些道德价值上,比如强调新闻要独立于官方立场等方面具有相容性④。进入21世纪,公共新闻的热潮有所消退,一些支持它的人已经转到别的项目上,那些为公众新闻提供资金的基金会,例如皮尤、奈特和凯特林因为试图影响控制媒介议程而受到了严厉的批评⑤。

---

①③ Voakes, S., "A Brief History of Public Journalism", *National Civic Review*, 2004, 93(3), pp.25 – 35.
② Davis, S., "Public Journalism: The Case against", *Journalism Studies*, 2000, 1(4), pp.686 – 689.
④ Ibid., pp.25 – 35.
⑤ [美]埃弗利特·E.丹尼斯、约翰·C.梅里尔:《媒介论争——19个重大问题的正反方辩论》,王纬等译,北京广播学院出版社2004年版,第113页。

但是,对于公共新闻能否挽救美国民主危机这一根本问题,很多学者抱有怀疑态度。约翰·彼得斯认为因现实中存在着的四大障碍——规模、人性、社会结构和民主信仰——而使得作为对话的民主难以落实,而将民主视为对话正是公共新闻的理论基础[1]。艾奥瓦大学的汉诺·哈迪特(Hanno Hardt)批评公共新闻的"注意力只停留于内容和标题的表面,而没有关注由于媒体企业正在改变的目标而造成的结构性限制",他认为只要媒体还是私人企业,盈利就一定比公共服务更重要[2]。也正是有感于此,罗伯特·麦克切斯尼只是将公共新闻视为一种"善意的尝试",因为公共新闻"完全忽视了所有者和广告的结构性因素,而正是这些因素破坏了新闻的公正性和客观性"[3]。公共新闻业力图要恢复社区民众之间的有机联系,导向一种拥有共同目标的民主生活。但是,舒德森却对此评价不高,他指出公共新闻业是一种"非常保守的改革",并没有超出在美国新闻史上已有的三种模式:市场模式、鼓吹模式和托管模式。它只是托管模式的一种,这种模式要求新闻工作者提供他们认为公民必须被告知的新闻,以使其参与到民主中。公共新闻业"将权力仍然保留在新闻组织内部,而没有授予公众在新闻事业中更大的权威性"[4]。因此,这一变革的力度是有限的。舒德森的评价可谓犀利,在美国媒体现有权力结构不变的前提下,公共新闻能够起到的作用有限,只能是小修小补。

在许多学者眼中,美国民主遭遇的是结构性危机,其严重结果是公众不得不逐渐淡出公共生活。美国媒体的危机同样是结构性的,媒体一方面受宪法保护,担负着开启公共讨论,成为民主生活奠基石的重要角色;另一方面,为免受政治势力左右,媒体经济上又要保持独立,但是过于追逐商业利益的媒体往往妨害了自身的公共性。可见,媒体的商业性与公共性互为前提却又彼此掣肘。公共新闻是媒体试图解决自身商业性与公共性的结构性矛盾的努力,但改革是在已有框架中进行的。由美国媒体主导,为修缮美国媒体与美国民主面临问题而展开的新闻改革运动"公共新闻"渐趋衰落,但是美国传统媒体与美国民主的结构性矛盾依然存在。2016年,牛津词典将年度热词定为"后真相",以反映一个重要的转变:新媒

---

[1] Peters, J., "Public Journalism and Democratice Theory: Four Challenges", in Theodore L. Glasser(ed.), *The Idea of Public Journalism*, New York: The Guilford Press, 1999, pp.99-117.
[2] Voakes, S., "A Brief History of Public Journalism", *National Civic Review*, 2004, 93(3), pp.25-35.
[3] [美]罗伯特·麦克切斯尼:《富媒体穷民主:不确定时代的传播政治》,谢岳译,新华出版社2004年版,第408页。
[4] Schudson, M., "What Public Journalism Knows about Journalism but Doesn't Know about 'Public'", in Theodore L. Glasser (ed.), *The Idea of Public Journalism*, New York: The Guilford Press, 1999, pp.118-133.

体兴起后,随着各类行动者参与到新闻事件的传播中,传统媒体定义真相的唯一核心地位遭到挑战。这对美国新闻传播理念和美国政治理念意味着什么？仍需我们细致观察,耐心作答。

结语：以媒介为中心的传播思想史研究

自20世纪40年代拉斯韦尔(Harold Lasswell)奠定传播学研究方向和领域以来，传播学研究的主流范式——经验主义，一直将传播效果视为其研究的核心，包括媒介研究、内容分析、受众研究在内的传播学重要研究领域几乎都是为效果研究服务的。不少经验主义传播学者认为传播学的首要目标就是解释大众传播的效果，甚至有人认为"大众传播理论之大部分（或许甚至是绝大部分）研究的是效果问题"①，以至于有人直接称经验主义范式为效果研究范式。然而，这种对传播效果的强调并没有确立传播学的界面，相反，它模糊了传播学与其他社会科学的边界并无法建立起传播学的独特视角。它使传播学变成了一种带有强烈美国社会心理学色彩的学说。甚至，有批判学者指出了这种知识体系的发展壮大与美国政府在1945—1960年间在全世界进行的心理战息息相关，因此它不可能不具有心理学的取向："在大众传播研究形成一个独立学术领域的过程中，美国政府的心理战项目起到了重要扶持作用，深深地影响了学科带头人的选择。"②本书无意在此讨论美国传播学的意识形态问题，但效果、态度、从众、乌合之众这些概念确实是心理学和社会心理学的核心概念，于是，大众传播学就在这个意义上变成了一种大众心理学。

对于美国大众传播学而言，5W模式中的效果、受众、传播内容甚至包括传播者都曾经是学者们集中讨论的领域，但这些领域均未真正发展出属于传播学的核心概念，因此也就无法产生传播学的独特视角。只有研究对象而没有独特的研究视角，传播学通常被其他人文社会学科视为一个多种知识交叉的"十字路口"和开放地带，而缺少属于自身清晰的思想传统。也正因为如此，传播学对其他社会科学的理论贡献几乎可以忽略不计。

---

① ［英］丹尼斯·麦奎尔、［瑞典］斯文·温德尔：《大众传播模式论》，祝建华、武伟译，上海译文出版社1997年版，第59页。

② ［美］辛普森：《胁迫之术：心理战与美国传播研究的兴起（1945—1960）》，王维佳等译，华东师范大学出版社2017年版，第1页。

但一个有趣的现象是,大家很少讨论具有高度物质和技术色彩的媒介。在美国大众传播学中就没有什么关于媒介的理论,好像媒介就是一个客观中立的渠道,它不曾参与过传播的任何环节,也不影响传播的内容。施拉姆在《传播学概论》一书中写到媒介这一部分时,因为实在没有成体系的内容,只好很不情愿地拖出他很不喜欢的媒介环境学来撑门面,甚至把媒介的产业研究等同于媒介研究。这当然是因为研究传播学的人其实多半不会像相关理工科专业的学者那样精通技术。当然更深层次的原因是传播学者先验地认为,过多讨论传播技术问题会陷入技术决定论、媒介中心主义之类观念的窠臼。所以,在新闻学和传播理论中,人们不容易看到媒介和媒介技术的作用;在新闻史和传播史中,人们也看不到媒介和媒介技术的存在。人类的传播理论和传播史,就这样建立在一种看不见媒介的社会情境当中,于是时势造英雄的英雄史观和辉格史观便在新闻史和传播史研究中大行其道。围绕传播媒介而生成的各种社会思想和社会行动,围绕媒介而变化的社会历史进程,仿佛都是自然而然生成的,都是英雄主体行动的后果。所以,不管实证主义传播学有多么强调它是科学和唯物主义的理论,其实质都是一种唯心主义的思想体系。

然而,正是这个被主流学界躲避了很久的"媒介",才真正是传播学不可忽略的核心概念。媒介是如此重要的一种组织力量,它通过不断重组或强化情感结构、知识结构和社会结构,通过让人"看到"或"洞察到"新的观念,通过让人"看到"新的可能性,形成了一种形塑社会和心灵的媒介化力量。如果没有这样一种力量,有很多的行动、观念、知识和情感就不可能出现在我们的日常生活中。所以,当书写一部传播的思想史,从媒介的角度切入是非常必要的。只有这样的书写才能体现这个学科的理论张力和独特视角。

不过即便意识到媒介的重要性,主流传播学以往的媒介观也是值得反思的。这种媒介观通常将媒介实体化为一个社会组织,或将其看作一种连接不同社会主体的渠道和中介。这从大众传播学对大众传播所下的定义中就可以看出来。詹纳维茨(Janowitz)在1968年曾经给大众传播下过一个被广泛接受的定义:"由专业化的机构和技术组成,利用技术设备(平面媒体、广播、电影等)为大量的、异质的、广泛分散的受众来传播象征性内容的活动。"[1]所以,在主流传播学的视野中,媒介就是实体机构,其功能主要就是信息传递。然而,这样一种媒介观极大地窄化了也极大地泛化了媒介的概念。导致的结果是,不仅经常研究非传播的问题,

---

[1] [英]丹尼斯·麦奎尔:《麦奎尔大众传播理论》,崔保国、李琨译,清华大学出版社2006年版,第46页。

而且还常常对真正的传播研究视而不见。作为实体的媒介应当得到认真的研究。作为实体的媒介,无论从产业还是从意识形态国家机器的角度来看,都发挥着重要的影响力,从应用与现实意义入手加以研究,无论是批判还是改进,都有学术意义。但是,这显然不是传播学的全部任务与全部意义,甚至不是传播学所特有的任务。

所谓的窄化,是指这种传播学把很多媒介摒弃于媒介研究范畴之外,只有大众传播媒介才算是媒介。然而,在沟通与交流的情境中,什么物都可能成为媒介,这就是所谓的万物皆媒。比如说,许多传播和信息交流都是发生的特定物理空间中的,如一个商场、一班地铁、一架电梯都可以是交流的媒介,而且它还对发生在这个空间中的信息交流具有限定意义。

所谓的泛化,是指这种传播学把大众传播媒介组织及其社会关系中发生的跟传播不相关的事全部纳入媒体范畴或者传播学研究范畴当中。比如,一个报社的自办发行、一个电视台的多种经营、一个网站的员工绩效考核、一个观念在媒体上的文本呈现等。这些非传播学的研究在传播学当中占据着巨大的比例,并且误导了传播研究者的问题意识和学科认同。以前主流传播学做的一切研究都可以被称为以下学科的研究,比如:媒介法学、媒介伦理学、媒介产业经济学、媒介组织行为学、媒介认知心理学、媒介社会心理学、媒介人类学和媒介公共管理学等。由此可以延展的问题是:传播学真的存在过吗?传播学真的在进行传播研究吗?

在这种媒介观的主导下,实证主义的传播学很少关注人以及人的日常生活世界的价值和意义,也很少关注理论的建构,而通常只关注和描述传媒现象与实践,测量传播机器的商业效果和政治效能。实证主义传播学与一切的实证科学有着非常相似的特点,它具有一种颠倒的世界观。它不关注人的价值与意义,只关心一个数字的世界。对此,胡塞尔深刻地指出,数字世界掩盖了人类真正的生活世界:"最为重要的值得重视的世界,是早在伽利略那里就以数学的方式构成的理念存有的世界开始偷偷摸摸地取代了作为唯一实在的,通过知觉实际地被给予的、被经验到并能被经验到的世界,即我们的日常生活世界。"[1]而这一切恰恰是现代性社会中人的精神危机的由来。

所以,重塑传播学的媒介观其实对传播学未来的理论化有着非常重要的意义。讨论像媒介这样一种存在物,引入马丁·海德格尔(Martin Heidegger)关于存在物的哲学思考其实很有意义。在《艺术作品的本源》里,海德格尔谈到:"我们

---

[1] [德]埃德蒙德·胡塞尔:《欧洲科学危机和超验现象学》,张庆熊译,上海译文出版社1988年版,第58页。

对物的本质有三种流行的看法,第一种把它看作是显现的存在者,比如一块石头。第二种是把它当做是人的感官可以感知的形式,物的大小、质料与颜色等属性都是人的感知所赋予的。而第三种方式则是用有用性或功能性去言说物。"①当我们在谈论到物的时候,我们通常说的是物的功能或者是对于主体的有用性。海德格尔认为这三种对物的理解都错误地理解了物的本源:

  上述三种对物性的规定方式,把物理解为特性的载体,感觉多样性的统一体和具有形式的质料……从此产生出一种思维方式,我们不仅根据这种思维方式专门去思考物、器具的作品,而且也根据这种思维方式去思考一般意义上的一切存在物。这种久已流行的思维方式先于有关存在者的一切直接经验。这种先入之见阻碍着对当下存在者之存在的沉思。②

这三种理解导致的必然结果是物我的主客体二元论,导致了人对物的远离,也导致了人的主体性的内涵被抽空,并不可避免地导致了高度的现代性色彩的工具理性。尤其是将物看作功能的视角,功能化的结果使物的意义被抽空,像大自然这样物的集合,最终不过是人类社会的资源开发对象,大自然最终成了人类的能源提供者,并且仅此而已。"新时代的技术使事物和自然丧失了独立性,丰富性和财富,使它们降格为千篇一律的可被统治的物质。但是,面对这些贫血的面孔,可怕的空洞感在侵袭人……消灭事物和自然的本质,这归咎于在极度不安之中的他本身,因为他作为人决不能单纯自为地——唯我论地——是人,而是从他周围世界中得到他的本质。"③一切将他者功能化的努力最后会辩证地导致自我意义的功能化和空洞化。而正是在这个意义上,实证主义研究将人变成了"非人"。

在海德格尔看来,一件艺术作品之所以成为艺术作品,既不是因为它本身由作为物的质料构成,也不是因为它本身呈现了某种器物,而是它为我们敞开了一个世界。比如,我们在梵高的画中看到一双农鞋,它显然不像鞋本身,它的意义远远超越鞋本身的意义:"走近这幅作品,我们就突然进入了另一个天地,其况味全然不同于我们惯常的存在。"④由此,海德格尔指出,物之所以为物,是因为它给我们建立和敞开了一个世界,它将那个世界的各种关系和意义呈现在我们的面前,这才是物的真正意义所在。就像他在解释作为物的陶壶的意义时所说的,"在水

---

 ① [德] 马丁·海德格尔:《林中路》,孙周兴译,上海译文出版社1997年版,第14页。
 ② 同上书,第15页。
 ③ [德] 冈特·绍伊博尔德:《海德格尔分析新时代的技术》,宋祖良译,中国社会科学出版社1993年版,第55页。
 ④ [德] 马丁·海德格尔:《林中路》,孙周兴译,上海译文出版社1997年版,第19页。

的赠礼中,在酒的赠礼中,天空和大地居住着","在倾注的赠礼中,短暂者和神圣者以它们各不相同的方式居住着"①。天地人神的四元,就因为陶壶的聚集而居留:"物聚集。通过转让四元,它聚集了四元的居留,使之进入任何一个片刻居留的某物,进入此物,彼物。"②

所以,海德格尔是在以这种方式提醒我们,虽然媒介是存在物,但是它不仅仅是器物或渠道,或者说这只是它存在当中很小的一部分,更重要的是由它邀约的一系列关系和意义的总和。一方面,它不是研究的终点,因为对意义的阐释才是最终的研究目的;但另一方面,它也不是可有可无,它的存在就意味着一个较为确定的起点,那些认为媒介是客观渠道的说法是在掩盖媒介具有偏向的事实。媒介是有偏向的,只有在这个起点上,我们才能真正理解媒介,而在这个问题上伊尼斯所作出的贡献有目共睹,我们在此就不复赘述了。

媒介是一种隐喻,与其他的技术不同,它为我们建造和呈现出一个可见的非物理的观念世界和空间,并构成我们观念中生活的意义。表面上看,特定媒介是一个机构,是一种技术,但这不是它的全部。实际上在更重要的意义上,它是由某种形式和技术构建的一个意义空间,这个空间在观念的传达上具有明显的侧重、强调和偏向,它向其使用者展开在特定空间中才可视和可理解的意义,而其使用者在这些空间中的意义生产和消费又会不断带动意义空间的开拓与转型。完全可以把媒介看成选择性的各种意义和关系汇聚的空间,通过这个窗口,我们可以看到重组着生活世界的各种社会关系并由此反观我们存在的意义。对于这一意义空间所建构的人的观念的研究以及在对于这一意义生产的空间中各种力量角逐和博弈的研究,是传播学取之不尽用之不竭的话题。从互联网对留守儿童个体时空观念的重塑,到作为一个活动过程和空间的各种城市中的读书会组织,再到一个新建的城市景观的意义生产,这些才是真正有趣的具有传播学气质的研究对象。所以,传播学的研究应当以媒介这样的物作为研究的起点,但需要超越它本身,去关注它邀约的各种关系、价值和意义,这才是真正的唯物主义视角。

而这种带有关系和空间隐喻的媒介观,立刻就会因为时间维度的加入而变成一种研究传播思想史的重要方法论。事实上,任何一种成功的新媒介在登上历史舞台时,都会对当时的社会文化、社会观念产生冲击并进而发生观念与文化的变迁。比如,一份现代商业报纸的进入如何建构了当地精英阶层的世界观,并因此引发相应的生活方式和思维方式的变革。再比如,地铁的出现如何重组了市民对

---

① [德]M.海德格尔:《诗·语言·思》,彭富春译,文化艺术出版社 1991 年版,第 152、153 页。
② 同上书,第 153 页。

于城市公共空间中的行为和道德的认识。正如斯蒂格勒所说:"'技术体系'不断进化,同时淘汰构成社会凝聚力的'其他体系'。技术发展原本是一种破坏,而社会生成则重新适应这种技术生成……技术变革依其幅度大小总会或多或少地动摇文化的基准。"①媒介的变革意味着社会关系的方式和角度的变革,某些社会关系被显现、突出和强调,而另一些则会被掩盖和弱化,媒介是一种组织和连结社会的力量。媒介的变化一定会带来可感知的情境的变革和关系的变革,并意味着观念和行为的重塑,意味着价值的重估。"如果传递方式改变了,传递的信息就极有可能也不一样,如果信息传递的语境和耶稣的时代完全不同,那么我们就不能指望信息的社会意义和心理意义还能保持不变。"②围绕作为时间和空间隐喻的媒介来展开思想史的写作,在还原历史的丰富性上有独特的优长,它意味着传播思想史写作的重要范式转型。

  以往的传播史,如果围绕媒介来展开,通常有两种书写方法,一种是媒介机构的发展史,另一种是媒介形式的类别史。前者突出写名媒体和名媒介从业者的传记,另一种则是讨论某种媒介形式或几种媒介形式发展的历史。这些传播史的书写,对于媒介的理解多建立在媒介作为一种功能实存的基础之上,因而无法呈现媒介与人类之间复杂的共生关系,也无法提示传播真正的历史意义和价值。当然,我们看到了许多天才的研究者包括詹姆斯·凯瑞、理查德·布茨、舒德森等已经开启了新的传播史写作的范式。我们希望继续这种传播思想史的书写,它不是媒介机构的发展史,更不是媒介从业者的英雄史,而是关于媒介的社会史、观念史与文化史。

  在这样的历史书写中,我们希望通过还原以下这些场景去透视在复杂社会关系中的媒介:在达纳开办《太阳报》时,他想得更多的是这一种报纸的运营模式能否取得成功,可能根本没有想到一旦当报纸在经济上取得独立,就会以一种新的方式在连接美国精英的政治生活和普通公众的日常生活中,让公众在阳光下能够看到权力的运作。当然,他也不会想到,这种与美国城市化相伴随的新闻生产方式,会加速美国旧有社会共同体的分裂,从而引发了社会学芝加哥学派的问题意识。当莫尔斯在考虑电报的专利能够为他赢得多少金钱时,他可能根本无法想到时间取向的金融业将取代空间取向的制造业而成为美国经济发展最主要的发动机,也可能完全不能想象电报所组织起来的通讯社会让一个国家所有的人每天看到一样的新闻事件。无线电发烧友们可能怎么也不会想到自己摆弄着的那个玩

---

  ① [法] 贝尔纳·斯蒂格勒:《技术与时间:2. 迷失方向》,赵和平、印螺译,译林出版社2010年版,第3页。
  ② [美] 尼尔·波兹曼:《娱乐至死》,章艳译,广西师范大学出版社2004年版,第154页。

具会成为他们总统进行社会动员时凝聚共识的"炉边谈话",更不会想到在欧洲大杀四方的德国纳粹也深谙这个玩具在社会动员时的力量,就像希特勒在慕尼黑发表的广播演说里说的那样:"我以梦游者的自信走自己的路。"媒介与社会场景就这样丰富多彩地相互构建着。所以,我们需要知道这些社会场景与媒介是怎样发生关联的,因为它们是先于它们而在的媒介技术体系所催生、强化、突出和掩盖的。

媒介的历史是不能从一切社会和思想的历史中被分离出来的,因为一切社会和思想的历史恰恰就是在媒介的图底上行走的。只有在媒介的物质图底上,我们才能更好地看到历史是怎样在社会的层面延展起来的。当下传播思想史研究的历史使命便是将传播技术作为一种整体介质和生存环境,并以此为起点来讨论它如何建构公众与自然尤其是公众与社会之间的关系,它如何不断建构公众头脑中的观念,它又是如何在当时邀约天地人神四元的居留的。这必将成为未来传播史写作的主要范式。

参 考 文 献

中文文献

[1] [德] 埃德蒙德·胡塞尔：《欧洲科学危机和超验现象学》，张庆熊译，上海译文出版社 1988 年版。

[2] [美] 埃弗利特·E.丹尼斯、约翰·C.梅里尔：《媒介论争——19 个重大问题的正反方辩论》(第三版)，王纬等译，北京广播学院出版社 2004 年版。

[3] [美] 埃里克·方纳：《美国自由的故事》，王希译，商务印书馆 2002 年版。

[4] [法] 埃里克·麦格雷：《传播理论史——一种社会学的视角》，刘芳译，中国传媒大学出版社 2009 年版。

[5] [法] 安德烈·巴赞：《电影是什么？》，崔君衍译，中国电影出版社 1987 年版。

[6] [美] 巴格迪坎：《传播媒介的垄断》，林珊等译，新华出版社 1986 年版。

[7] [美] 保罗·F.拉扎斯菲尔德等：《人民的选择——选民如何在总统选战中做决定》(第三版)，唐茜译，中国人民大学出版社 2012 年版。

[8] [美] 保罗·M.莱斯特：《视觉传播：形象载动信息》，霍文利等译，北京广播学院出版社 2003 年版。

[9] [法] 贝尔纳·斯蒂格勒：《技术与时间：2. 迷失方向》，赵和平、印螺译，译林出版社 2010 年版。

[10] [意] 贝奈戴托·克罗齐：《历史学的理论和实际》，傅任敢译，商务印书馆 1982 年版。

[11] [美] 彼得斯：《交流的无奈：传播思想史》，何道宽译，华夏出版社 2003 年版。

[12] [美] 比尔·科瓦齐、汤姆·罗森斯蒂尔：《新闻学的十大基本原则：新闻从业者须知和公众的期待》，刘海龙、连晓东译，北京大学出版社 2011 年版。

[13] [美] 比尔·科瓦奇、汤姆·罗森斯蒂尔：《真相——信息超载时代如何知道该相信什么》，陆佳怡、孙志刚译，中国人民大学出版社 2014 年版。

[14] [美] 查尔斯·A.比尔德、玛丽·R.比尔德：《美国文明的兴起（上卷）》，许亚芬等译，商务印书馆 2010 年版。

[15] [美] 查尔斯·霍顿·库利：《人类本性与社会秩序》，包凡一、王源译，华夏出版社 1999 年版。

[16] [美] 大卫·斯隆编著：《美国传媒史》，刘琛等译，上海人民出版社 2010

［17］［美］大卫·克罗图、威廉·霍伊尼斯：《媒介·社会——产业、形象与受众》（第三版），丘凌译，北京大学出版社2009年版。

［18］［美］丹尼尔·J.布尔斯廷：《美国人——殖民地历程》，时殷弘等译，上海译文出版社1997年版。

［19］［美］丹尼尔·杰·切特罗姆：《传播媒介与美国人的思想——从莫尔斯到麦克卢汉》，曹静生、黄艾禾译，中国广播电视出版社1991年版。

［20］［英］丹尼斯·麦奎尔：《受众分析》，刘燕南等译，中国人民大学出版社2006年版。

［21］［加拿大］戴维·克劳利、保罗·海尔编：《传播的历史：技术、文化和社会》（第五版），董璐等译，北京大学出版社2011年版。

［22］［美］E.M.罗杰斯：《传播学史——一种传记式的方法》，殷晓蓉译，上海译文出版社2005年版。

［23］［德］斐迪南·滕尼斯：《共同体与社会：纯粹社会学的基本概念》，林荣远译，商务印书馆1999年版。

［24］［美］弗·斯卡皮蒂：《美国社会问题》，刘泰星、张世灏译，中国社会科学出版社1986年版。

［25］［德］冈特·绍伊博尔德：《海德格尔分析新时代的技术》，宋祖良译，中国社会科学出版社1993年版。

［26］［美］H.S.康马杰：《美国精神》，南木等译，光明日报出版社1988年版。

［27］［美］哈罗德·D.拉斯韦尔：《世界大战中的宣传技巧》，张洁、田青译，中国人民大学出版社2003年版。

［28］［美］汉密尔顿、杰伊、麦迪逊：《联邦党人文集》，程逢如等译，商务印书馆1980年版。

［29］［美］赫伯特·席勒：《大众传播与美利坚帝国》，刘晓红译，上海译文出版社2006年版。

［30］［美］J.艾捷尔编：《美国赖以立国的文本》，赵一凡、郭国良主译，海南出版社2000年版。

［31］［美］J.赫伯特·阿特休尔：《权力的媒介——新闻媒介在人类事务中的作用》，黄煜、裘志康译，华夏出版社1989年版。

［32］［美］加里·R.埃杰顿：《美国电视史》，李银波译，中国人民大学出版社2012年版。

［33］［英］吉姆·麦克盖根：《文化民粹主义》，桂万先译，南京大学出版社2001年版。

［34］［英］科林·斯巴克斯：《全球化、社会发展与大众媒体》，刘舸、常怡如译，社会科学文献出版社2009年版。

［35］［美］兰德尔·柯林斯、迈克尔·马科夫斯基：《发现社会之旅——西方社会学思想述评》，李霞译，中华书局2006年版。

[36] [美] 劳伦斯·格罗斯伯格等:《媒介建构:流行文化中的大众媒介》,祁林译,南京大学出版社 2014 年版。

[37] [美] 理查德·布茨:《美国受众成长记》,王瀚东译,华夏出版社 2007 年版。

[38] [美] 罗伯特·麦克切斯尼:《富媒体穷民主:不确定时代的传播政治》,谢岳译,新华出版社 2004 年版。

[39] [英] 洛克:《政府论》,叶启芳、瞿菊农译,商务印书馆 1964 年版。

[40] [德] M.海德格尔:《诗·语言·思》,彭富春译,文化艺术出版社 1991 年版。

[41] Murray, G.:《赫斯特报系的新闻文化》,漆敬尧译,远流出版事业有限公司 1992 年版。

[42] [德] 马丁·海德格尔:《林中路》,孙周兴译,上海译文出版社 1997 年版。

[43] [德] 马克斯·霍克海默、西奥多·阿道尔诺:《启蒙辩证法:哲学断片》,渠敬东、曹卫东译,上海人民出版社 2006 年版。

[44] [加拿大] 马歇尔·麦克卢汉:《理解媒介——论人的延伸》,何道宽译,商务印书馆 2000 年版。

[45] [美] 迈克尔·埃默里、埃德温·埃默里:《美国新闻史——大众传播媒介解释史》(第八版),展江、殷文主译,新华出版社 2001 年版。

[46] [美] 迈克尔·埃默里、埃德温·埃默里、南希·L.罗伯茨:《美国新闻史——大众传播媒介解释史》(第九版),展江译,中国人民大学出版社 2004 年版。

[47] [英] 曼纽尔·卡斯特:《网络社会的崛起》,夏铸九等译,社会科学文献出版社 2006 年版。

[48] [美] 美国新闻署编:《美国历史概况》,杨俊峰等译,辽宁教育出版社 2003 年版。

[49] [美] 孟彻:《新闻报道与写作》(第 9 版),清华大学出版社 2008 年版。

[50] [法] 孟德斯鸠:《论法的精神》,张雁深译,商务印书馆 1961 年版。

[51] [英] 弥尔顿:《建设自由共和国的简易办法》,殷宝书译,商务印书馆 1964 年版。

[52] [英] 弥尔顿:《为英国人民声辩》,何宁译,商务印书馆 1958 年版。

[53] [英] 密尔顿:《论出版自由》,吴之椿译,商务印书馆 1958 年版。

[54] [美] 尼尔·波兹曼:《娱乐至死》,章艳译,广西师范大学出版社 2004 年版。

[55] [法] 帕特里斯·费里奇:《现代信息交流史:公共空间和私人生活》,刘大明译,中国人民大学出版社 2008 年版。

[56] [德] 齐格弗里德·克拉考尔:《电影的本性——物质现实的复原》,邵牧君译,中国电影出版社 1981 年版。

[57] [德] 齐美尔:《社会是如何可能的:齐美尔社会学文选》,林荣远编译,广

西师范大学出版社 2002 年版。

[58] [美] 乔治·H.米德：《心灵、自我与社会》，赵月瑟译，上海译文出版社 1992 年版。

[59] [英] R. G.柯林武德：《历史的观念》，何兆武、张文杰译，中国社会科学出版社 1986 年版。

[60] [美] Roshco，B.：《制作新闻》，姜雪影译，远流出版事业股份有限公司 1994 年版。

[61] [法] 让-诺埃尔·让纳内：《西方媒介史》，段慧敏译，广西师范大学出版 2005 年版。

[62] [美] 斯坦利·卡维尔：《看见的世界——关于电影本体论的思考》，齐宇、利芸译，中国电影出版社 1990 年版。

[63] [美] 唐纳德·怀特：《美国的兴盛与衰落》，徐朝友、胡雨谭译，江苏人民出版社 2002 年版。

[64] [美] 托德·吉特林：《新左派运动的媒介镜像》，张悦译，华夏出版社 2007 年版。

[65] [法] 托克维尔：《论美国的民主》，董果良译，商务印书馆 1988 年版。

[66] [美] W.布莱福特：《"五月花号公约"签订始末》，王军伟译，华东师范大学出版社 2006 年版。

[67] [美] Werner J. Severin、James W. Tankard, Jr：《传播理论——起源、方法与应用》，郭镇之主译，中国传媒大学出版社 2006 年版。

[68] [美] Wilbur Schramm：《人类传播史》，游梓翔、吴韵仪译，远流出版事业股份有限公司 1994 年版。

[69] [德] 瓦尔特·本雅明：《机械复制时代的艺术作品》，王才勇译，中国城市出版社 2002 年版。

[70] [美] 沃尔特·李普曼：《舆论学》，林珊译，华夏出版社 1989 年版。

[71] [美] 沃浓·路易·帕灵顿：《美国思想史 1620—1920》，陈永国等译，吉林人民出版社 2002 年版。

[72] [美] 韦尔伯·斯拉姆等：《报刊的四种理论》，中国人民大学新闻系译，新华出版社 1980 年版。

[73] [美] 威·安·斯旺伯格：《普利策传》，陆志宝、俞再林译，新华出版社 1989 年版。

[74] [美] 威廉·曼彻斯特：《光荣与梦想：1932—1972 年美国社会实录》，广州外国语学院美英问题研究室翻译组、朱协译，海南出版社、三环出版社 2004 年版。

[75] [美] 希伦·A.洛厄里、梅尔文·L.德弗勒：《传播研究里程碑》，王嵩音译，远流出版事业股份有限公司 1993 年版。

[76] [美] 希伦·A.洛厄里、梅尔文·L.德弗勒：《大众传播效果研究的里程碑》（第三版），刘海龙等译，中国人民大学出版社 2009 年版。

[77] [美]谢丽尔·吉布斯、汤姆·瓦霍沃:《新闻采写教程:如何挖掘完整的故事》,姚清江、刘肇熙译,新华出版社2004年版。

[78] [美]辛普森:《胁迫之术:心理战与美国传播研究的兴起(1945—1960)》,王维佳等译,华东师范大学出版社2017年版。

[79] [美]新闻自由委员会:《一个自由而负责的新闻界》,展江等译,中国人民大学出版社2004年版。

[80] [美]约翰·杜威:《人的问题》,傅统先、邱椿译,上海人民出版社1965年版。

[81] [美]约翰·菲斯克:《电视文化》,祁阿红、张鲲译,商务印书馆2005年版。

[82] [英]约翰·格雷:《自由主义》,曹海军、刘训练译,吉林人民出版社2005年版。

[83] [英]约翰·基恩:《媒体与民主》,邵继红、刘士军译,社会科学文献出版社2003年版。

[84] [美]约翰·S.戈登:《疯狂的投资:跨越大西洋电缆的商业传奇》,于倩译,中信出版社2007年版。

[85] [美]詹姆斯·凯瑞:《作为文化的传播:"媒介与社会"论文集》,丁未译,华夏出版社2005年版。

[86] [日]佐藤卓己:《现代传媒史》,诸葛蔚东译,北京大学出版社2004年版。

[87] 胡翼青:《再度发言:论社会学芝加哥学派传播思想》,中国大百科全书出版社2007年版。

[88] 黄旦:《传者图像:新闻专业主义的建构与消解》,复旦大学出版社2005年版。

[89] 李剑鸣:《美国通史(第一卷):美国的奠基时代1585—1775》,人民出版社2001年版。

[90] 刘海龙:《宣传:观念、话语及其正当化》,中国大百科全书出版社2013年版。

[91] 陆扬、王毅:《大众文化与传媒》,上海三联书店2000年版。

[92] 彭家发:《新闻客观性原理》,三民书局1994年版。

[93] 钱满素:《美国自由主义的历史变迁》,生活·读书·新知三联书店2006年版。

[94] 谢静:《建构权威·协商规范——美国新闻媒介批评解读》,复旦大学出版社2005年版。

[95] 张国良主编:《20世纪传播学经典文本》,复旦大学出版社2003年版。

[96] 赵月枝:《传播与社会:政治经济与文化分析》,中国传媒大学出版社2011年版。

[97] 蔡雯:《美国新闻界关于"公共新闻"的实践与争论》,《新闻战线》2004年第4期。

[98] 蔡雯:《美国"公共新闻"的历史与现状(上)——对美国"公共新闻"的实地观察与分析》,《国际新闻界》2005年第1期。

[99] 高天琼:《从社会价值认同的角度比较〈独立宣言〉与〈中华民国临时约法〉的历史命运》,《晋阳学刊》2003年第5期。

［100］李剑鸣：《美国独立战争爆发前的政治辩论及其意义》，《历史研究》2000年第4期。

［101］陆银味：《美国"公共新闻事业"的实践与理论探析》，《甘肃社会科学》2005年第1期。

［102］徐贲：《民主社群和公共知识分子：五十年后说杜威》，《开放时代》2002年第4期。

［103］朱学勤：《两个世界的英雄——托马斯·潘恩》，《河南大学学报(哲学社会科学版)》1987年第1期。

英文文献

[1] Angwin, J., & Hallinan, J., "Newspaper Circulation Continues Decline, Forcing Tough Decisions", *The Wall Street Journal Online*, May 2, 2005.

[2] Bernays, E. L., *Crystallizing Public Opinion*, New York: Liveright Publishing Coporation, 1961.

[3] Bleyer, W. G., *Main Currents in the History of American Journalism*, Cambridge: The Riverside Press, 1927.

[4] Blumer, H., Hauser, P. M., *Movies, Delinquency and Crime*, New York: The Macmillan Company, 1933.

[5] Blumer, H., *Movies and Conduct*, New York: The Macmillan Company, 1933.

[6] Campbell, C., "Citizens Matter: And That is Why Public Journalism Matters", *Journalism Studies*, 2000, 1(4), pp.689-694.

[7] Carey, J., "The Chicago School and the History of Mass Communication Research", in Munson, E. S., Warren, C. A., (ed.) *James Carey: A Critical Reader*, University of Minnesota Press, 1997.

[8] Cooley, C. H., *Social Organization: A Study of the Larger Mind*, New York: Schocken Books, 1972.

[9] Dale, E., *Children's Attendance at Motion Pictures*, New York: The Macmillan Company, 1935.

[10] Davis, S., "Public Journalism: The Case against", *Journalism Studies*, 2000, 1(4), pp.686-689.

[11] Dewey J., *The Public and Its Problems*, in The Collected Works of John Dewey, 1882-1953, 37 volumes, Carbondale: Southern Illinois University Press, 1968.

[12] Dysinger, W. S., Ruckmick, C. A., *The Emotional Responses of Children to the Motion Picture Situation*, New York: The Macmillan Company, 1933.

[13] Entman, R.M., *Democracy without Citizens: Media and the Decay of American Politics*, Oxford University Press, 1989.

[14] Gans, H. J., *Deciding What's News: A Study of CBS Evening News, NBC Nightly News, Newsweek, and Time*, New York: Random House, 1979.

[15] Glasser, T. L., "The Politics of Public Journalism", *Journalism Studies*, 2000, 1(4), pp.683 – 686.

[16] Hamowy, R., "Cato's Letters, John Locke and the Republican Paradigm", *History of Political Thought*, 1990, 11(2), pp.273 – 294.

[17] Harvey, D., "Neoliberalism as Creative Destruction", *The Annals of the American Academy of Political and Social Science*, 2007, 610(1), pp.21 – 44.

[18] Haskins, G. L., "Reviewed work(s): Legacy of Suppression: Freedom of Speech and Press in Early American History by Leonard W. Levy", *The New England Quarterly*, 1961, 34(1), pp.116 – 118.

[19] Hobbes, T., *Leviathan*, Andrew Crooke, 1651.

[20] Holaday, P. W., Stoddard, G. D., *Getting Ideas From the Movies*, New York: The Macmillan Company, 1933.

[21] Holsti, O., "Public Opinion and Foreign Policy: Challenges to the Almond-Lippmann Consensus Mershon Series: Research Programs and Debates", *International Studies Quarterly*, 1992, 36(4), pp.439 – 466.

[22] Hovland, C. I., Lumsdaine, A. A., Sheffield, F. D., *Experiments on Mass Communication*, Princeton, N. J.: Princeton University Press, 1949.

[23] Jansen, C., "Phantom Conflict: Lippmann, Dewey, and the Fate of the Public in Modern Society", *Communication and Critical/Cultural Studies*, 2009, 6(3), pp.221 – 245.

[24] Johnson, D., "Cole Campbell, 53, Editor and Journalism Educator, Dies", *New York Times*, JAN. 8, 2007.

[25] Katz, E., "Why Sociology Abandoned Communication", *The American Sociologist*, 2009, 40(3), pp.167 – 174.

[26] Kaul, A. J., "The Proletarian Journalist: A Critique of Professionalism", *Journal of Mass Media Ethics*, 1986, 1(2), pp.47 – 55.

[27] Kaul, A. J., "The Proletarian Journalist: A Critique of Professionalism", *Journal of Mass Media Ethics*, 1986, 1(2), pp.47 – 55.

[28] Koch, T., *The News as Myth: Fact and Context in Journalism*, Greenwood Press, 1990.

[29] Lazarsfeld, P. F., Merton, R. K., "Mass Communication Popular Taste and Organized Social Action", in Schramm, W., Roberts, D. F. (ed.), *The Process and Effects of Mass Communication*, Urbana: University of Illinois Press, 1971, pp. 554 – 578.

[30] Levy, L. W. (ed.), *Freedom of the Press from Zenger to Jefferson: Early American Libertarian Theories*, Indianapolis: Bobbs-Merrill, 1966.

[31] Lippmann, W., *Liberty and the News*, N. J.: Transaction Publishers, 1995.

[32] Merritt, D., & McCombs, M., *The Two W's of Journalism: The Why and What of Public Affairs Reporting*, London, New York: Routleolge, 2004.

[33] Meyer, P., "Evaluating the Toolbox", *American Journalism Review*, 2000, 22(2), pp.42–45.

[34] Michael, S., "Reviewed Work(s): Media and the American Mind: From Morse to McLuhan", *American Journal of Sociology*, 1984, 89(4), pp.991–993.

[35] Mills, W., *The Power Elite (New Edition): With a New Afterward by Alan Wolfe*, New York: Oxford University Press, 2000.

[36] Mirando, J. A., "Embracing Objectivity Early on: Journalism Textbooks of the 1800s", *Journal of Mass Media Ethics*, 2001, 16(1), pp.23–32.

[37] Mott, F. L., *American Journalism, A History: 1690–1960*, New York: The Macmillan Company, 1962.

[38] Nerone, J., & Barnhurst, K. G., "US Newspaper Types, the Newsroom, and the Division of Labor, 1750–2000", *Journalism Studies*, 2003, 4(4), pp.435–449.

[39] Park, R. E., *The Immigrant Press and Its Control*, New York And London: Harper & Brothers Publishers, 1922.

[40] Park, R. E., "News and the Power of the Press", *American Journal of Sociology*, 1941, 47(1), pp.1–11.

[41] Park, R. E., "News as a Form of Knowledge: A Chapter in the Sociology of Knowledge", *American Journal of Sociology*, 1940, 45(5), pp.669–686.

[42] Park, R. E., "Reflections on Communication and Culture", *American Journal of Sociology*, 1938, 44(2), pp.187–205.

[43] Park, R., "The Natural History of the Newspaper", *American Journal of Sociology*, 1923, 29(3), pp.273–289.

[44] Payne, G. H., *History of Journalism in the United States*, Westport, Connecticut: Greenwood Press, 1970.

[45] Perry, D. K., *The Roots of Civic Journalism: Darwin, Dewey, and Mead*, University Press of America, 2003.

[46] Peterson, R. C., Thurstone, L. L., *Motion Picture and the Social Attitudes of Children*, New York: The Macmillan Company, 1933.

[47] Pocock, J. G. A., *The Machiavellian Moment: Florentine Political Thought and the Atlantic Republican Tradition*, Princeton, NJ: Princeton University Press, 2016.

[48] Pooley, J., "Daniel Czitrom, James W. Carey, and the Chicago School", *Critical Studies in Media Communication*, 2007, 24(5), pp.469–472.

[49] Pulitzer, Joseph, *The School of Journalism in Columbia University*, New York: Published by Columbia University, 1904.

[50] Rosen, J., "Questions and Answers About Public Journalism", *Journalism*

Studies, 2000, 1(4), pp.679 – 683.
[51] Sandel, M., *Public Philosophy: Essays in Politics*, Harvard University Press, 2006.
[52] Schiller, D., *Objectivity and the News: The Public and the Rise of Commercial Journalism*, Philadelphia: University of Pennsylvania Press, 1981.
[53] Schlesinger, A. M., *The Rise of the City, 1878 – 1898*, New York: New Viewpoints, 1975.
[54] Schlesinger, A. M., "The Colonial Newspapers and the Stamp Act", *The New England Quarterly*, 1935, 8(1), pp. 63 – 83.
[55] Schudson, M., *Discovering The News: A Social History of American Newspapers*, New York: Basic Books, Inc., Publishers, 1978.
[56] Schudson, M., "The Sociology of News Production Revisited (Again)", in Curran, J., Gurevitch, M., (eds.), *Mass Media and Society*, Arnold, Oxford University Press Inc, 2000, pp. 175 – 199.
[57] Schudson, M., "The 'Lippmann-Dewey Debate' and the Invention of Walter Lippmann as an Anti-Democrat 1986 – 1996", *International Journal of Communication*, 2008, 2, pp.1031 – 1042.
[58] Sloan, W. D., *Perspectives on Mass Communication History*, London, New Jersey: Lawrence Erlbaum Associates, Inc., 1991.
[59] Stensaas, H. S., "The Development of the Objectivity Ethic in Selected Daily Newspapers, 1865 – 1934", eril.ed.gov/? id = ED272873, 1986, pp.1 – 31.
[60] Stoker, K., "Existential Objectivity: Freeing Journalists to be Ethical", *Journal of Mass Media Ethics*, 1995, 10(1), pp.5 – 22.
[61] Stuart Hall, "The Emergence of Cultural Studies and the Crisis of the Humanities", *October*, 1990, 53, pp.11 – 23.
[62] Tedford, T. L., *Freedom Of Speech In The United States*, New York: Random House, 1985.
[63] Theodore L. G.(ed.), *The Idea of Public Journalism*, New York: The Guilford Press, 1999.
[64] Thornton, B., "The Moon Hoax: Debates About Ethics in 1835 New York Newspapers", *Journal of Mass Media Ethics*, 2000, 15(2), pp.89 – 100.
[65] Voakes, S., "A Brief History of Public Journalism", *National Civic Review*, 2004, 93(3), pp.25 – 35.
[66] Wood, G. S., *The Creation of the American Republic 1776 – 1787*, Chapel Hill: University of North Carolina Press, 1969.

后　　记

凌晨两点，统完所有的书稿，没有任何倦意，相反，心情还特别愉快。一项领了近10年的任务，终于初步告一段落，无论如何让人感到兴奋。

2008年的夏天，在我进入复旦做博士后研究之前，怀着忐忑的心情去上海拜见自己未来的博士后导师黄旦。在那里，我第一次见到了我的合作者上海外国语大学的张军芳博士并听黄老师讲述他关于课题的研究设想。

我和张军芳从来没有想到，这个课题是如此地锻炼我们的意志和耐性。一次次地书写其实就等于一次次的自我否定，我们不断地枪毙自己已经写成的东西。我们发现，不管自己写什么，一定没有写出最重要的那些思想，一定没有用足应当使用的史料。我们在北京、上海和南京甚至是在连接上述几个城市的铁路上多次碰头讨论提纲，互相批判对方的初稿，伴随着强烈的自我怀疑与自我否定。有一段时间，每每想起这一课题，时常感觉我们面对的是一片汪洋大海，极其无助。

今天想来，真是感慨良多。时光如白驹过隙，10年转瞬即逝。这10年不仅是一个研究和写作的过程，更是一个学习和成长的机会。我与张军芳都觉得，尽管倍受折磨，但我们这10年的学术成长有很大一部分与此研究有关。

现在这样一个作品，是在黄老师的不断指导和鼓励下形成的初稿。其中第一章、第二章、第四章和第八章由张军芳执笔；第三章主要由丁未执笔完成；绪论、第五章、第六章和第七章和结语由我执笔完成，其中我的研究生黄佩映、唐利和庄佳昕都作出了较为重要的贡献。最后的文本由我修改、统稿而成。

写传播思想史与观念史，是一个没有止境的过程。资料浩若烟海，头绪众多。在统稿过程中，我不断地会产生自我否定和添加内容的冲动，因此，统稿的过程一拖再拖。但即使这样，我们觉得这个成果还是欠火候，需要各种批评意见，需要进一步地磨砺。

胡翼青

于南京大学紫金楼

2018年12月28日

图书在版编目(CIP)数据

美国传播思想史/胡翼青,张军芳著. —上海:复旦大学出版社,2019.9(2020.10 重印)
(中外传播思想史/黄旦主编)
ISBN 978-7-309-13643-2

Ⅰ.①美…　Ⅱ.①胡…②张…　Ⅲ.①传播学-思想史-美国　Ⅳ.①G206-097.12

中国版本图书馆 CIP 数据核字(2018)第 089701 号

美国传播思想史
胡翼青　张军芳　著
责任编辑/黄　冲

复旦大学出版社有限公司出版发行
上海市国权路 579 号　邮编:200433
网址:fupnet@fudanpress.com　http://www.fudanpress.com
门市零售:86-21-65102580　团体订购:86-21-65104505
外埠邮购:86-21-65642846　出版部电话:86-21-65642845
上海盛通时代印刷有限公司

开本 787×960　1/16　印张 13　字数 202 千
2020 年 10 月第 1 版第 2 次印刷

ISBN 978-7-309-13643-2/G·1836
定价:48.00 元

如有印装质量问题,请向复旦大学出版社有限公司出版部调换。
版权所有　侵权必究